归国留学生与
中国近代林学体制化
生成研究
（1840—1949）

戴磊 著

中国林业出版社
China Forestry Publishing House

图书在版编目（CIP）数据

归国留学生与中国近代林学体制化生成研究：1840—1949 / 戴磊著. -- 北京：中国林业出版社，2025.4. -- ISBN 978-7-5219-2061-1

Ⅰ.S7-092

中国国家版本馆 CIP 数据核字第 2025CU7947 号

GUIGUO LIUXUESHENG YU ZHONGGUOJINDAI
LINXUE TIZHIHUA SHENGCHENGYANJIU

策划、责任编辑：许　玮
封面设计：刘临川

出版发行：中国林业出版社

　　　　　　（100009，北京市西城区刘海胡同 7 号，电话 010-83143576）

网　　址：https://www.cfph.net

印　　刷：河北鑫汇壹印刷有限公司

版　　次：2025 年 4 月第 1 版

印　　次：2025 年 4 月第 1 次

开　　本：710mm×1000mm　1/16

印　　张：16.75

字　　数：408 千字

定　　价：70.00 元

前　言

　　本书以"归国留学生与中国近代林学体制化生成研究（1840—1949）"为题，旨在考察归国留学生在林学体制化过程中所发挥的作用以及所扮演的角色，梳理中国近代林学体制化形成与发展的基本史实，勾勒归国留学生对林学体制化贡献的大致轮廓。在写作过程中，本人查阅了中国第二历史档案馆、重庆市档案馆、云南省档案馆、广东省档案馆、四川省档案馆等处所藏的相关档案，充分利用了数字图书馆、报刊数据库中的电子读物，并广泛借鉴了学界的研究成果。

　　本书除去绪论、结语以及附录外，正文共七章。第一章（西方林学在清末的引进）主要是对清末林学在中国的引进渠道（包括了驻外使节之记载、科技报刊之译载、新式农业学堂之兴办等）予以考实，大体涵盖了清末到辛亥革命时期。第二章（留学生研习林学阵容分析）则是以《留学生研习林学群体情况简表》为论证的起点。《留学生研习林学群体情况简表》是从各种文献资料统计到的 113 位林学留学生的资料，并按照姓名、出生年份、籍贯、国内教育、留学时间、留学学校、学位、归国时间、归国后主要经历进行了分类统计。第三、四、五、六、七章主要是围绕林学体制化的几个主要环节而展开，凸显归国林学留学生的具体表现和主要贡献，是文章的主体部分。第三章（归国留学生与林业高等教育的发展）从民国时期高校的森林系科的创设、师资的建设、课程的设置、教材的编写、科研事业的主持等方面，讨论了归国林学留学生在林业高等教育体制化建设中所发挥的巨大作用。第四章（归国留学生与林学社团的创建）是以全国性的林学社团中华农学会、中华森林会、中华林学会以及地方性的林学社团四川林学会为论述对象，展示这些社团在林学体制化建设中所发挥的功用。借以管窥归国林学留学生的主持之下，通过举办学术年会、发行会刊、出版丛书、参与林业宣传及政策的制定等活动，促进了科研共同体的形成，并推动了林学的进步。第五、六、七章（归国留学生与林业研究机构的创建）则以三个个案作为分析基点，分别选取中山大学农林植物研究所（专门性的森林植物研究机构）、中央工业试验所木材试验室（专门性的木材研究机构）、中央林业实验所（综合性的林业研究机构）三个典型的林业研究机构为论述对象。从人员招聘、组织建构、经费筹措、科研成就等方面具体分析陈焕镛、唐燿、韩安等为代表的归国林学留学生在林业研究机构创建过程中所做出的巨大贡献。

　　本书中的部分内容已以论文的形式发表于《科学技术哲学研究》《北京林业大学学报（社会科学版）》《中国林业教育》等刊物。由于本人学识和能力所限，书中还存在诸多错漏之处，请学友们批评指正。

著　者

2025 年 1 月

目 录

绪 论

一、选题的由来

从学术制度的角度来考察学术之演变，在西方学界早已不陌生，还形成了一种专门的分支学科——科学社会学，特别注重研究科学与社会的关系。科学社会学是由默顿开创的社会学分支学科，其影响一直延续至今。其中科学体制化是科学社会学核心探讨的问题之一[①]。受到科学社会学研究理念的启发和影响，海内外不少学者日趋关注和研究中国近代的学术体制，特别注重考察近代学术转型中的制度性因素。他们考察学术制度的演变，旨在揭示学术赖以生存及发展的体制化因素。例如，左玉河在《中国近代学术体制之创建》一书中就曾明确指出："现代学术是一种体制化的学术，现代学术研究是一种体制化的研究，学术体制化是现代学术发展的基本趋向。近代学术转型过程中，中国效仿西方逐渐建立起一套现代意义上的学术体制。这套学术体制影响着近代以来的中国学术研究[②]。"体制化的学术研究无疑是近代以来学术的基本特征。那么，中国近代学术体制具体是如何建立的？体制化的研究模式对学术研究有怎样的影响？这些问题都十分值得我们思考。在这种趋势下，笔者也部分地引入科学体制化的理论和方法，选择林学体制化作为研究对象，对中国近代林学体制化进程予以历史的考察与分析，力图将林学体制化置于中国近代科学体制化的大背景之中，将各机构的活动置于林学体制化的框架下进行个案考察，具体探讨和分析它们在此过程中的作用和角色。本书不仅仅是为了回顾林学体制化史，或者说是林学发展史，也希望能透过对林学体制化这一课题的研究，加深我们对中国近代的科学史乃至学术史的认识。因而本课题是一个十分有价值的视角，具有一定的典型性。

在中国近代各门科学的体制化进程中，作为新兴知识分子中坚力量的留学生扮演了十分关键的角色。他们也成为中国科学体制化最为重要的早期践行者。中国近代科学体制化的重要倡导者和实践者任鸿隽就曾说过："留学生者，吾国所仰为起死回生之卢扁也[③]。"学界有关归国留学生与近代科学体制化的研究已囊括了农学、化学、物理、地质学、生物学等自然科学领域，同时也涉及哲学、历史等人文科学领域。尽管如此，此类研究仍有继续探讨和挖掘的空间和潜力。目前尚未看见有关于"归国留学生与中国近代林学体制化"方面的专文及专著。本书拟将中国近代（1840—1949）归国留学生与中国近代林学体制化建设相结合，以归国留学生这一重要角色贯穿始终，从一个新角度对中国近代的林学体制化史展开研究，弥补学界在这方面研究的缺憾。中国近代林学体制化的情势错综复杂，自知想完成此项研究课题难度较大，不可能做到面面俱到。但从另一方面想，只要言之成理、持

① 李汉林：《科学社会学》，中国社会科学出版社 1987 年版，第 2—3 页。
② 左玉河：《中国近代学术体制之创建》，四川出版集团 2008 年版，第 699 页。
③ 任鸿隽：《归国后之留学生》，《留美学生季报》1915 年夏季第 2 号，第 79 页。

之有据，且能够在研究视角、内容、材料等方面对近代留学史、林业史、科技史有切实的推进作用，本书便有其价值和意义。

二、概念的界定

（一）科学体制化

科学体制化是科学社会学的重要概念之一。目前国内学界关于科学体制化的概念还未有统一的界定。如张剑认为科学体制化"是有关科学事物的组织原则、组织方式和制度、组织结构系统及其运行机制等方面的形成过程，包括科研机构的创建、专业社团的成立及其学术交流会议的召开、发表科研成果的专业刊物的创办、科学家社会角色的出现、科学奖励机制和培养科学技术人才的科学教育体制的形成等①。"张培富认为科学体制化"是科学体制的形成过程，是科学发展的组织条件和制度保证，它表现为科学家社会角色的形成、进行科学交流的专业科学社团的产生、科学出版物的创办、科学教育的专门化和职业化、专业科研机构的创建等方面②。"而徐小钦在《科学技术哲学概论》中说："科学体制化包含两个过程：一是科学本身的体制化，也称组织体制化，这是社会学家关注的焦点；二是认识的体制化，社会学家往往忽略了这一点。然而，科学认识的体制化正是科学组织体制化的基础③。"本书希望着重在厘清"组织体制化"的同时，兼顾分析"认识的体制化"。笔者认为科学体制化是科学发展的组织及制度保证，是指处于零散状态且缺乏独立性的单个研究领域转变为一门独立的、组织化的动态过程。中国近代科学体制最重要的承担者为高等学校、科学社团以及科学研究机构。故而林学的体制化主要包含专门林业教育的形成；林学交流社团的创办（内含林学共同体的出现及林学期刊的发行）；林业研究机构的创立。本书也主要围绕上述几方面考察中国近代林学的体制化。

（二）归国留学生

目前学界对于"留学生"这一概念存在一定的反思。罗志田曾说："留学生之所以能成为一种可以区分他人的身份认同，甚至构成一个似乎有着共性的社群，或因为这一段经历不是人人都有，更不是人人都能有。但这仍不能从根本上改变这一事实——留学生不论作为一种身份认同还是一个社群，似乎都缺乏学理的支持。然而留学生确实被相当多的人视为特定的身份认同或社群，也是事实。这似乎已不是常规的社会区分学理所能解释。或可以说，'留学生'是一个看似明晰其实蕴涵繁复的符号④。""在近代中国发挥了广泛影响的读书人中，不论是趋新还是守旧，很多都有一段留学异国的经验。这一亲身经历和经验，在他们一生思想及事业发展中，长居于关键位置，特别值得关注。中国的留学生群体仍处于发展之中，而这一群体的过去，还有不少面相是模糊含混的，有待探索和了解。因此，

---

① 张剑：《中国近代科学与科学体制化》，四川人民出版社 2008 年版，第 12 页。
② 张培富：《海归学子演绎化学之路——中国近代化学体制化史考》，科学出版社 2009 年版，第 1 页。
③ 徐小钦：《科学技术哲学概论》，科学出版社 2006 年版，第 161 页。
④ （美）史黛西·比勒：《中国留美学生史》，张艳译，生活·读书·新知三联书店 2010 年版，第 19 页。

对留学和留学生的研究，也就更加重要①。"罗志田认为"留学生"一词似在学理上缺乏足够的支撑，对它的认识有待深入，尽管未彻底否认"留学生"被视为特定身份认同或社群的既定事实，但给留学史界留下了一定反响。部分学者已敏锐地注意到此问题。譬如田涛的《论近代天津归国留学人群》②一文即采用了"归国留学人群"这一概念。然而长期以来的留学史的研究成果都是将"留学生"作为一个确定的研究对象。譬如周棉等著的《留学生群体与民国的社会发展》③，桑兵的《留日浙籍学生与近代中国》④等最新成果均如此。任鸿隽在1915年的《留美学生季报》就发表过《归国后之留学生》一文。本书也主要关注留学生归国之后的作用及贡献。经过与相关学者商量，认为在用词方面，以"归国留学生""归国林学留学生"代替"留学生"更为合适。

三、选题的意义

本课题属于交叉研究范畴。其选题意义是多方面的，主要包括以下几点：

(一) 有助于推动留学史研究的深化

李喜所曾在《学术文化视野下的中国留学生研究》中写道："只有理清楚了中国留学生的发展轨迹，才能真正弄明白中国学术现代化的历程；同样，只有在深入研究中国学术的现代走向的基础上，才能准确而全面地把握中国留学生的历史文化风貌。留学生是探讨中国现代学术史的一把钥匙；中国现代学术文化则是考察中国留学生历史不可或缺的一个平台。而以往的留学生研究中，对这方面注意较少，可以讲是最薄弱的一个环节⑤。"本书核心是探讨归国留学生与中国近代林学体制化的关系，某种程度上就是沿着这种思路继续前进的。李喜所还曾在《深化中国留学生研究的三点思考》一文中就如何进一步深化留学史的研究提出了具体的看法。他着重强调"留学生本身就是多元文化的一个复合体，几乎涉及了现代学科的所有门类，其社会影响面又极其广阔，没有多学科的综合知识，或缺少多学科的相互沟通，要提高留学生的研究水平是不可能的。"他还进一步阐释道："以往的留学生研究，立足于史学、教育学方面的研究比较多，这未免有较大的局限性。当务之急，首先要突破固有的研究框架，分学科将留学生的生活、学习、工作、突出成果、存在问题等弄清楚，然后将史学、文学、教育学、社会学、文化人类学、自然科学、人才学，乃至移民学等融会贯通，多角度、多层次、全方位地再现留学生的历史真实。近几年，一些思想敏锐的学者，从哲学、文学、语言学、考古学、经济学、法学、社会学、数理化、工程、建筑、航天等不同学科出发，具体研究留学生与某一学科的关系，分门别类地探讨留学生的文化结构和社会文化功能，不仅使研究领域有较大的开拓，而且在研究方法上颇有创新，研究成果也令人叹为观止⑥。"显而易见，当前的留学史研究需要进行多学科的综合研

---

①　(美)史黛西・比勒：《中国留美学生史》，张艳译，生活・读书・新知三联书店 2010 年版，第 20 页。
②　田涛：《论近代天津归国留学人群》，《江苏师范大学学报(哲学社会科学版)》2016 年第 1 期。
③　周棉，等：《留学生群体与民国的社会发展》，中国社会科学出版社 2017 年版。
④　桑兵：《留日浙籍学生与近代中国》，《亙北大学学报(哲学社会科学版)》2018 年第 3 期。
⑤　李喜所：《学术文化视野下的中国留学生研究》，《史学月刊》2005 年第 8 期。
⑥　李喜所：《深化中国留学生研究的三点思考》，《徐州师范大学学报》2004 年第 1 期。

究。本课题的提出就是这种理念的具体落实，选择中国近代曾在海外学习林学的归国留学生作为一个特定的科学家共同体，并且着重分析这一群体的基本面貌，以及他们为中国近代林业高等教育、专业学会、研究机构的建构和发展所做出的具体努力和探索。换言之，本书把归国留学生所做的贡献置于中国近代林学从引入、根植、成长，直至实现体制化的背景之下，以期更准确地窥探那一代学人的价值取向和心路历程。本课题无疑会使当前留学史的研究更加专门化、细致化及深入化。

（二）有助于推动中国林业史的进步

林业教育家陈陆圻曾说道："林业史是中国林业科学的一个新学科。它以中国和世界林业发展为研究对象，不仅包括森林的演替规律与历史变迁，也包括中外各历史时期的林业生产技术、林业政策、林业经济、森林经营管理、林学思想、林业科学教育、林业历史人物等诸多方面①。""长期以来，在史学研究中，林业史和其他产业史一样，往往被人们忽视，除传统史学的局限性等历史原因，主要是林业和林学长期未能自成体系，直至近代林业和林学开始成为独立行业与学科，森林史、林业史的研究才引起林学界、史学界和其他学界的重视②。"可见，无论从林学还是史学角度看，其学科建设的发展都较为缓慢，空白领域甚多。其主要原因是我国古代传统林业不是独立的产业，古代林学亦未自成体系，林木培育从属于农业、农学，森林采伐及林产品利用从属于手工业。20 世纪初，虽然林业成为独立行业，林学亦逐渐自成体系，但长期以来不被当局重视。譬如，梁希先生于1934 年在《中华农学会报·森林专号》弁言所言："我国森林机关，绝少专名，大都与农业机关合并。合并固未为非也，而流弊为附庸；附庸犹未为损也，而流弊为骈枝；骈枝仍未为害也，而流弊成孽子③。"本课题的研究不可避免地会涉及近代的林业政策、林业教育、林业社团、林业机构、林业历史人物等诸多方面，属于林业史研究的重要组成部分，也将有助于历史学和林学研究的深化，可以为当今及日后的林学体制发展提供些许借鉴。因而研究本课题无疑是对当前林业史研究的补充和丰富。

（三）有助于科技史研究领域的拓宽

近代归国林学留学生中的相当一部分都从事了科研工作，成为林业科技工作者，特别是以陈嵘、梁希等为代表。譬如由中国科学技术协会编写的《中国科学技术专家传略·农学编·林业卷 1》收入了 34 位具有留学背景的知名林学家。他们分别为韩安、梁希、李寅恭、陈嵘、傅焕光、姚传法、沈鹏飞、贾成章、叶雅各、殷良弼、刘慎谔、任承统、陈植、叶培忠、朱惠方、干铎、郝景盛、邵均、郑万钧、马大浦、唐燿、汪振儒、蒋德麒、范济洲、杨晋衔、张英伯、吴中伦、熊文愈、成俊卿、关君蔚、王恺、陈陆圻、阳含熙、

① 陈陆圻：《发刊词》，《林史文集 第 1 辑》，中国林业出版社 1990 年版。
② 张钧成：《中国林业史学科发展的世纪回眸》，《绿色里程——老教授论林业》，中国林业出版社 1999 年版，第 365 页。
③ 梁希：《中华农学会报·森林专号》弁言(1934 年 10 月)，参见梁希著；《梁希文集》编辑组：《梁希文集》，中国林业出版社 1983 年版，第 48 页。

黄中立。张剑的《中国近代农学的发展——科学家集体传记角度的分析》①也以这 34 位有留学背景的林学家为研究对象。根据我们的统计可知，林学留学生在归国后从事科技工作的人员远多于此。他们是科技史上不容忽视的重要群体。人是科学活动的主体，归国林学留学生的思想、理念、认识与行动等因素直接影响近代林学体制化的进程与效果。研究近代归国林学留学生无疑是科技史研究的重要领域。科学社团和研究机构均是科学体制最重要的承担者。它们自然也是科技史研究的题中应有之义。本书的第四、五、六、七章有针对性地对林学社团、林业研究机构进行论述。另外，本书的第一章探讨西方林学在清末的引进及传播，属于科技传播史的范畴。中国近代林学体制化的过程其实正是林学的传播过程。因而本课题的研究无疑有助于拓宽科技史研究的领域。

(四)具有重要的现实意义

一方面，于我国的林业建设有益。林业史的研究是振兴中国林业之必需。随着社会的发展与进步，"森林和林业在我国的国民经济和社会生活中的重要地位，日益被人们所认识……但森林和林业对于人类来说，是无可取代的，它将是人类永恒的课题。因此，发展森林、振兴中国林业，无疑是振兴中华、建设具有中国特色的社会主义现代化强国的、不可缺少的内容之一。为此目的，不仅要借鉴国外的林业历史经验，更重要的是借鉴本国的林业历史经验……为了振兴中国林业，我们非常需要在这种'历史的启示'中获得教益②。"具体而言，研究林业史才能使我们深知："(一)我国森林的覆盖率的变化情况，森林资源的消长情况；(二)我国森林的利用情况；(三)我国林业生产水平；(四)我国林木良种、速生丰产林的培育情况；(五)我国林区综合建设及其布局情况；(六)我国林业建设的经验及其教训……总而言之，只有认真地、细致地、深刻地研究我国林业史，才能进一步了解我国林业与世界先进林业国之间的差距，只有深入研究林业史，才能深知我国林业建设方面的长处和短处。这样，对于制定我国林业发展战略规划，对于我国林业建设事业如何扬长避短，怎样加快我国林业现代化建设速度，尽快赶超世界先进水平，确实具有巨大的促进作用③。"另一方面，符合当前生态文明建设的大潮流。中华人民共和国成立后，"通过封山育林和大规模的植树造林，使森林覆盖率增加近一倍。但是由于对森林的认识不够全面。只理解它提供木材资源的一面，而忽略它维护生态平衡、保护环境的另一面，因而重采轻造，破坏了一些森林，由此而带来的生态灾难很值得引以为戒……开展林业史的研究越来越被大家重视，而且愈益感到迫切需要。因为它不仅牵涉到如何认识自然，而且涉及如何利用改造自然。回顾我国林业历史，可以从中看出人们对森林的认识有一个憧憬、利用、破坏、保护和管理的发展过程，也可以从中得出许多有益的经验教训④。"研究历史最重要的目的之一就是以史为鉴。因而本课题从体制化的角度讨论近代归国之林学留学生

---

① 张剑：《中国近代农学的发展——科学家集体传记角度的分析》，《中国科技史杂志》2006 年第 1 期。

② 张钧成：《中国林业史学科发展的世纪回眸》，《绿色里程——老教授论林业》，中国林业出版社 1999 年版，第 365–366 页。

③ 周元亮：《林业史研究对现代林业建设作用的研讨》，《林业史志文集》，云南大学出版社 1991 年版，第 236 页。

④ 陈陆圻：《中国林业史研究刍议》，《林业史园林史论文集》(第 1 集)，北京林学院林业史研究室 1982 年编印，第 1 页。

群体在林业发展过程中的地位和作用，其中的经验和教训对于当下不无借鉴意义。

四、研究的现况

本课题的现有研究成果主要集中在留学史和林业史两方面。

（一）归国留学生与科学体制化建设的回顾

关于留学史方面的研究已屡见不鲜，在此不一一赘述，仅选择其中与本课题直接相关的研究成果。李喜所等著的《近代中国的留美教育》①，元青的《民国时期的留美生与中美文化交流》②，吴汉全的《晚清时期的留学生与中国现代学术的起源》③，李喜所的《留学生与中国现代学科群的构建》④等著作和文章虽未直接涉及归国留学生与林学体制化，且内容也多限于宏观层面的论述，但是对于本课题无论从史料挖掘还是思路的建构上都有巨大启发作用。另外，周棉的《留学生与中国现代哲学学科的创建》⑤《留学生群体与中国现代文学学科的创建》⑥，胡延峰的《留学生与中国近代心理学系科的创建》⑦，徐曼的《留美生与中国近代自然科学学科的建立和发展》⑧，周棉等著的《留学生群体与民国的社会发展》⑨，安宇和周棉主编的《留学生与中外文化交流》⑩，徐玲的《留学生与中国考古学》⑪，胡延峰的《留学生与中国心理学》⑫，李翠莲的《留美生与中国经济学》⑬等研究成果都或多或少地牵涉到了归国留学生与科学体制化的主题，为本书在研究思路、研究方法及研究范式上都提供了重要的启示和一定的借鉴。但本书又不同于这些研究成果，因为本书更多围绕体制化的几个主要方面来展开。

具体到近代科学体制化建设而言，张培富的《中国近代化学体制化的社会史考察——近代留学生对化学体制化的贡献》⑭，王婷的《留学生与近代地质科学体制化初探》⑮，姜玉平的《民国生物学高等教育与研究的体制化》⑯，卫莉和张培富的《留学生与近代建筑学

① 李喜所，刘集林，等：《近代中国的留美教育》，天津古籍出版社 2000 年版。
② 元青：《民国时期的留美生与中美文化交流》，《南开学报》2000 年第 5 期。
③ 吴汉全：《晚清时期的留学生与中国现代学术的起源》，《徐州师范大学学报》2003 年第 4 期。
④ 李喜所：《留学生与中国现代学科群的构建》，《河北学刊》2003 年第 6 期。
⑤ 周棉：《留学生与中国现代哲学学科的创建》，《天津师范大学学报（社会科学版）》2011 年第 6 期。
⑥ 周棉：《留学生群体与中国现代文学学科的创建》，《江苏社会科学》2015 年第 2 期。
⑦ 胡延峰：《留学生与中国近代心理学系科的创建》，《徐州师范大学学报（哲学社会科学版）》2007 年第 3 期。
⑧ 徐曼：《留美生与中国近代自然科学学科的建立和发展》，《学术论坛》2005 年第 4 期。
⑨ 周棉，等：《留学生群体与民国的社会发展》，中国社会科学出版社 2017 年版。
⑩ 安宇，周棉：《留学生与中外文化交流》，南京大学出版社 2000 年版。
⑪ 徐玲：《留学生与中国考古学》，南开大学出版社 2009 年版。
⑫ 胡延峰：《留学生与中国心理学》，南开大学出版社 2009 年版。
⑬ 李翠莲：《留美生与中国经济学》，南开大学出版社 2009 年版。
⑭ 张培富：《中国近代化学体制化的社会史考察——近代留学生对化学体制化的贡献》，山西大学博士学位论文 2006 年。
⑮ 王婷：《留学生与近代地质科学体制化初探》，山西大学硕士学位论文 2004 年。
⑯ 姜玉平：《民国生物学高等教育与研究的体制化》，中国科学技术大学博士学位论文 2003 年。

的体制化》①，易安的《留学生与民国时期物理学的体制化》②，沈志忠的《农科留学生与中国近代农业科技体制化建设》③，张坤的《留学生与中国近代农业科学体制化（1896—1936）》④，胡延峰的《留学生与近代中国心理学科的体制化》⑤等都是目前所能见到的直接涉及"留学生与近代科学体制化"的文章。这其中又以张培富的《中国近代化学体制化的社会史考察——近代留学生对化学体制化的贡献》一文影响最为巨大。文章编制了《中国近代化学留学生名录》，而且以这个名录中的留学归国人员为科学家角色，开展定量统计与定性分析相结合的近代化学体制化的社会史考察。且文章从化学留学生的群体指标分析切入，讨论了归国留学生在近代的化学教育、化学社团、化学研究机构、化学期刊等体制化建设等方面的作用与贡献，为本书的写作提供重要的参考。但这些成果对于体制化的背景、过程及体制化建立之后所带来的影响分析都还有深入展开的可能。此外，由于长期以来人们都将林学视为农学的附庸，对其重视程度远远不够。如沈志忠的《农科留学生与中国近代农业科技体制化建设》和张坤的《留学生与中国近代农业科学体制化（1896—1936）》在探讨农业体制化时也涉及本书的研究主题。但不足以凸显林学体制化的特殊性，也不利于我们认识和把握近代以来农林之间剪不断、理还乱的复杂关系。

以上研究成果的价值固然不容否认，但还是有许多值得思考和补充的方面。正如黄小茹所说："近现代科学体制化研究作为史学研究，所有的研究方法、思路、材料都应建立在严格的史料考证基础上。虽然考证性的研究工作已有许多，但是非常精细的考证工作还不是很多见……对一些发生在近代早期但与体制化密切相关的历史环节，以及众多作为体制化的延续的现当代的人物、事件，研究还较少。尚有大量的历史环节没有弄清楚，在一些史料方面也存有争议乃至错误，甚至导致讹误相传⑥。"一方面，这些研究成果主要集中于中国近代发展较为成熟的学科，因而有其巨大的相似性。习惯性地忽略了不同地区、不同学科等体制化过程有着自身不同的路径。本书则以林学体制化为个案，以期能为其他较为弱势学科的体制化研究提供一种范式。另一方面，这些研究成果大多只强调归国留学生创建了高等教育、社团、期刊、研究机构等，却未能分析归国留学生在建立这些体制过程中扮演的角色，以及这些体制建立后所带来的影响。还需要引起注意的是，"科学在中国经历了传入、接受、整合的过程，而科学体制化也是这个过程的一部分，在体制化过程中必然存在着与中国社会的碰撞⑦。"现有的相关成果在这一方面还做得不够。诸如此类的问题也都是本书需要注意和改善的。

（二）林业史方面的研究回顾

就目力所及，林业史方面的研究成果主要集中在以下几个方面：

① 卫莉，张培富：《留学生与近代建筑学的体制化》，《晋阳学刊》2006 年第 1 期。
② 易安：《留学生与民国时期物理学的体制化》，山西大学硕士学位论文 2009 年。
③ 沈志忠：《农科留学生与中国近代农业科技体制化建设》，《安徽史学》2009 年第 5 期。
④ 张坤：《留学生与中国近代农业科学体制化（1896—1936）》，山西大学硕士学位论文 2009 年。
⑤ 胡延峰：《留学生与近代中国心理学科的体制化》，《南通大学学报（教育科学版）》2006 年第 1 期。
⑥ 黄小茹：《中国近现代科学史研究中的体制化问题刍议》，《中国科技史杂志》2008 年第 1 期。
⑦ 黄小茹：《中国近现代科学史研究中的体制化问题刍议》，《中国科技史杂志》2008 年第 1 期。

1. 有关林业通史著作方面。张钧成著《中国古代林业史·先秦编》①一书虽是研究先秦时期的林业开发、利用史，但其前言部分谈及了林业史的研究范畴、现实意义、沿革及概况、方法等领域，为本书的写作提供了一定的理论指导。陈嵘的《中国森林史料》②"全部均为史料，而非历史"，摘录了历代有关森林的言论、著述、政策、法令等。这对于本课题的研究而言是一部较好的参考资料。熊大桐等编著的《中国近代林业史》③，熊大桐、黄枢等主编的《中国林业科学技术史》④，杨绍章、辛江业编著的《中国林业教育史》⑤，樊宝敏的《中国林业思想与政策史 1644—2008 年》⑥等著作都涉及本书的研究主题。这些著作中的绝大多数都形成于 20 世纪 80、90 年代，更多的是宏观层面的、粗线条的史实梳理，分析的深度仍有加强的余地，而且很少把它放到具体的历史语境中进行考察与研究，缺乏历史创造者与社会之间的互动，是静态的历史。另外，在史料方面也亟须进一步挖掘和充实。尽管如此，它们仍然是从事本课题研究的必读书目。

2. 有关近代林业学人的研究。在林学人物传记方面主要见于中国科学技术协会编写的《中国科学技术家传略·农学编·林业卷1》⑦，为人们了解和认识这一群体提供了较大的指导和帮助。罗凤英的《留学生与近代林业思想和林业知识的传播》⑧一文简要地介绍了留学归国人员群体，并且对他们进行林业知识的传播手段及其特点予以了分析，肯定了他们在传播林业知识和思想方面发挥的先锋和主导作用。关于归国林学留学生个案的研究成果主要有中国林学会主编的《陈嵘纪念集》⑨，《梁希纪念集》编辑组编的《梁希纪念集》⑩，中华人民共和国林业部编的《中国林业的开拓者——梁希》⑪，王正、钱一群的《凌道扬的教育兴林思想及其贡献》⑫，周慧明的《梁希教授解放前在教学科研方面的业绩》⑬，张钧成的《梁希先生对我国林业建设的贡献——纪念梁希先生一百周年诞辰》⑭，胡文亮的《梁希与中国近现代林业发展研究》⑮，李文静的《陈嵘林业思想与实践研究》⑯，胡宗刚的《唐燿与中国木材学研究》⑰等。可见现有的研究成果仍存在较大不足：一方面，相关研究主要集中于梁希、陈嵘、凌道扬、唐燿等少数几人，而对其他人员的关注还远远不够。另一方面，相关研究多为宏观性的，对这批学人与近代林学体制化建设的关系缺乏专门讨论，

① 张钧成：《中国古代林业史·先秦编》，台湾五南图书出版公司 1995 年版。
② 陈嵘：《中国森林史料》，中国林业出版社 1983 年版。
③ 熊大桐，等：《中国近代林业史》，中国林业出版社 1989 年版。
④ 熊大桐，黄枢，等：《中国林业科学技术史》，中国林业出版社 1994 年版。
⑤ 杨绍章，辛江业：《中国林业教育史》，中国林业出版社 1988 年版。
⑥ 樊宝敏：《中国林业思想与政策史 1644—2008 年》，科学出版社 2009 年版。
⑦ 中国科学技术协会：《中国科学技术专家传略·农学编·林业卷1》，中国科学技术出版社 1991 年版。
⑧ 罗凤英：《留学生与近代林业思想和林业知识的传播》，《邢台学院学报》2011 年第 1 期。
⑨ 中国林学会：《陈嵘纪念集》，中国林业出版社 1988 年版。
⑩ 《梁希纪念集》编辑组：《梁希纪念集》，中国林业出版社 1983 年版。
⑪ 中华人民共和国林业部：《中国林业的开拓者——梁希》，中国林业出版社 1997 年版。
⑫ 王正，钱一群：《凌道扬的教育兴林思想及其贡献》，《中国林业教育》2000 年第 2 期。
⑬ 周慧明：《梁希教授解放前在教学科研方面的业绩》，《林业科学》1983 年第 4 期。
⑭ 张钧成：《梁希先生对我国林业建设的贡献——纪念梁希先生一百周年诞辰》，《北京林学院学报》1983 年第 4 期。
⑮ 胡文亮：《梁希与中国近现代林业发展研究》，南京农业大学博士学位论文 2012 年。
⑯ 李文静：《陈嵘林业思想与实践研究》，北京林业大学硕士学位论文 2014 年。
⑰ 胡宗刚：《唐燿与中国木材学研究》，《中国农史》2003 年第 3 期。

有待继续拓宽和挖掘。

3. 有关近代林学会的研究。中国林学会主编的《中国林学会成立七十周年纪念专集（1917—1987）》①、《中国林学会史》②涉及近代以来的林学会发展历史、相关学者的会议文章，并附录了部分学会的重要文献资料等，为人们了解林学会早期阶段提供了重要帮助。另外，雷志松的《论中华林学会与民国时期中国高等林学学科的发展》③一文具体讨论了中华林学会为促进民国时期中国高等林学学科的本土化发展所做出的贡献。这些都给本书的写作提供了指导和借鉴，但同时存在继续挖掘的可能，比如早期归国林学留学生在中华农学会中的所占的比重到底如何？中华农学会对推动林学发展的具体作用如何？归国林学留学生对专业林学会（中华森林会、中华林学会）的建立起到了怎样的作用？中华农学会与中华林学会的关系如何？学会在建立之后，与社会是否产生了互动？一系列问题都有待讨论。另外，现有研究成果对地方性的林学会鲜有涉及。本书依据相关档案和报刊，以四川林学会为个案，分析归国林学留学生对推动创建地方性林学会的贡献，以及这些地方性林学会创建后所起到的作用。

4. 有关近代林业研究机构的研究。熊大桐等编著的《中国近代林业史》一书第八章第二节对晚清至民国的林业科研机构予以梳理，提及中央林业实验所、中央工业试验所木材试验室、天水水土保持实验区、台湾省林业试验所和模范林场、北平研究院植物研究所、上海研究所森林生态实验室、中山大学农林植物研究所、中国社科社生物研究所、静生生物调查所、庐山森林植物园等十余个林业研究机构。中国林业科学研究院院史编委会编的《中国林业科学研究院院史 1958—2008 年》④在回顾中国林业科学研究院院史时，同样简单涉及了中央林业实验所、中央工业试验所木材试验室两个机构的历史。以上研究成果，使人们对于近代的林业研究机构有了一个宏观上的认识，但研究还远不够深入和专门。中国近代最为重要的两个林业研究机构分别是中央林业实验所、中央工业试验所木材试验室。台湾青年学者林志晟的《农林部中央林业试验所的设置与发展（1940—1949）》⑤一书是目前研究关于中央林业实验所少有的专著。但其中也存在一定的不足，譬如对中国第二历史档案馆、重庆市档案馆的相关档案的利用不够。大陆学界对这两个机构的研究则十分薄弱，亟待加强。笔者在中国知网上未看到专文专门研究中央林业实验所，而关于中央工业试验所木材试验室，也只是赵正的《民国时期中央工业试验所的木材工业研究》⑥一文有少量涉及。在看到研究不足的同时，也从侧面反映了相关研究尚存有巨大的空间。一方面，关于归国林学留学生在这些林业研究机构创建过程中所起到的作用和作出的贡献也有待进一步探讨。另一方面，理解与分析林业研究机构的创建背景时，应多从近代林学体制化建设的角度去考察。如此，才能帮助我们更为深刻地认识它们在整个林学发展史上的位置和意义。中国科学社植物部、上海研究所森林生态实验室、静生生物调查所、北平研究院植

① 中国林学会：《中国林学会成立 70 周年纪念专集（1917—1987）》，中国林业出版社 1987 年版。
② 中国林学会：《中国林学会史》，上海交通大学出版社 2008 年版。
③ 雷志松：《论中华林学会与民国时期中国高等林学学科的发展》，《中国林业教育》2012 年第 6 期。
④ 中国林业科学研究院院史编委会：《中国林业科学研究院院史 1958—2008 年》，中国林业出版社 2010 年版。
⑤ 林志晟：《农林部中央林业试验所的设置与发展（1940—1949）》，台湾政治大学历史系出版社 2011 年版。
⑥ 赵正：《民国时期中央工业试验所的木材工业研究》，《咸阳师范学院学报》2017 年第 2 期。

物研究所、庐山森林植物园等都为中国近代林学体制化建设作出了一定的贡献，文中没有专门论述，并非低估它们的地位与贡献。因为笔者认为随着中央工业试验所木材试验室、中央林业实验所等国立专门化研究机构的建立，林业试验研究的广度和深度才有了大幅度的发展，而中国科学社植物部、静生生物调查所、北平研究院植物研究所、庐山森林植物园虽涉及了林业研究，但不能算是完全意义上的、专门的林业研究机构，都可视为生物研究机构或植物研究机构。而且胡宗刚的《静生生物调查所史稿》①、《北平研究院植物学研究所史略》②、《庐山植物园最初三十年 1934—1964》③等成果都是从植物学史的角度对研究机构进行了专题研究。是故，为使文章避免重复，文中按照成立时间的前后，选择三个不同类型的林业研究机构作为具体研究对象。它们是中山大学农林植物研究所（专门性的森林植物研究机构）、中央工业试验所木材试验室（专门性的木材研究机构）、中央林业实验所（综合性的林业研究机构）。虽然这样的处理对于我们了解林业研究机构的全貌不可能没有影响，但不影响我们的结论。

通过对学术史的回顾，可以知道前人在该领域已做了一定的工作。但近代林学史作为长期被人们轻视的领域，现有的研究成果和该课题的丰富内涵相比，尚存十分广阔的研究空间。正如张钧成所说："无论从林学或从史学角度看，其学科建设的发展都较为缓慢，空白领域甚多④。"笔者认为更加深入、具体的研究需要从研究思路、原始文献的收集利用以及研究范围上寻找突破口。而本书的"新"主要包括：一是思路新。以中国近代归国留学生为切入点，从一个新的角度来开展对中国近代林学体制化的研究。换言之，本书试图从中国近代社会和科学的状况出发，运用体制化理论和方法，以林业高等教育、林学社团以及研究机构的体制化为纵向脉络，给出一条近代林学体制化的脉络，提供一个较之前人更为全面和清晰的历史图景。二是内容新。第一次系统梳理归国留学生对中国近代林学体制化贡献的史实，分析总结他们影响中国近代林学体制化的特点。譬如，以往的研究成果在内容方面，更多强调归国留学生创建体制之功，而未能深入分析创建体制所带来的具体影响。这都是本书所要改进的。而且本书注重以重大问题为中心，采取典型人物与典型事件为个案，对一些重要问题进行具体的分析。三是资料新。在已有研究成果的基础上，尽可能发掘和利用包括从各省搜集到的档案、报刊、资料汇编、文集等在内的各种一手文献，力求做到资料翔实、证据可靠、力戒空谈。笔者希望相较于之前的研究成果，本书能在内容和史料方面有所推进和突破。当然，对本课题的研究仍有诸多的不足。譬如受限于笔者的研究水平、知识结构，从事研究时，可能致使林学特色不突出，书中也会出现一些专业知识的错误。另外，本书结构和论证等方面也有待进一步完善。本书虽涵盖了中国近代林学体制化的主要环节，但对该课题的研究尚无法做到完备，仍有许多值得挖掘和开拓的领域。本书更侧重于资料整理及史实梳理，理论分析还有待加强。总之，对本课题的研究仍有较大的不足，还需长期努力。

---

① 胡宗刚：《静生生物调查所史稿》，山东教育出版社 2005 年版。
② 胡宗刚：《北平研究院植物学研究所史略》，上海交通大学出版社 2010 年版。
③ 胡宗刚：《庐山植物园最初三十年 1934—1964》，上海交通大学出版社 2009 年版。
④ 张钧成：《中国林业史学科发展的世纪回眸》，《绿色里程——老教授论林业》，中国林业出版社 1999 年版，第 360 页。

五、研究方法与框架

出于本课题跨学科这一特点，本书将综合使用历史学、社会学、林学、统计学、传播学等多学科的研究方法。具体而言，对留学出身林学人员群体概况进行分析时，着重采用统计学、社会学的方法，以期能在直观上反映出复杂历史事物的内在规律。例如，运用计量统计的研究方法对留学人员的姓名、籍贯、出生年份、国内教育、出国时间、国外教育、所获学位、回国时间、国内任职等进行统计和分析。而在讨论归国留学生与林业高等教育的发展、归国留学生与林业社团的创建、归国留学生与林业研究机构的创建时则多采用历史学、林学等学科研究方法。另外，本课题在探讨归国林学留学生与林学体制化生成时，在具体的操作中势必会涉及比较分析、专题评述、整体分析与个案研究相结合等方法，且尤其注重整体分析与个案研究相结合的问题。整体分析若是没有个体研究的凸显，则有可能失之表面的粗疏与泛泛而谈；个案研究若是脱离整体分析作为支撑，则会有"只见树木不见森林"之偏颇。因而本书采用了整体分析与个案研究相结合的方法。具体在分析留学出身林学人员群体概况时，以整体分析方法为主；而在讨论西方林学在清末的引进、归国留学生与林业高等教育的发展、归国留学生与林学社团的创建、归国留学生与林业研究机构的创建时更注重个案的研究。当然，本书在整体分析中会适当关涉个体之间的不同，在个案研究中也会做出基于共同性的考量。总而言之，本书希望综合利用多种方法，来考察归国留学生在中国近代林学体制化过程中所发挥的作用及其所扮演的角色，考究近代林学体制化的形成和发展历史，并勾勒出近代归国留学生对林学体制化贡献的轮廓。

本书正文分为七章。第一章(西方林学在清末的引进)主要是对清末林学在中国的引进渠道(包括驻外使节之记载、科技报刊之译载、新式农业学堂之兴办)予以了较为详细的考实，大体涵盖了清末到辛亥革命时期，为引出下文打好基础。第二章(留学生研习林学阵容分析)以《留学生研习林学群体情况简表》为论证的起点。《留学生研习林学群体情况简表》是从各种文献资料统计到的113位林学留学生的资料，并按照姓名、出生年份、籍贯、国内教育、留学时间、留学学校、学位、归国时间、归国后主要经历进行了分类统计，为探讨这一群体对林学体制化建设提供预设铺垫。第三至第七章主要围绕林学体制化的几个主要环节展开，凸显归国林学留学生的具体表现和主要贡献，是本书的主体部分。具体而言，第三章(归国留学生与林业高等教育的发展)从民国时期高校的森林系科的创设、师资的建设、课程的设置、教材的编写、科研事业的主持等方面，讨论了归国林学留学生在林业高等教育体制化建设中所发挥的巨大作用。第四章(归国留学生与林学社团的创建)以全国性的林学社团中华农学会、中华森林会、中华林学会以及地方性的林学社团四川林学会为论述对象，展示这些社团在林学体制化建设中所发挥的功用。借以管窥在归国林学留学生的主持之下，通过举办学术年会、发行会刊、出版丛书、参与林业宣传及政策的制定等活动，促进了科研共同体的形成，并推动了林学的进步。第五至第七章(归国留学生与林业研究机构的创建)则以三个个案作为分析基点，分别选取中山大学农林植物研究所(专门性的森林植物研究机构)、中央工业试验所木材试验室(专门性的木材研究机构)、中央林业实验所(综合性的林业研究机构)三个典型的林业研究机构为论述对象。从所见的档案、报刊等资料出发，从人员招聘、组织建构、经费筹措、科研成就等方面具体分析以陈焕镛、唐燿、韩安等为代表的归国林学留学生在林业研究机构创建过程中所做出的巨大贡献。结语部分则是关于中国近代林学体制化生成的认识与评价，并反思其中的不足及带来的启示。

第一章　西方林学在清末的引进

林学的主要研究对象是森林。"广义的林学包括以木材采运工艺和加工工艺为中心的森林工业技术科学；狭义的林学以培育和经营管理森林的科学技术为主体，包括诸如森林植物学、森林生态学、林木育种学、森林培育学、森林保护学、木材学、测树学、森林经理学等许多学科，有时也可称为营林科学①。"中国古人通过生产实践积累了大量关于森林的知识，形成了"顺木之天，以致其性"，"斧斤以时入山林，材木不可胜用"等学说。另外，在传统知识体系中也有不少文献与森林和林业有关，如《农书》《桐谱》《农政全书》《植物名实图考》等。其中清代吴其濬的《植物名实图考》是集大成者。据记载："吴氏为山西巡抚时，巡行各地，考察农作物的产地，土宜，形态等项；更于四库全书中，取其关于水陆草木者，编辑而成，共计搜集植物八百三十八种，加上有图列出者共计一千七百四十一种，是我国空前的著作②。"客观而言，我国古人已对森林的性质、森林的采伐利用、树木的栽培有了一定的认识，但更多是一种直观经验的总结，尚未上升到科学的高度。鸦片战争后，中西文化交流频繁，西方林学知识得以引进，并逐渐与中国的传统知识交融在一起。正如中国林学开拓者梁希追述近代林学发展史时所说的，"至于林学，则自欧化东渐始（传入）"③。此诚为确论。

一般而言，中国近代对西方科学技术的引进有五条途径：一是翻译出版科技图书和创办科技图书；二是兴办新式专业学堂；三是派遣留学生学习科学技术；四是兴办近代工业企业；五是聘请外国人来华讲学④。单就清末林学的引进而言，当时派遣的留学生数量有限，而且多数尚未学成归国，聘请来华讲学的外国专家数量也十分有限，二者在林学西学东渐中所起到的作用都不能与翻译出版以及新式学堂兴办相提并论。另外，派遣驻外使节也是当时林学引进的渠道之一。目前学界对于林学在清末引进的相关研究十分薄弱，且多是在梳理西方农学传播史时稍微涉及林学的引进。对清末西方林学的引进进行探究意义重大，是研究中外文化交流史和林业史的题中应有之义。现有论著在讨论这一课题时存在诸多的不足。一是习惯性地忽略了驻外使节的相关记载。二是对于近代科技报刊的贡献仅仅是简单提及，缺乏有针对性的整理与分析。三是对于清末兴办的一批新式的农业学堂在引进西方林学方面的贡献缺乏具体的认知。有鉴于此，本章力图在史料方面能有所突破，作一个较为系统的梳理，以增进认知，便于日后开展研究。

第一节　驻外使节之记载

驻外使节是中国近代较早步出国门的官僚士大夫群体，亲自体验了西方的先进性。他们在与西方人士交往过程中，也接触到了西方近代一些林学的知识，并以日记和游记的形式向国内传播。大致看来，主要体现在两个方面：

一是关于森林的效益。郭嵩焘的《伦敦与巴黎日记》于光绪三年（1877年）7月14日这

① 参见沈国舫：《林学概论》，中国林业出版社1989年版，第1页；陈祥伟，胡海波：《林学概论》，中国林业出版社2005年版，第2、13页。
② 程复新：《林学的过去与将来》，《四川林学会会刊》1937年第1期，第76页。
③ 梁希：《〈中华农学会报·森林专号〉弁言》，《中华农学会报》第129、130期合刊，1934年10月。
④ 陈振江，江沛：《中国历史·晚清民国卷》，北京高等教育出版社2001年版，第177-178页。

样记载道："容春圃自美国之哈富递到一函，由美人那忒立送交，盖奉铿勒谛咯得(美国之东一部名)总领明，历游英、法、德、意诸国，求种植之方者。因问：'美国树植最盛，尚待赴各国考求乎？'答曰：'美国树植之盛，由地旷人稀，天地自然生成之力。数十年后，地产尽矣，必有匮用之一日，急应先事谋之。种植之法有三利：一、备造船制器之用；二、公地不能开垦，无不可以种植；三、树木茂盛，收纳水气，可以引雨，种植繁者无忧旱①。"很明显，郭嵩焘在英国得知了美国向英、法、德、意等国人求教造林的方法，经过询问，已认识到了森林具有生产木材的直接效益以及涵养水源、调节气候、增加降雨的间接效益。此外，郭嵩焘的《伦敦与巴黎日记》于光绪四年(1878 年)1 月 17 日记载道："往拜阿治华灼伯、阿里克、麦华陀及葡萄牙公使安达斯、戈登、密尔、萨毕尔、克伯什。阿里克为言：'北五省灾荒，其敝由栽植树木太少。从前恭邸问救旱有术乎，曰'有，首先下诏课农民种田一亩必艺树数株。盖树木繁密，能引天上之水气以兴云作雨，亦能留地下之水气以涵育万物。旱久而阴阳之气一交，乃结为云。云者，水气之积也。以为日气所炙，其质常热。得树木丛聚之凉气以引之，云气争趋就凉，即散为雨。如冬日呵气就冷处即成水，亦热气就凉而凝之微也。若遇山石暴烈，云气为积热之气所冲激，一散而无余矣②。"不难发现，郭嵩焘在与英国官员阿克里谈及植树造林时，了解到森林对气候改善和农业发展的重要意义。时任驻英副使的刘锡鸿在《英轺私记》中也记载道："英人最喜种树(其言种树有数利：一、气清令人少病，二、阴多地不干燥，三、落其实，四、取其材)③。"可见刘锡鸿接触英国人也了解到了森林基本的生态及经济效益。

二是关于西方的种植技术和优良树种。郭嵩焘的《伦敦与巴黎日记》于光绪四年(1878年)10 月 19 日记载道："前在阿萨尔公处，其管理林木人马嘎立克交到书二本，一曰《挂得里占尔阿甫阿克里克尔丢尔》，译言三个月新报所载耕植法也，一曰《阿尔波里登爱菲脱布希登布利丹里铿》，译言英国树种也，为英人娄登所著。屡催问马格里，辄复延宕。顷始译得《耕植新报》，大旨云：此松名拉叱，秋冬落叶，至春三月乃发生，与他松异。而其坚结胜于他松两倍，经久不腐蚀，着铁钉其上亦不生锈。又其质坚，着火不易燃烧。而生长较他松为速，亦不碍瘠土，而性耐寒。候至新树落叶时栽种。其栽种用铫长十寸，宽五寸。每相距五尺三寸，用铫直插入土中，又横插入掀起之，则土分拆为三。即纳秧其中，比合而按纳之。每日一工可种八百或一千根，每一英亩可种二千根。其地宜朝北，宜斜坡，宜外湿内干之土……其树不知其原始。一千六百二十九年有巴尔根者著书言拉叱树，始知其名……其娄登所述《英国树种》，专详种植之法……其种树处宜外润而内燥。所以取斜坡，为山浸所流注而不聚水也。朝北，则风劲而土常干，其树质坚，亦能耐寒，瘠土种之亦能转瘠为肥也"④。可见，郭嵩焘到了英国人阿萨尔工作的地方，并获赠两本林业方面的书籍——《三个月新报所载耕植法》和《英国树种》，接触到了西方的种植技术，还对一种名为拉叱的树种印象深刻。

此外，他们还记载了西方森林所有权及促进林业发展的措施。譬如，戴鸿慈在《出使

---

① (清)郭嵩焘：《伦敦与巴黎日记·卷10》，岳麓书社 1984 年版，第 281 页。
② (清)郭嵩焘：《伦敦与巴黎日记·卷16》，岳麓书社 1984 年版，第 474-475 页。
③ (清)刘锡鸿：《英轺私记》，岳麓书社 1986 年版，第 200 页。
④ (清)郭嵩焘：《伦敦与巴黎日记·卷25》，岳麓书社 1984 年版，第 792-795 页。

九国日记》中就曾对瑞典的森林所有权予以记载，"所过森林甚多……车中，与巡抚详谈，询之该国森林之业约分为三：有国家林木，有公司林木，有私家林木。每年装运出口，为数不少。私家林木可由国家承受转买"①。

清政府为驻外使节制定了定期汇报制度，"东西洋出使大臣，务将大小事情逐日详细登记，按月汇成一册，咨送臣衙门备案查核，其外洋书籍，新闻纸等件内有关系交涉事宜者，亦一并翻译，随时咨送，以资考证。"可见驻外使节每天要写日记并按月送给总署审核。而他们的日记和游记大多于 19 世纪末得到公开和发行②。驻外使领人员的记载十分有限。其记载的内容虽属描述性的、表面的、浅显的、零星的，谈不上系统，却反映了西方人对森林效益、造林技术的认知。这对引进西方的林学知识有一定的影响。但清末驻外使节贡献甚微，往往被研究者忽略。如熊大桐的《中国近代林业史》，熊大桐、黄枢等主编的《中国林业科学技术史》，中国农业博物馆编的《中国近代农业科技史稿》等都未对此予以提及。

第二节　科技报刊之译载

翻译西方的林学著作是引进西方林学的重要渠道。鸦片战争之后，随着教会学校、洋务学校、翻译机构的纷纷设立，不仅培养了大量的翻译人才，而且翻译了一批植物学的著作。正如著名林学家程复新所说："所谓林学，实际上不过是应用植物学中的一种而已。在过去植物学未曾发达的时候，没有林学的存在，只有森林。所以要探求林学的出发点，还得先根本探求植物学发生的经过情形③。"当然，我们还需要明确的一点是，由于晚清时期学科专门化还不明显，因而中国近代林学知识的传播应该追溯到 1858 年，李善兰和韦廉臣合译的《植物学》（全书 8 卷，35000 字，插图 200 余幅），根据英国学者林德莱的《植物学纲要》一书译成，由墨海书馆出版。此后我国陆续建立植物学的分支学科。正是"在近代植物学的基础上，树木学发展为林学的一个分支"④。在洋务运动开展后，翻译的林学著作数量才逐渐增加，而近代报刊业的发展，则为林学著作的翻译和传播提供了公共空间。我们会发现其中最具代表性的为《格致汇编》和《农学报》。

（一）《格致汇编》

《格致汇编》创刊于 1876 年 2 月，终于 1892 年，历时 16 年，前后共出版杂志 60 卷，是晚清最早的一份专门性的科学杂志⑤，其宗旨为"检泰西书籍，并近事新闻有与格致之学相关者……择要择译，汇编成编，便人传观，从此门径渐窥，开聪益智⑥。"《格致汇编》由英国传教士傅兰雅编辑，主要撰稿人有玛高温、慕维廉、狄考文、艾约瑟、徐寿、徐建

---

① （清）戴鸿慈：《出使九国日记·卷8》，岳麓书社 1986 年版，第 456 页。
② 张艳：《晚清出使日记对西学的记载与传播（1875—1895）》，安徽师范大学硕士学位论文 2012 年。
③ 程复新：《林学的过去与将来》，《四川林学会会刊》1937 年第 1 期，第 78 页。
④ 吴熙敬：《中国近现代技术史》，科学出版社 2000 年版，第 825 页。
⑤ 熊月之：《西学东渐与晚清社会》，中国人民大学出版社 2011 年版，第 328 页。
⑥ 徐寿：《格致汇编》创刊号序言，《格致汇编》1876 年第 1 卷。

寅、赵元益等。《格致汇编》开设了"格致略论""论说""格致杂说""算学奇题""相互问答"
"人物小传"等多个栏目①。为了迎合当时中国人学习西方的现实需要，《格致汇编》所刊载
的内容十分广泛，主要涉及了天文学、算学、物理学、化学、生物学、地理学、地质学、
医学、药物学等诸多领域。《格致汇编》对西方林学也有所涉及，但是相对天文学、物理学
等领域而言较少，在整个内容中所占的比例也较小。长期以来，学术界对于《格致汇编》上
关于林学的文章具体有多少，以及这些文章的内容是什么，都缺少清晰的认识。有鉴于
此，笔者依据《中国近代期刊篇目汇录》②，对《格致汇编》有关于林学的文章的作（译）
者、题目、所在栏目、卷期予以整理（表 1-1），而且根据《格致汇编》对有关林学文章
的具体内容予以录入（表 1-2）。根据统计可知，其中共有 13 篇文章涉及林学。这 13 篇
文章是近代最早由报刊刊载的林学科普文章，是引进西方的林业科学知识的重要载体，
也是极为宝贵的林业科技史料，需引起我们足够的重视。

表 1-1　《格致汇编》有关于林学的文章

序号	作（译）者	题目	所在栏目	卷期
1	玛高温	《有益之树异地迁栽》	论说	1876 年第 1 卷
2		《城中多种树木之益》	格致杂说	1876 年第 2 卷
3		《潮水与花草树木有相因之理》	格致杂说	1876 年第 5 卷
4		《西国种茶树》	格致杂说	1876 年第 5 卷
5		《桃树去虫法》	格致杂说	1876 年第 10 卷
6		《用木屑作馒头法》	格致杂说	1877 年第 2 卷
7		《电气锯木》	格致杂说	1877 年第 7 卷
8		《种树利己益人》	格致杂说	1878 年第 1 卷
9	王镇贤译	《论栽树以防水灾》	论说	1890 年第 3 卷
10		《植树多益》	格致新闻	1891 年第 1 卷
11		《腾云致雨说》	格致杂说	1891 年第 1 卷
12		《树高易尺量》	格致杂说	1891 年第 3 卷
13		《验木料法》	格致杂说	1892 年第 2 卷

资料来源：上海图书馆编：《中国近代期刊篇目汇录》，上海人民出版社 1965 年版，第 411-420 页。

---

① 参见王宗扬的《〈格致汇编〉与西方近代科技知识在清末的传播》（《中国科技史料》1996 年第 1 期），赵中亚的
《〈格致汇编〉与中国近代科学的启蒙》（复旦大学博士论文 2009 年）。

② 上海图书馆：《中国近代期刊篇目汇录》，上海人民出版社 1965 年版。

表1-2 《格致汇编》上林学文章之内容

文章名	具体文章之内容
《有益之树异地迁栽》	汉朝张骞出使西域还甫得胡桃、葡萄等树木是有益于国比金银宝物尤甚。因金银不能养人，而宝物能流传千古，生生不绝也。又明朝时谁能人往小吕宋国回私山芋又名番茄，又有红肉番茄者知有用处为中国未有之物，其所得之种将番茄之根与籐作于搭榔布中，携至内地为吕宋国照倒严禁因船上不能带其物出口也再有西国几样物件是偶然无书登记。近来西国或国家或博物院设立花园特意试别种植物好养不好养。二十余年前，英国差一人到中华来取许多花草带回国种之，现今英国有多少花草皆是中华带去，后又发一人来华取茶叶树并摘茶叶法，又带皖民同往天竺国去种茶树并摘茶叶法。近来他国亦有皖民处处布种茶叶树，已多而广与英国相仿矣。惟华人近悉西国治三阴疟疾之药名金鸡纳。此树在亚美利加之南是生人之薮恒剥树皮又不培植，是以西国人将其树移植热地。今在天竺国种之已十余年矣，其树长得极为茂盛。本年日本国专门创设有益于国之法，遣一能员来华采取各种要树运往本国栽植，于中华三十余年，屡得树莱花子传于各处试种，欲意令各处之人皆其益也。又有树名尤加立葛晦得在英属荷兰地方高有十四丈，叶如藿香，其周可八个人围之，而地面上只有一个树比其树更大，即在美国之金山也又有人云更无别树比他长得更快，更无别树高大于他况，其木质坚硬便于造船或作桥梁等用，将其木造房屋火不易燃，做器具虫不能蛀，若种于低洼之处，其亦能收地中之潮湿。有某处为英国所属有，英人多见其树近处居民俱无疟疾，而未有此树之处，终有此病也，所以英国人想定是此树能克疟疾。其叶功效略同。法兰西南边有一铁火轮厂，行人走一日至其处夜必停宿，然在其厂过夜者骤得此疟症后，法国官将此树种之不数年间树木长成，疟疾毫无。现今其处与别地方无二矣。亚非里加北边法兰西之属有铁矿囊昔一年之中，不过有二三月能开矿做工，现今得此树种之常年能做工矣。其疟疾症亦毫无，但此树于地冷之处培养不成。譬如，英国地方树已种之十多年。适使一年大冷皆欲冻死。予在上海试种此树已三年，每年冬季藏于玻璃房内间或冬天不藏树即冻死，所以致书新荷兰顶冷的地方。此树在冷地种之者须知是法方能长成，而中国较上海之热地尚多，皆可栽种。已托地税务司于各关码头地方早已试种，在福州、广东、浙江皆已茂盛。尚希各官员同志济世者，能办此事所费不多于世大有裨益，可不为哉
《城中多种树木之益》	人烟稠密之地多种树木为最要，能令人免数种病。凡人呼吸之气中所呼者与所吸者大不相同，所吸之空气内有氧气能入肺中，令人大得益，无益必死。而氧气为花草树木时常所放出也。所呼之空气内有炭氧二气杂在其中。此为最毒之气渐聚浓厚则大有害于人，而草木花卉非吸此气不足以畅茂，除花草树木之外，其气无去路也。若有一城墙垣颇高而不开门，则其炭气重于平常之气，而城中并无花木则炭氧二气毫无去路不久而人必毒死。但此种之殊亦罕见，皆因恒有风吹则炭氧二气吹至远处被乡间之花木吸哎。但在城中多种花卉树木等物则能收入炭氧二气而吐出人所需之氧气也。如法国昔时每三十四人内每年死一人。后来广开园囿，多植树木，今已三十九人内每年死一人矣。凡人多之处道路须宽，其两边可种树一行其树之荫能遮阴沟，而令湿浊之物不发臭气，树木之根又能收湿使地干燥，路上行人亦可藉斯树之荫庇夏日少为憩息，况树木森森，青葱郁郁更可观也。查中国市镇愈热闹之处而街巷愈窄，抑知愈热闹之街衢宜愈宽展，能种树木大有益也。若有空地可多种向日葵能收恶气，令人不生疟疾等症
《潮水与花草树木有相因之理》	昔西班牙国有一格致家于十四年前潜心考究植物学。现已得一理，即潮水与花草树木体质大有相关之理也，现已立一表以定每日潮水涨落。凡花木或需斩伐其枝叶均须待潮落时，则树之木可免枯萎之，意固因用此法施之橄榄等树，斫伐皆依潮落之时。其树枯干者即其少复有他处橄榄树最多，其枯干者颇多。因是亏折资本几欲倾囊后，效此法待潮落时删枝由二三年间葱薤茂盛，得利倍增，又将此法施之茶叶等树枯瘁者渐稀，又云饲蚕之桑树曾经试及分蚕于二处别潮之涨落采而饲之采涨潮之叶所饲者次之。其潮落采饲之蚕自封之后藕白丝净而适用焉，此理诚属奇妙。近今格致家多欲阐明此理而扩充之因悉其益有裨于世也

（续）

文章名	具体文章之内容
《西国种茶树》	约四十余年前，法国家由中国购办茶树三千株于国布种以冀地土相宜种植艺术，庶免他日远购茶叶于中国也。孰料所种之茶竟全枯槁，缘地土不相宜之故也。近今悉其原委，惟周年得热至六十一度为中数。凡事令必多湿气滋润，始宜茶也。然以法国水土较之最属难得此二事，故茶树知未能种也。近来英国于印度北境考取一区燥湿寒暑宜种之茶树。近今颇为茂盛，年次逐增获利尤巨。并有新金山数处及英国等处亦遍种茶树无不益均沾。另有在印度国种金鸡那树，先以着人赴南亚美利加洲考察此树之宜水土燥湿符合印度者移而栽植。凡种植有益于人者，西人无不考究精详也
《桃树去虫法》	秘鲁国格致家种桃于园，其树量茂。临发芽时则有虫数种，食其芽，又有蚂蚁食其皮与木，当时园中多种番茄，因太阳之热甚大，将番茄之叶挂于桃树之身与枝，令遮蔽而阻太阳之热，明日观树上之虫尽行走散，树仍能茂盛。于是将番茄叶浸于水中，即将此水撒于园中花草树木上，两日内所有之虫俱不见。此法大有益处，亦其简便故传之
《用木屑作馒头法》	凡人之食物不外三类，即糖类、油类、蛋白类是也。如所食之植物俱为糖类之质，则有法令其大半变为糖类质。数十年前，有化学家将杉木屑变为可食之馒头。其法将木屑泡于水内加热令沸，再入炉内烘干磨成细粉与磨面同，则其味臭与面粉略同，再和以水与酵成为馒头，入炉烘之，其色与粗馒头略同，又将其粉和水沸之成膏与饼与粥，亦为可食之物。饥馑之岁，民食草根树皮等物俱不及此木屑之佳，又有法将木屑和入硫强水变成糖与胶，其糖与葡萄糖同类
《电气锯木》	近有人设法以电气锯大树木。去用铂丝一条使电通过，发热至红，锯过树身立即烧断其木料。有人在印度国试行此法锯伐大木，不久即割通五分之一。铂丝忽断，因未余备铂丝，未能竣事。大略常法锯木须费两点钟之时，此法仅历一刻工夫即足割断，不但省事且无木屑之荒
《种树利己益人》	地中海之北岸有法国属地名阿拉治里。初得此地时丛林茂密树木菁茏，真是地增胜景堪壮闾里之观人资富饶，足备不时之用。但为斧斤所伐渐无萌蘖不特人之利穷而土亦大改性，概树多之处地土滋润水不化散又能收空气之水，令变为两该处，近来雨落渐稀，地干土瘦，人物难居遂致荒芜，故无奈须多种树本方得复厚，然种平常之树必待数十年方能成木，终属无益之举。近来有新金山新得之树名尤加立葛晦。此树成长甚快，于北处培植生长茂盛，仅六、七年木已成长可用，待至二十年乃成最大之料合于造船、造桥之用。真是人未百岁，树已千口。如种此树一亩则二十年内所能得之利比种五谷多至四倍，比种他树亦多四倍有余且不但此也以能收地内之恶气潮湿，令人不生疟疾发热等症。第一年第一卷汇编内玛君已论及之可见此树能令地干燥，由露而不干又能灭地之恶气而却病，其木料又能大利，故多种此树，大有生利之益法国之属，地种之亦得其益中国之屡有旱灾荒年之处，何不多种之以得其益
《论栽树以防水灾》	窃惟黄河漫溢较他河漫溢为害甚巨，因黄河泥沙碎石最多也按埃及国之尼罗河。中国之扬子江以及北河遇有漫溢其被水经过地面有反成肥润者，概水退后所淤肥土即成沃田。故凡遇漫溢后五谷必获丰收。黄河则不然，地面一经被淹即成不毛之地，因其溜中冲来皆系沙石，是以黄河漫溢非徒设法预防不易，而成灾后补救尤难也。溯查三十年前黄河改道，旧道已成陆田，今使仍归故道，俾有新旧二道引水出海或者有益而无害。然而旧道河身多有高于平地者，遇有堤岸不固则附近地方必至成灾，皆因淤泥过多致水不能流通也。燕台、大沽二处中有海湾一道，距海岸百余里，三十年前水深四丈，今则一丈八尺，可见淤泥之广也。中国黄河之害自大禹以来四千余年所费国帑不可胜数，其历代做工之人亦不知劳役几千百万矣。而此河为害迄今依然。查现在黄河漫溢情形实为素所未闻，其被淹没地面，即使将来水退已成不毛之地矣。譬如，往岁中法交兵，中国受害者不过一方。而黄河为害上至天子下至庶人皆受其灾，较从前发逆之乱使中国历久始能复元者更有甚焉。兹将治河情形试申论之，无论黄河有数千里之长皆能修治去其险患且有益于国家焉。从前有熟悉河工者，曾经查看黄河备悉情形足能去其险患而变为有益且能保固两岸使百万农人安于耕作而无决口之忧，性修治此河不能独赖机器之挑挖，亦非专赖修筑数百里堤坝之保护

（续）

文章名	具体文章之内容
《论栽树以防水灾》	因修筑堤坝恐将来亦如黄河之旧道竟成无用也。况此河改道已经五十年之久，若忽然令归故道设有意外之虞，恐难保不仍归古时之旧道。其道与北河之南甚近，尚可辨识。若竟将河道挖深亦非善法且非数年之久不能成功。况开办之时难保无意外决口等事。若然则数年之工程一旦废弃矣。惟有一善策不但有益而且易于治理。其治理之法即各省于滨河两岸之山广栽树木也。夫种树非奇异之事，昔曾著有效验非徒可御河患，即荒沙瘠土皆可变成沃田且无旱涝之虞。诚有益而无害也。如埃及地势长而窄，两边皆不毛之地。惟于尼罗河开濬支河引水灌田，滨河近处之地皆成费润。倘所有园林不为毁弃，断不至昔之沃壤变为石田也。再古时希腊国曾有数城环绕，林园之禾地自毁去后，名城皆为荒土矣。又都拉地方昔时林木最多故成肥地后将林木斩伐即成。沙漠虽骆驼最耐饥渴亦难养生就今时而论法、俄、印度三国亦有类此者。如法国之阿平山数省前因河水泛滥为灾年甚一年，当时法君那波伦见此情形仿布君治河之法设种树公廨广为培植树株，历七十年之久。阿平山斜坡一带，地方林园甚为茂盛。又俄国之发而卡河附近有黑土肥地数百顷，足称为天下第一膏腴，所产之麦亦甲于天下，即通国所产之麦亦无胜于此者。后树木渐渐毁去，河田变为无用，农人因而受害。因所产之麦较前少而不佳，遂致负来者轻去其乡矣。又印度国亦有地方曾受此害后广行栽树木，不数年间即克挽回矣。尚有日斯巴尼亚、葡萄亚、意大利等国亦以此法治河可以为证。此法治河不独工程易施而藏事亦速且能垂久。虽各国已著功效，中国以为其中甚易，商人不能奏效，应种橡树、榆树、松树者，有须移印度、缅甸、暹罗等国之树以种者，有须移蒙古及日本之树以种者，有须移满洲、吉林、高丽之树者。总之，择其土脉之相宜者方能茂盛。惟薄沙之地预先种价廉易生之树以养地脉。待肥润后，再种有用之树以固堤防。现在中国黄河遇有决口之处皆用砖石蔴稭修补，究非善法，若能依此治之则断无决口之患矣。概种树十年其所产之利，必较原价增至三四倍之多且农田多获丰收数年之间，瘠地必变肥田。伏望中国广种树株不独河道能治且天气亦召和平地土因肥润农人保无旱涝之忧，即所产之木植亦可为富国之一助焉
《植树多益》	上古欧洲人寡时，诸地天生之树株多不妨于坎坎而伐。追人烟繁盛，旦旦伐之树株自渐少矣。然亦有经古人护惜，禁人以斧斤伐者，并有将未开垦之区，听其生长为山林牧场者，将橡实等树种埋地下使萌芽滋生者，以其木造船、筑室可经久坚固也。至康熙时，泰西诸国举立花树园为考植物者，裨助教习同众，徒讲论于树花之侧，便于耳聆其说，目观其形。英国殷实户较他国更喜于宅外植万种树株。泰西诸国，人烟稠密。内地树株实不足用诚赖，有官禁人之山林并民养售之材木且获有二益，既得料物兼免旱潦。故诸国尽如是主理也。迩来英国于印度属地立工务官专司树株，尽心经营，冀得价高用大之材，如麻栗木遍植于南印度、缅甸、新加坡等处使成材，赖以造舟筑室，兼有雪山麓生之斗达树并槐类之树为用甚巨。南北印度铁路火车资以代煤生火。近今印度之美利即海外诸地多种金鸡哪树制成药粉疗疟疾，较诸般药物效大价昂利厚。中国南境胡不移来种植也。复有皮出汁浆充药用之树，印度亦植多种兼种性类乌木，自带纹理，堪装饰器皿。美国产之马和加尼树，极可见英国之治理印度不遗余力也。亦因印度久无战事，人丁广多，同于中国。印度人约二万五千万。华人约三万五千万。中国奚不似印度之多植树株，柴薪既可廉贱并能免意想不到之水旱灾也
《腾云致雨说》	近来泰西诸国多考究天气干旱之故。自古以来各国皆知草木丛生之区能引雨下降，空旷不毛之地易催雨外散，间有树林荫翳，花草荒芜之处，经火焚过地面，濯濯光秃难看，且烧坏泥中滋养植物之料以致土枯泥败，草木不生，既不能引雨下降，必须栽树木培养花草使地面转生机，则雨能年多一年久而复原有数处。旷野之地常见黑云密布，久之则散而不雨，有若云霓，概云中水汽落至半空全为地面干空气吸收，不及坠于地面。地面且无湿力摄引之，也如近地一层空气中已含草木所放湿气，则能引雨雾下降得雨颇多，或无草木之地空中雨积甚多，必致有大雷电使雨骤降，河道一时难容而流通不及，必致涨溢泛滥，房屋为之坍倒，人畜随作波臣水来既骤流湍，亦速云收雨止，地面仍干。总之，无论何处，地面多种谷果或多种草木能恒得雨以备植物之用，地面空气常湿则能生云，云中之水不为干，空气所收仍可降而为雨，如此一可免大水之患，一可免干旱之灾

（续）

文章名	具体文章之内容
《树高易尺量》	凡遇树等不易攀之物，欲求其高之尺寸，便法于地面画线二条相距三尺高竿，待竿端影适遇次线时，视树顶之影所至之处，由此量至树身即得树之高数。此法最简单而便，可免携带测器之烦，且不必攀援量度矣。西国考生徒算学时曾有是题，亦可见其巧思矣
《验木料法》	近来各西国讲求种树不独为生利之源，尤大有益于水土地利能令气候停匀以免旱涝偏灾。各国内大都特设种植部专理此事。美国种植部近更改求数事：一考各木料之性以用木工各器为便与否。一考生木料待若干时能有最合用之伏性。一考各树木长若干年而合用并其生长之迟速与砍伐之时及伏木各事与木性之各相关。一考木之丝纹与其性有何相关。一考木质轻重与其坚固有何相关。一用显微镜细验木质如何能别其木性与成色。一考一树各处木料有何分别。一考泥土天气与木料成色有何相关。一考松树钻孔放出松香或松香油令其木质改变如何。现集美国各路运进之木料详为试验，各性又试其能受挤力、扭力各若干，一一笔之书内列成表分告众知。此书一成必有大益于众

资料来源：《格致汇编》1876年第1、2、5、10卷，1877年第2、7卷，1878年第1卷，1890年第3卷，1891年第1、3卷，1892年第2卷。

由表1-1、表1-2可知，这13篇文章呈现出如下特征：其一，内容的移植性。这13篇文章中有2篇属于论说栏目，1篇属于格致新闻栏目，10篇属于格致杂说栏目。论说栏目的两篇文章，《有益之树异地迁栽》为玛高温本人撰稿，《论栽树以防水灾》由王镇贤摘译自《洋字时报》。而格致杂说与格致新闻栏目则是摘录自各国科学技术书报中的简短新闻。其二，文章的篇幅大多较为简短，语言也十分浅显易懂。除了两篇论说栏目文章较长外，其余11篇文章来自格致杂说与格致新闻栏目，主要报道科技新闻、轶事，均极为简短，语言十分通俗，易于引起读者的兴趣以及知识的普及。但同时也可以看到，这些文章缺乏学术上的严谨性，没有形成严谨的写作规范。其三，内容零散而不成体系。这些文章涉及森林利益、树种引种、树木栽培、病虫防治、树木测量、木材加工等多方面的零星知识。这些多是简单的知识介绍，并未上升到知识体系的层面。其四，文章已运用了科学的观点进行阐释。例如，《城中多种树木之益》一文在介绍城中多种树木的益处时说道："凡人呼吸之气中所呼者与所吸者大不相同，所吸之空气内有氧气能入肺中，令人大得益，无益必死。而氧气为花草树木时常所放出也。所呼之气内有炭氧二气杂在其中。此为最毒之气渐聚浓厚则大有害于人，而草木花卉非吸此气不足以畅茂，除花草树木之外，其气无去路也。若有一城墙垣颇高而不开门，则其炭气重于平常之气，而城中并无花木则炭氧二气毫无去路不久而人必毒死。但此种之城殊亦罕见皆因恒有风吹则炭氧二气吹至远处被乡间之花木吸矣。但在城中多种花卉树木等物则能收入炭氧二气而吐出人所需之氧气也[①]。"可见，文章已运用了生物学的理论知识进行具体分析，已从传统的经验层面上升到了科学层面。其五，文章内容具有超前性，许多知识都是首次在中国介绍。再如，《验木料法》一文介绍了美国检验木料的九种方法："一考各木料之性以用木工各器为便与否。一考生木料待若干时能有最合用之伏性。一考各树木长若干年而合用并其生长之迟速与砍伐之时及伏木各事与木性之各相关。一考木之丝纹与其性有何相关。一考木质轻重与其坚固有何相

---

① 《城中多种树木之益》，《格致汇编》1876年第2卷，第11页。

关。一用显微镜细验木质如何能别其木性与成色。一考一树各处木料有何分别。一考泥土天气与木料成色有何相关。一考松树钻孔放出松香或松香油令其木质改变如何①。"在当时的中国，现代意义上的木材学尚未萌芽，而《格致汇编》已引进此类知识，无疑十分超前。

(二)《农学报》

《农学报》是我国第一份农业专业期刊，1897 年创刊于上海，1906 年停刊，共出版315 期。《农学报》栏目设置中西并举，包括奏折录要、各省农事、西报选译、东报选译、农会博议、中西文合璧表等②。作为一份综合性的农学期刊，其刊载的内容则涉及农、林、牧、副、渔等各个方面。正如梁启超在《农学报·序》中所说："故远法《农桑辑要》之规，近依《格致汇编》之例，区其门目，约有数端：曰农理、曰动植物学、曰树艺（麦果、桑茶等品皆归此类）、曰畜牧（牛羊羸驼蚕蜂等物皆归此类）、曰林材、曰渔务、曰制造（如酒糖酪厨爨之类）、曰化料、曰农器、曰博议，月渤一篇，布诸四海③。"《农学报》也为引进国外先进的林学知识起到了相当大的作用。目前尚未见有论著对这些林学文章进行系统的整理与分析。有鉴于此，笔者现依据《中国近代期刊篇目汇录》④，对《农学报》中有关于林学的文章的译者、题目、所在栏目、卷期予以整理录入。这主要包括了两方面：一是从国外科技期刊上选译林业方面的文章（表 1-3）。二是直接对日本及欧美的相关论著进行翻译（表 1-4）。

表 1-3 《农学报》对国外科技期刊林学文章的选译

序号	译者	题目	所在栏目	卷期
1	藤田丰八	《美国之竹林》（译自《日本山林会报》）	东报选译	1898 年第 20 期
2	陈寿彭	《台湾樟脑业说》（译自《墨洲杂报》）	西报选译	1898 年第 22 期
3	藤田丰八	《松叶织毯》（译自《日本山林会报》）	东报选译	1899 年第 54 期
4	藤田丰八	《杞柳栽培法》（译自《日本农会报》）	东报选译	1899 年第 61 期
5	藤田丰八	《木材防腐法》（译自《日本山林会报》）	东报选译	1899 年第 73 期
6	藤田丰八	《制造樟脑新发明》（译自《农桑杂志》）	东报选译	1899 年第 83 期
7	陈寿彭	《美国种日本栗说》（译自《墨洲杂报》）	西报选译	1899 年第 85 期
8	藤田丰八	《论日光与林木之关系》（译自《美国林学报》）	西报选译	1899 年第 86 期
9	藤田丰八	《植树秘法》（译自《农业杂志》）	东报选译	1899 年第 87 期
10	藤田丰八	《桐树栽培法》（译自《新农报》）	东报选译	1900 年第 91 期
11	藤田丰八	《农务小学校学林设置章程》（译自《九和讲农杂志》）	东报选译	1900 年第 93 期
12	藤田丰八	《柏树栽培法》（译自《农业杂志》）	东报选译	1900 年第 95 期
13	藤田丰八	《杉扁柏树虫害》（译自《日本山林会报》）	译篇	1900 年第 96 期
14	藤田丰八	《植树一得》（译自《兴农杂志》）	译篇	1900 年第 99 期

---

① 《验木料法》，《格致汇编》1892 年第 2 卷，第 49 页。
② 刘小燕：《〈农学报〉与其西方农学传播研究》，西北大学硕士学位论文 2011 年，第 29-31 页。
③ 梁启超：《农会报·序》，《时务报》1897 年第 23 卷。
④ 上海图书馆：《中国近代期刊篇目汇录》，上海人民出版社 1965 年版。

（续）

序号	译者	题目	所在栏目	卷期
15	藤田丰八	《造林试验场》（译自《农业杂志》）	译篇	1900 年第 99 期
16	藤田丰八	《桐树防腐法》（译自《农业杂志》）	译篇	1900 年第 99 期
17	藤田丰八	《造栗林法》（译自《日本山林会报》）	译篇	1900 年第 102 期
18	藤田丰八	《杉柏不利移植说》（译自《日本山林会报》）	译篇	1900 年第 102 期
19	藤田丰八	《除松树虫害法》（译自《日本山林会报》）	译篇	1900 年第 104 期
20	林壬	《日本山林会章程摘要》	译篇	1900 年第 105 期
21	藤田丰八	《栽棕榈法》（译自《新农报》）	译篇	1900 年第 108 期
22	藤田丰八	《林产述用》（译自《兴农杂志》）	译篇	1900 年第 108 期
23	藤田丰八	《木屑利用说》（译自《兴农杂志》）	译篇	1900 年第 109 期
24	藤田丰八	《道旁植树说》（译自《兴农杂志》）	译篇	1900 年第 109 期
25	藤田丰八	《察树势法》（译自《新农报》）	译篇	1900 年第 113 期
26	藤田丰八	《樟树下种法》（译自《新农报》）	译篇	1900 年第 114 期
27	藤田丰八	《造林新案》（译自《新农报》）	译篇	1900 年第 115 期
28	藤田丰八	《制造木纤维改良法》（译自《工艺化学杂志》）	译篇	1900 年第 120 期
29	藤田丰八	《樟叶采脑试验成迹》（译自《工艺化学杂志》）	译篇	1900 年第 121 期
30	藤田丰八	《棕榈种安全发芽法》（译自《农业杂志》）	译篇	1901 年第 132 期
31	藤田丰八	《樟叶采脑说》（译自《兴农杂志》）	译篇	1901 年第 137 期
32	藤田丰八	《枇榔说》（译自《日本农会报》）	译篇	1901 年第 145 期
33	藤田丰八	《营林主事补森林监守月俸一览表》	译篇	1901 年第 156 期
34	—	《驱除林檎害虫之试验》（译自《昆虫世界》）	译篇	1902 年第 190 期
35	—	《种树疏密表》	译篇	1902 年第 195 期
36	—	《志印度种樟之利》（译自《太阳报》）	译篇	1902 年第 197 期
37	—	《木屑利用》（译自《化学杂志》）	译篇	1903 年第 204 期
38	—	《记落叶松之虫害》（译自《兴农杂志》）	译篇	1903 年第 214 期
39	—	《记秘鲁所产哥家树》（译自《新农报》）	译篇	1904 年第 245 期
40	—	《造林法》（译自《日本农会报》）	译篇	1905 年第 296 期
41	—	《桃之虫》（译自《日本农会报》）	译篇	1905 年第 298 期
42	—	《北美加州果树害虫病菌之驱除及预防法》（译自《日本农会报》）	译篇	1905 年第 313 期

资料来源：上海图书馆编：《中国近代期刊篇目汇录》，上海人民出版社 1965 年版，第 727—793 页。

表 1-4　《农学报》对部分林学专著的翻译

序号	作者	译者	题目	卷期
1	白河太郎	藤田丰八	《樟树论》	1898 年第 22 期，1898 年第 30 期，1898 年第 31 期，1898 年第 32 期，1898 年第 33 期，1898 年第 34 期，1898 年第 35 期，1898 年第 36 期，1898 年第 37 期

（续）

序号	作者	译者	题目	卷期
2	初濑川健增		《植漆法》	1898 年第 23 期
3	梅原宽重		《植三桠树法》	1898 年第 24 期
4	初濑川健增		《植楮法》	1898 年第 25 期
5	初濑川健增		《植雁皮法》	1898 年第 25 期
6	吉田健作	萨端	《草木移植心得》	1899 年第 59 期
7	铃木沈三	沈纮	《森林保护学》	1899 年第 80 期，1899 年第 81 期，1899 年第 82 期
8	铃木沈三	沈纮	《林业篇》	1899 年第 80 期，1899 年第 81 期，1899 年第 82 期，1899 年第 84 期，1899 年第 85 期，1899 年第 86 期
9	福羽逸人	沈纮	《果树栽培总论》	1899 年第 80 期，1899 年第 82 期，1899 年第 83 期，1899 年第 84 期，1899 年第 85 期，1899 年第 86 期，1899 年第 87 期，1899 年第 88 期，1899 年第 89 期，1899 年第 90 期，1900 年第 91 期，1900 年第 92 期
10	高见泽熏	林壬	《落叶松栽培法》	1900 年第 103 期
11	加贺美	林壬	《金松树栽培法》	1900 年第 103 期
12	竹泽章	罗振常	《接木法》	1900 年第 107 期
13	奥田贞卫	樊炳清	《森林学》	1900 年第 125 期，1900 年第 126 期，1900 年第 127 期，1901 年第 128 期，1900 年第 129 期
14	福羽逸人	沈纮	《果树栽培全书》	1901 年第 144 期，1901 年第 145 期，1901 年第 146 期，1901 年第 147 期，1901 年第 148 期
15	本多静六	林壬	《造林学各论》	1901 年第 148 期，1901 年第 149 期，1901 年第 150 期，1901 年第 151 期，1901 年第 152 期
16	本多静六	樊炳清	《学校造林法》	1903 年第 204 期
17	片山直人		《日本竹谱》	1904 年第 245 期，1904 年第 246 期
18	高桥久四郎		《果树》	1905 年第 304 期，1905 年第 305 期，1905 年第 306 期，1905 年第 307 期，1905 年第 308 期，1905 年第 309 期，1905 年第 310 期，1905 年第 311 期，1905 年第 312 期，1905 年第 313 期，1906 年第 314 期，1906 年第 315 期

资料来源：上海图书馆编：《中国近代期刊篇目汇录》，上海人民出版社 1965 年版，第 727-793 页。

由表 1-3、表 1-4 可知，相较于《格致汇编》，《农学报》在林学引进方面呈现出四个明显的特点：(1)《农学报》选译的林学文章和专著数量较大，具有了一定的规模。根据《中国近代农业科技史稿》一书统计，"该刊登载的有关林业科学技术的论文共达 48 篇，其中有一部分是译文[①]。"据统计，实际数量要多于此，这是因为《农学报》既刊载了部分中

---

① 中国农业博物馆：《中国近代农业科技史稿》，中国农业科技出版社 1996 年版，第 203 页。

国古代和当代的林业文献，又介绍了国外的林学成就。其中仅翻译的林学文章就不少于42篇，选译的论著不少于18部。(2)《农学报》选译的林学文章和专著的出处明确。以文章为例，大多选译自《日本山林会报》《墨洲杂报》《日本农会报》《农业杂志》《兴农杂志》《新农报》等。而且这些文章的篇幅普遍更长。(3)《农学报》选译的林学文章和专著多取材于日文。其中翻译的林学文章除《论日光与林木之关系》等少数文章译自《美国林学报》等西方报刊外，其余大多直接译自日本。翻译的18部林学专著全部源自日本作者。(4)《农学报》出现了连载林学专著的情况。这种情况是《格致汇编》等科技期刊没有过的。其中重要的林学专著有：《造林学各论》(本多静六著，林壬译)，《森林学》(图1-1)(奥田贞卫著，樊炳清译)，《森林保护学》《林业篇》(铃木沈三著，沈纮译)等。这些林学书籍大多出自日本林学名家之手。譬如本多静六(1866—1952)于1892年在德国慕尼黑大学获博士学位。在德国留学期间专攻造林学，受迈耶尔(H. A. Mayer)影响较大。他是日本第一位林学博士，也是日本造林学之奠基人，被誉为日本"林学之父"。他学成归国后，结合日本的林业实际，编写了《造林学前论》《造林学后论》《造林学各论》(图1-2)等著作[1]。除《农学报》上面的《造林学各论》(本多静六著，林壬译)、《学校造林法》(本多静六著，樊炳清译)外，本多静六的论著也被大量翻译到中国，对近代林学早期发展有着重大的影响。譬如其《森林效用论》由程鸿书翻译，刊于《新译界》(1907年第4期)；其《林产制造学》由陈澈湘翻译，刊于《实业丛报》(1913年第6期)，其《造林学本论》由沈化夔译，于1934年由上海商务印书馆出版；其《森林数学》由徐承镕译，由上海新学会社1935年出版，等等。

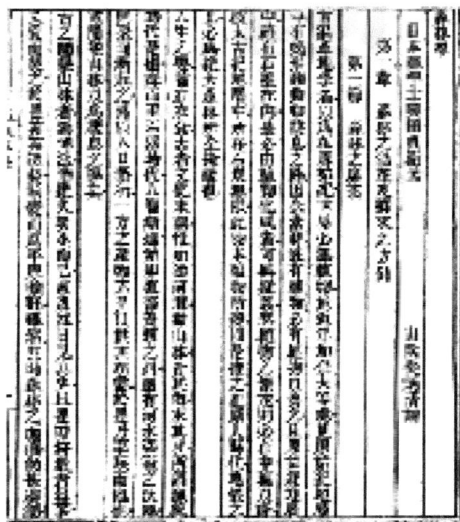

图1-1　《农学报》翻译之《森林学》　　　图1-2　《农学报》翻译之《造林学各论》

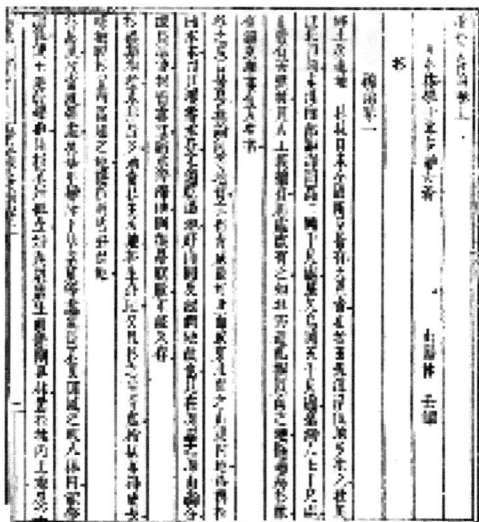

《农学报》通过翻译的方式，引进了大量的西方先进的林学知识，不只是涉及了植树造

---

① 中国农业百科全书总编辑委员会林业卷编辑委员会，中国农业百科全书编辑部：《中国农业百科全书·林业卷上》，北京农业出版社1989年版，第24-25页。

林，还大量涉及了林产利用、木材防腐、森林经营、森林保护等方方面面。这些译文极具科学性和超前性。例如，《木材防腐法》①一文大篇幅细致地介绍了当时欧美各国对木材进行化学防腐的各种试验、方法及利弊，有利于增进人们对木材防腐的认识。再如《制造木纤维改良法》一文记载道："现今以木材造制纸用原料之木纤维通例皆使用亚汝加里液及重亚硫酸盐液，予近得代用木突鲁油及石炭突鲁油专卖之请。即取突鲁油之于百八十度至三百二十度间所馏出部分。其中浸渍木片约三时至十二时间，以无尽之铁锅煮沸后压榨之。以除油分，使用适当之溶解剂而所存之油，悉使溶出，遂生出良好之制纸用木纤维云②。"这无疑有利于增进人们对科学制造木纤维的了解。另外，《林产述用》（1900 年第 108 册）一文记载道："林产之主者为木材，副者为树油、树脂、樟脑类、尼尼染料、小粉、覃类、五倍子之类（此皆从树叶、树实、树皮、树根收取者）。下至枯枝落叶，可供饲料、烧料者皆无弃利也。林业固重在主产，但因林地之情形，而偏利副产亦时有之，又主产之木材不独构屋、制器、当薪也，或碎之，或溶之，变形改质，以供各种工业之原料，盖学术愈进而木材利用之途愈扩矣③。"这同样会加深人们对林产利用的认识，引起人们对林产利用的重视。相较于《格致汇编》，《农学报》在引进林学知识方面更成体系，影响也更深远。例如，《农学报》翻译的林学书籍经常作为最早的教材或参考资料，很大程度上促进了中国早期林业教育的发展。正如学者王希群在《中国森林培育学的 110 年——纪念中国林科创基110 周年》中所说："任何一门学科的形成都有其独立的标志，都必须有其独特的理论体系，而教材、专著则是主要的表现形式之一④。"其中奥田贞卫的《森林学》一书内容最全面、最系统、最有深度。该书共分为七章，第一、二章主要介绍了森林的沿革及性质，普及林业基本知识；第三、四、五、六章主要介绍了森林培育学、经理学、木材学等各科理论；第七章主要介绍了森林学各科之范围及关系。其具体的章节内容可见表 1-5。总而言之，这些林学书籍的出现是一个从无到有的过程，展示给当时中国的是一套较为系统的林学理论。

表 1-5　奥田贞卫《森林学》的具体章节

章	节
第一章　森林之沿革及将来之方针	第一节　森林之广袤
	第二节　森林之利用
	第三节　森林之所有
	第四节　森林上学术技艺之进步
第二章　森林之性质	第一节　森林之定义
	第二节　保安林之性质
	第三节　林业之性质

① （日）藤田丰八译：《木材防腐法》，《农学报》1899 年第 73 期，第 7-11 页。
② （日）藤田丰八译：《制造木纤维改良法》，《农学报》1900 年第 120 期，第 9 页。
③ （日）藤田丰八译：《林产述用》，《农学报》1900 年第 108 期，第 5 页。
④ 王希群：《中国森林培育学的 110 年——纪念中国林科创基 110 周年》，《中国林业教育》2012 年第 1 期。

（续）

章	节
第三章　造林	第一节　树种与气候之关系
	第二节　树种特殊之性质
	第三节　树种与林地之关系
	第四节　树种彼此之关系
	第五节　树种之转换
	第六节　森林之创立
	第七节　作业种类与林分更新之关系
	第八节　人工更新上所需材料
	第九节　人工更新之实行
	第十节　森林之抚育
	第十一节　森林之保护
第四章　算定价格	第一节　算定价格之宗旨
	第二节　一木之材积测定
	第三节　林分之材积算定
	第四节　收获表
	第五节　平均成长量与连年成长量之关系
	第六节　林龄之查定
	第七节　林木之价格算定
	第八节　林地之价格算定
	第九节　林地价格与林木价格之关系
	第十节　轮伐期之查定
	第十一节　利益之查定
第五章　设制	第一节　设制学之范围
	第二节　作业之方针
	第三节　年伐面积
	第四节　龄级之率
	第五节　法正蓄积
	第六节　年伐额与定期伐额
	第七节　不法正林之改良
	第八节　管理区域与施业区域
	第九节　施业上之图簿
	第十节　设制法

（续）

章	节
第六章　木材之供给	第一节　伐木 第二节　造材 第三节　搬运 第四节　售卖木材
第七章　森林学各科之范围	第一节　森林学之组织 第二节　利用学之范围 第三节　管理学之范围 第四节　林政学之范围 第五节　森林动物学并植物学 第六节　森林物理学并化学 第七节　土性学 第八节　森林法律学及其余各科

资料来源：（日）奥田贞卫著，樊炳清译：《森林学》，《农学报》第 125-129 册。

需要注意的是，这些林学论著虽在引进西方林学理论方面功不可没，但都并非中国人学习西方的"一手"成果，为假借日本人之手的"二手"成果。例如，本多静六在《造林学各论·例言》中说："一、我国（按：指日本）所有树种与欧美全异，故造林学亦非仅译西书所能足用，必须就我固有之林木以讲究之且关于是学之书世未一见，故亟刊之以公同好。二、此编专论针叶林木及椰子类、竹类各种，其阔叶林木异日再为刊行……六、余研究林学虽历有年，然我国森林树种极富，其未究及尚多，此书未为完备，唯期于后版增补之书中，或有谬误遗漏，尚祈大雅教正[1]。"管中窥豹，可见一斑。这些林学论著大多是日本林学家结合西方的林学理论，并依据日本的林业实际而编就，主要介绍日本的林业科学知识及经验，与中国的林业现实相去甚远。直到中国近代的林学留学生的归国，这种局面才得以改变，才逐渐摆脱了以前林学引进受制于二手资料的朦胧状态。

第三节　新式农业学堂之兴办

在"甲午战争"及"庚子事变"之后，"实业救国""教育救国""科学救国"等思想不断涌现。清政府实行了旨在挽救统治危机的新政，于 1904 年 1 月 13 日颁布了《奏定实业学堂通则》。在《奏定实业学堂通则·设学要指章第一》第一节中规定："实业学堂所以振兴农、工、商各项实业，为富国裕民之本计……近来各国提倡实业教育，汲汲不遑；独中国农、工、商各业故步自封，永无进境，则以实业教育不讲故也。今查照外国各项实业学堂章程课目，参酌变通，别加编订，听各省审择其宜，亟图兴建[2]。"正是在此大背景下，各省政府相继仿照国外，创办了一批新式农业（农林、农务）学堂，主要有直隶农业学堂、江西高

---

① （日）本多静六：《造林学各论·例言》，《农学报》1901 年第 148 期。
② 璩鑫圭：《中国近代教育史料汇编·学制演变》，上海教育出版社 1991 年版，第 478 页。

等农业学堂、湖北高等农务学堂等(表1-6)。这些农业(农林、农务)学堂中包含了林科。这些新式农业学堂也成为引进西方林学知识的重要场所。具体体现在两个方面：

表1-6　清末农业(农林)学堂一览

校名	校址	成立年度	备注
农林学堂	山西太原	1902年	1907年改为高等农林学堂
农业学堂	河北保定	1905年	1912年改为农业专门学校
高等农业学堂	江西南昌	1909年	1912年改为高级农林学堂
高等农林学堂	山东济南	1910年	1911年改为高等农林学堂
高等农务学堂	湖北武昌	1905年	1914年改为高级农业学堂

资料来源：杨绍章，辛江业编著：《中国林业教育史》，中国林业出版社1988年版，第18页。

一是聘请外国教习。1904年，清政府颁布了《奏定学堂章程》(史称"癸卯学制")。其中的《奏定初等农工商实业学堂章程》《奏定中等农工商实业学堂章程》《奏定高等农工商实业学堂章程》又分别对初等、中等、高等农业学堂的林科实习科目予以规定(表1-7)。但由于晚清的农业教育还处在起步阶段，为了满足专业人才的需求，各个学堂及试验场纷纷聘请外国教习以从事各林科科目的教学。正如在《奏定实业学堂通则·学堂职务章卷三》第一节中所规定的："各实业学堂，当按照所设学堂程度及各学科课目，与授业时刻若干，学生级数若干，选派相当之教员分司教授。中国现尚无此等合格教员，必须聘用外国教师讲授，方有实际；但仍须有通晓实业科学之翻译，始能传达讲义①。"聘请的外国教习之中比较知名的林科教习有三户章造(山西农林学堂林科教习)，蔺部一郎(云南农业学堂林科教习)、岩成基平(云南农业学堂林科教习)，斋藤丰喜(江西高等农业学堂林科教习)、野尻贞一(湖北高等农务学堂林科教习)等。这一批早期的外国教习也自然成为引进与传播西方林学的重要承担者。

表1-7　晚清各级农业学堂的林科实习科目

级别	具体林科实习科目
初等农业学堂	一、造林及森林保护，二、森林利用，三、森林测量及土木，四、测树术及林价计算法，五、森林经理，六、气候，七、农学大意，八、实习
中等农业学堂	一、造林及森林保护，二、森林利用，三、森林测量及土木，四、测树术及林价计算法，五、森林经理，六、气候，七、农学大意，八、实习
高等农业学堂	一、物理学，二、化学，三、气象学，四、地质学，五、土壤学，六、动物学，七、植物学，八、森林测量术，九、图画，十、森林数学，十一、造林学，十二、森林利用学，十三、林产制造学，十四、森林经理学，十五、森林保护学，十六、森林管理，十七、森林道路，十八、理财学，十九、法律大意，二十、森林法，二十一、林政学，二十二、农学大意，二十三、财政学，二十四、数猎学，二十五、殖民学，二十六、森林测量学实习，二十七、造林实习，二十八、林产制造实习，二十九、森林经理实习，三十、体操

资料来源：璩鑫圭：《中国近代教育史料汇编·学制演变》，上海教育出版社1991年版，第449、458、467页。

现有的《中国林业教育史》《中国近代林业史》等著作习惯性地详于民国时期的林业教

---

① 璩鑫圭：《中国近代教育史料汇编·学制演变》，上海教育出版社1991年版，第481页。

育，而在介绍清末的林业教育时十分笼统、简略。往往只是介绍清末时期的林业教育出现的背景及种类，并未涉及这一时期农业学堂具体的林科课目设置、教习聘任以及教材及参考书翻译情况。有鉴于此，笔者在这里以山西农林学堂为例，并根据《山西农务公牍》（光绪二十九年铅印本）的相关记载来具体展开论述，以期有所助益。就目前所见，学界在讨论清末林业教育史，特别是在研究山西农林学堂史时，鲜有涉及《山西农务公牍》上面的材料。而这些材料又是第一手资料，不应被忽略。山西农林学堂于 1902 年成立，是成立最早的林业学堂，首创近代的新式农林学校，也是中国新式林业教育起步的标志。根据《调查农林课程》记载："为调查农林课程事，窃本局开创之始原议分建农、林、工艺等学堂以符奏定原章。而农林学堂开办最先，于光绪二十八年二月十一日聘定日本国东京农科大学之农学士冈田真一郎，林学士三户章造来晋分充农林教习，此山西农林学堂之缘起也①。"为解燃眉之急，山西农林学堂最初还仿照了东京帝国大学农科课程，开设了自身的农林课程。其农林课目见表 1-8。

表 1-8　山西农林学堂各年级课目

	前期（限六个月内）	后期（限六个月内）
第一年级	算数学、物理学、农林图画法、土壤学、肥料学（附化学）、农产学、森林植物学、日本文语、农林实验	代数学、法学通论、农林气象学、农林图画法、森林动物学、肥料学、农用器械学、作物生理学、日本文语、农林实验
	前期（限六个月内）	后期（限六个月内）
第二年级	几何学、三角数、昆虫学、普通栽培学、工艺栽培学、家畜生理学、畜牧学、造林学、森林保护学、测树术、日本文语、农林实验	畜牧学、家畜病理学、牧草栽培学、作物病虫学、造林学、园艺栽培学、林价算法、林产制造法、农林测量学、日本文语、农林实验
	前期（限六个月内）	后期（限六个月内）
第三年级	畜牧学、园艺栽培学、农业经济学、养虫学、森林土木学、林政学、森林较利学、农林测量学、日本文语、农林实验	农政学、农业土木学、农场管理学、农业制造学、森林利用学、林政学、森林管理学、森林经理学、森林法论、森林统计学、日本文语、农林实验
第四年级	林学实验六则：一、栽种山林，二、整理林地，三、计算树木材料，四、解剖树法，五、测量林地及路线，六、考究筑堤疏水灌水之法	

资料来源：《讲堂课目分年学级及每日教授时刻表》，《山西农务公牍·卷一》，光绪二十九年铅印本，第 6-7 页。

由表 1-8 可知，山西农林学堂所涉及的林科课目主要包括造林学、森林保护学、森林植物学、森林动物学、林产制造法、林价算法、森林土木学、林政学、森林较利学、森林管理学、森林经理学、森林法论、森林统计学等。山西农林学堂的课目大多由学堂聘用的日本教习来负责。相较于此前的《农学报》，日本教习无疑更为全面、系统地引进了林学科学原理和知识。当时采取的上课方式是，日本教习和翻译必须同步进行，学生们一边听一边记，课后加以复习。在山西农林学堂的林科教习中，有相当一部分具备真才实学，且十

---

① 《调查农林课程》，《山西农务公牍·卷一》，光绪二十九年铅印本，第 5 页。

分尽心尽责。其中尤以三户章造的影响最大。据《征调优生编译农林新书》一文记载："日本国专卖局鉴定官兼农商务技师正七位农学士冈田真一郎充农学教习，日本国营技师兼农商务技师林学士三户章造充林学教习，均系专门名家涉海远来，分科讲授前期课程①。"正如三户章造所说："以本教习微力虽难应此大任，然实心从事以冀尽力于万一者是本教习于晋之责任，亦本教习蒙日本政府举荐于晋之责任且日本林学士应他邦之聘者以本教习为嚆矢。苟本教习之措置失宜，非特有碍于日本林学士之声价，反为外人耻笑。本教习亦可谓难矣②。"由此可见，山西农林学堂于1902年2月11日就聘定了三户章造为林科教习以负责讲授各课。除了上课外，三户章造还根据山西的现实撰写了一大批相关文章。根据《山西农务公牍·卷一》之目录可知，其主要有《三户教习种榆树说》《三户教习造林御寒节略》《三户教习林产成绩报告》《三户教习拟呈三省预弭旱涝策》等。这些文章也是引进林学科学原理和知识的重要媒介。笔者另有专文对三户章造予以研究。

二是组织翻译教材及参考书。教材是进行教学活动的基本前提之一。虽然《农学报》组织翻译的《造林学各论》（本多静六著，林壬译），《森林学》（奥田贞卫著，樊炳清译），《森林保护学》《林业篇》（铃木沈三著，沈纮译）等著作都可以作为早期的林学教材，但翻译的数量十分有限，无法满足所有规定课程的需要。翻译和引进国外林学教材自然成为当务之急。就目前的资料显示，1902—1903年，山西农林学堂添设编译院组织翻译了我国第一套较为系统的现代林学教材，实有必要引起后人注意。目前相关论著鲜有对此予以涉及，也大多未论及这批教材的价值。例如，《中国林业教育史》《中国近代林业史》等著作在分析晚清时期的林学教材时并未提及山西农林学堂所翻译的这一批林学教材。《添设编译院》一文对山西农林学堂组织编译林学教材的背景予以了详细的介绍：

钦颁奏定章程学务纲要内开教员宜多看参考书，高等学堂以上学生亦许带书以备自习时参考等因，又开查京师现开编译局专司编辑教科书惟应，编各书浩博繁难，断非数年所能成事，亦断非一局所能独任，令京外编译局分认何门何种按照目录迅速编辑。书成后咨送学务大臣审定，颁行各省重出，无妨择其精善者用之等。因本学堂兼习农林，专门聘有日本教员向系按照东京农科大学课程教授，所用教科书即系由和文译作华文，教员讲义亦如之。查中国虽以立实业学堂之名，而尚无华文自纂之课本。是此项华文课本及讲义将来可备他省及本省添设学堂之用，又堂内向设阅报处，嗣因教授书而外应备有参考书，亦即归并一处以便诸生于课余入内纵览其参考书亦系和文览时随意翻译以资练习。前曾附详有案。本年购到铅印、石印各机器即系提用学生伙食项下余款。因请查照学务原章改立编译院分认农林及蚕桑畜牧制造各门于堂课六点钟之外会集院中参互考求，依类择译，仍遵照奏定章程高等农业学堂及农科大学所列科目以合教科书之用。现查教授书内向无华文课本，而新译成华文者共一十六种，均系本堂教习授课时，翻译陶适堃所译。其学生所译者大抵参考书居多，已脱稿者一十五种，已开译而未完毕者八种……其采用上海《农学报》所译之东文课本校正其原译差

① 《征调优生编译农林新书》，《山西农务公牍·卷一》，光绪二十九年铅印本，第7页。
② 《三户教习拟呈三省预弭旱涝策》，《山西农务公牍·卷四（上）》，光绪二十九年铅印本，第1—2页。

误订为定本者不在此列，查东西洋各国提倡实业教育汲汲不遗余力，而中国以二十余行省之大尚未见有完全之实业课本实为一大缺憾。今本堂翻译学生等博览旁搜，慎择约取积久，编译必可成为一大观，堪为富国裕民之一相助①。

不难看出，当时中国的实业学堂刚刚开设，其面临的现实是"虽以立实业学堂之名，而尚无华文自纂之课本"。山西农林学堂虽"聘有日本教员向系按照东京农科大学课程教授，所用教科书即系由和文译作华文，教员讲义亦如之。"为了满足奏定章程高等农业学堂及农科大学所列科目以合教科书之用，山西农林学堂的翻译陶迺埕新译成华文者共16种，均系本堂教习授课时。其学生所译者大抵参考书居多，已脱稿者15种，已开译而未完毕者8种。具体而言，新译华文课本16种包括《物理学》《算数学》《几何学》《陆地测量学》《气象学》《土壤学》《森林植物学》《森林动物学》《造林学》《森林管理学》《森林利用学》《林产制造学》《森林化学》《林政学》《测树学》《农产学》。以上课本全由陶迺埕翻译②。学生翻译书目包括《农作物生理学》（高崇忠译）、《农作物病理学》（常献策译）、《昆虫学》（陈玉麟译）、《养蚕学》（张联魁译）、《农产制造学》（贾鸿声译）、《畜牧学》（阎应台译）、《家畜生理学》（刘景章译）、《农地测量学》（温维垣译）、《农用器械学》（崔潮译）、《草棉栽培学》（温维垣译）、《工艺栽培学》（任金寿译）、《义》（吉麟定译）、《森林法论》（张联魁译）、《森林保护学》（王仰章译）、《农学会心理》（贾鸿声译），以上系各学生上年（1902年）所译。《土性论》（刘世祥、朱世英合译），《土地改良论》（张炳光、武克恭合译），《农业气象学》（高崇忠、陈玉麟合译），《植物病理学》（温维垣、张联魁合译），《植物实验学》（崔潮、王牲合译），《园艺栽培学》（陶迺埕译），《畜产泛论》（宋维城、刘景章合译），《农政学》（刘世祥译），以上系各学生本年（1903年）所译未脱稿（表1-9）③。显而易见，山西农林学堂组织翻译林学教材及参考书有《森林植物学》《造林学》《森林管理学》《森林动物学》《森林利用学》《林产制造学》《森林化学》《林政学》《测树学》《森林法论》《森林保护学》等。这些林学教材中的大部分都是在中国首次出现的。例如，由陶迺埕于1902年翻译的吉田义孝的《造林学》是中国最早的一本《造林学》著作。但这批书中并没有涉及中国的材料，而林业生产又有着极强的地区性，所以不免会脱离中国林业的生产实际。

表1-9　编译员名册

职务	名额	具体名单
监理	1名	陶迺埕
正编	4员	张熙、陈汝明、王炽、崔焕
分编	6员	郝文灿、郭肇奎、刘逵九、马毓琨、梁渐杰、邢延辅
正译	2员	张联魁、崔潮
分译	9员	刘世祥、朱世英、高崇忠、陈玉麟、张炳光、王生、刘景章、温维坦、宋维城

---

① 《添设编译院》，《山西农务公牍·卷五》，光绪二十九年铅印本，第26页。
② 《新译华文课本》，《山西农务公牍·卷五》，光绪二十九年铅印本，第27-28页。
③ 《学生翻译书目》，《山西农务公牍·卷五》，光绪二十九年铅印本，第28-29页。

（续）

职务	名额	具体名单
校对	2 员	杜毓兰、马凌云
庶务	2 员	连天祥、李殿卿

资料来源：《编译员名》，《山西农务公牍·卷五》，光绪二十九年铅印本，第 26—27 页。

第四节　小　结

　　程复新在其 1937 年所作的《林学的过去与将来》一文中将世界林学过去的历史分为三个时期。第一期从公元前 1000 年至公元 1400 年。这一期是森林最盛，同时也是破坏森林最厉害的时代，但对于保护问题则属于消极状态。其他森林的建设、管理等项，皆未谈及[①]。第二期从 1400 年至 1900 年。在这一期，世界人士已经感觉森林的破坏与水旱灾害有连带关系，于是想出了补救的方法。大多注意造保安林，目的全为防患于未然。至于经济方面的增加，仍属于副目的。同时最重要的事迹就是发明许多人工更新的方法，因此这一时期可算是林学的萌芽时代[②]。第三期从 1900 年至现今（注：现今指 1937 年）。在这一期，林学的发展很快，在造林方面，各国多注重经济林，其他一切林业知识以及技术方面，皆发展到了相当程度，因此林学正式成为现代的一种科学[③]。若是依照这种观点，清末的林学正处于萌芽时代过渡到科学时代的重要阶段。无论是驻外使节的派遣、科技期刊的翻译，还是新式学堂的兴办都在不同程度上引进了西方林学。林学引进也经历了一个先疏后密、由浅到深、由表及里的过程，使人们对于林学的认识不断加深。但总体而言，他们引入的西方林学主要是一些科学知识、科学原理，对科学内涵、研究等方面的内容涉及甚少，而且这一时期的林学引进大多脱离中国的实际。在清末的中国，近代林学的发展仍以介绍和翻译为主，远未实现本土化和体制化。这种现象直到留学生大量归国才有所改变。学者范铁权在《近代中国科学社团研究》一书中写道："晚清时期可以说还是中国科学体制化的积累时期[④]。"故而，晚清时期也应视为中国近代林学体制化的积累时期。根据笔者的统计，最早的林学留学生除了程鸿书于 1909 年归国外，其余大都于 1911 年之后回国。所以，我们其实可根据引进的主体将其分成前后两个大的阶段。前期（1840—1911）的引进主体成分较为复杂，后期（1911—1949）以归国林学留学生为主。归国林学留学生是引进西方林学知识最重要的主体，直接促成了林学在中国的建立。而且归国林学留学生也全面主持了近代的林业高等教育、学会、研究机构创建和发展，推动了我国林学的体制化、本土化、科学化建设。这就直接把林学从国外介绍而得来之学识日渐变成国内产生之学识。

[①] 程复新：《林学的过去与将来》，《四川林学会会刊》1937 年第 1 期，第 75 页。
[②] 程复新：《林学的过去与将来》，《四川林学会会刊》1937 年第 1 期，第 77 页。
[③] 程复新：《林学的过去与将来》，《四川林学会会刊》1937 年第 1 期，第 78 页。
[④] 范铁权：《近代中国科学社团研究》，人民出版社 2011 年版，第 150 页。

第二章 　留学生研习林学阵容分析

"鸦片战争以后，欧美和日本等国发展林业的思想传入中国，朝野有识之士纷纷奏请清政府发展林业。光绪二十一年（1895年），维新派人士康有为提出《公车上书》，除了政治方面的改革外，他主张振兴实业，其中包括发展林业。光绪二十七年（1901年），湖广总督张之洞和两江总督刘坤一奏请发展农林业。他们建议选派学生赴日本和欧美农林学校学习，鼓励植树造林、种葡萄取酒、种油桐乌柏取油、种樟树取樟脑……光绪二十九年（1903年）和三十二年（1906年），光绪皇帝手谕提倡荒山造林①。"熊大桐的这段话揭示了晚清中国从上至下都重视发展林业的现实，同样也言明了近代林学留学教育兴起的大背景。众所周知，科学发展是由科学家个体以及由他们组成的群体来推动的。他们将西方的先进科学首次较为完整地移植到了中国，且身体力行，艰苦创业，成为近代科学体制化的主要奠基人和推动者。中国现代林学的兴起并非是对中国传统"林学"的继承和发展，而是移植自西方现代林学，使之在国内孕育和成长而来的。在这一过程中，以归国林学留学生为主体的新型知识分子起到了决定性的作用。本章拟对留学生研习林学阵容进行宏观性的介绍，并对这一群体在出国前、出国后、归国后的基本情况予以具体分析，希望能增进学界对这一群体的认识和了解。

第一节　研习林学的群体概况

由于相关资料的缺乏，还很难对中国近代（1840—1949年）所有的林学留学生做一个精确的统计。例如，中国科学技术协会编写的《中国科学技术专家传略（农学编·林业卷1）》收录了34位具有留学背景的知名林学家②。马祖圣的《历年出国/回国科技人员总览（1840-1949）》共统计到了49位林学留学生③。熊大桐的《中国近代林业史》统计了48位林学留学生④。王潮生的《中国近代林业科学技术引进史略》提到了56位林学留学生，"其中晚清时期（1840年至1911年）留学毕业生有9人；北洋时期（1911年至1927年）有27人；民国政府时期（1927年至1949年）有20人"⑤。然而，事实上，这一时期的林学留学生人数远多于此。据笔者不完全统计，应不少于113人。为了直观地了解研习林学留学生群体的基本情况，笔者按照姓名、出生年份、籍贯、国内教育、出国年份、留学学校、学位、归国年份、归国后主要经历等九个栏目进行了分类统计。具体如表2-1所示。

表2-1　研习林学留学生群体情况简表

序号	姓名	生活年代	籍贯	国内教育	出国年份	留学院校	学位	归国年份	归国后主要经历
1	程鸿书	1880—?	湖北汉口		1906	日本东京帝国大学	学士	1909	山西高等农林学堂、北京农业专门学校、北京天坛第一林业试验场场长

① 熊大桐：《中国近代林业史》，中国林业出版社1989年版，第6-7页。
② 中国科学技术协会：《中国科学技术专家传略·农学编·林业卷1》，中国科学技术出版社1991年版。
③ 马祖圣：《历年出国/回国科技人员总览（1840—1949）》，社会科学文献出版社2007年版。
④ 熊大桐等：《中国近代林业史》，中国林业出版社1989年版，第550-579页。
⑤ 王潮生：《中国近代林业科学技术引进史略》，《农业考古》1996年第3期。

（续）

序号	姓名	生活年代	籍贯	国内教育	出国年份	留学院校	学位	归国年份	归国后主要经历
2	侯过	1880—1973	广东梅县		1905	日本东京帝国大学林科	学士	1916	北京农业专门学校、江西农业专门学校、中山大学
3	韩安	1883—1961	安徽巢县	南京汇文书院（金陵大学前身）	1907	美国康奈尔大学理学学士、密歇根大学林学硕士、威斯康辛大学农业实习一年	硕士	1912	农林部山林司金事、吉林林业局、北京农业专门学校、察哈尔特别区实验厅、平汉铁路局、中央林业实验所
4	梁希	1883—1958	浙江吴兴	浙江省武备学堂	1906	日本陆军士官学校		1912	
					1913	日本东京帝国大学林科	学士	1916	奉天安东鸭绿江采木公司、北京农业专门学校
					1923	德国德累斯顿萨克逊森林学院（林产化学）	进修	1927	北京农业专门学校、浙江大学、中央大学
5	曾济宽	1883—1951	四川丰都		1911	日本鹿儿岛高等农林学校	学士	1915	中山大学、中央大学、北平大学农学院、西北农学院
6	李寅恭	1884—1958	安徽合肥	江苏宿迁钟吾书院	1914	英国阿伯丁大学、剑桥大学	学士	1919	安徽省第一农业学校、安徽省第二农业学校、中央大学、江苏省教育林场
7	李先才	1884—1973	福建古田	福建高等学堂实科	1913	美国俄亥俄州宝抚学院、耶鲁大学、哈佛大学阿诺德树木园	硕士	1922	厦门集美中学、福州英华中学、福建协和高级职业中学
8	林祜光	1886—1960	福建闽侯		1907	日本东京帝国大学林科	学士		总理陵园计划委员会
9	钟毅	1886—1969	江西兴国	两江师范学堂	1910	日本东京帝国大学林科	学士	1914	江西公立农业专门学校、北京农业专门学校、江西省农业院
10	金邦正	1887—1946	安徽黟县	天津自立第一中学	1909	美国康奈尔大学	硕士	1914	安徽省立农业学校、北京农业专门学校、清华学校、上海商业储蓄银行

（续）

序号	姓名	生活年代	籍贯	国内教育	出国年份	留学院校	学位	归国年份	归国后主要经历
11	凌道扬	1887—1993	广东深圳		1909	美国麻省农业大学、耶鲁大学林学院	硕士	1914	北京农业专门学校、金陵大学、中央大学
12	陈嵘	1888—1971	浙江安吉		1906	日本北海道帝国大学林科	学士	1913	浙江省立甲种农业学校、江苏省立第一农业学校
					1923	美国哈佛大学、德国萨克逊大学进修	硕士	1925	金陵大学
13	陈焕镛	1890—1971	广东新会		1909	美国哈佛大学森林系	硕士	1919	金陵大学、东南大学、中山大学、广西大学
14	林骙（植夫）	1890—1965	福建闽侯		1911	日本第五高等农业学校、东京帝国大学农学部林学科	学士	1920	北京农业专门学校、黑龙江铁嫩采木公司、福建农学院
15	傅焕光	1892—1972	江苏太仓	南洋公学	1915	菲律宾大学	学士	1918	江苏省立第一造林场分场、农林部天水水土保持实验区
					1945	美国农业部水土保持总局、华盛顿大学		1946	中央林业实验所
16	张海秋	1891—1972	云南剑川		1913	日本东京帝国大学林科	学士	1918	江苏省立第一农业学校、北京农业专门学校、江西农业专科学校、中央大学、云南大学
17	余季可（耀彤）	1891—1967	四川巴县		1908	日本东京帝国大学	学士	1912	四川大学
18	李顺卿	1892—1969	山东海阳	金陵大学林科	1919	美国耶鲁大学林学	林学硕士	1924	北京大学、北京农业大学、国立北平师范大学、安徽大学
						美国芝加哥大学	哲学博士		

（续）

序号	姓名	生活年代	籍贯	国内教育	出国年份	留学院校	学位	归国年份	归国后主要经历
19	姚传法	1893—1959	浙江鄞县	沪江大学	1915	美国俄亥俄大学	科学硕士	1921	复旦大学、江苏省立第一农业学校、沪江大学、北京农业大学、东南大学
						美国耶鲁大学林学院	林学硕士		
20	沈鹏飞	1893—1983	广东番禺	清华学堂	1917	美国俄勒冈州立大学、耶鲁大学	硕士	1921	广东公立农业专门学校、北京农业大学、中山大学、广西大学
21	贾成章	1894—1970	安徽合肥	北京农业专门学校林科	1923	德国明兴大学（今慕尼黑大学）	博士	1927	北京农业大学、沈阳私立东北农林专科学校、陕西西北农学院、河南大学
22	殷良弼	1894—1982	江苏无锡	北京农业专门学校林科	1917	日本东京帝国大学林科	硕士	1920	北京农业大学、浙江公立农业专门学校、浙江省天台第四林场、西北农学院、浙江英士大学
23	叶雅各	1894—1967	广东番禺	岭南学堂	1916	菲律宾大学、美国宾夕法尼亚大学、美国耶鲁大学	硕士	1921	金陵大学、武汉大学
24	黄范孝	1894—1969	江西宜黄	江西公立农业专门学校林科	1921	日本东京帝国大学林科	学士	1923	江西农业公立专门学校、中山大学
25	程复新	1894—1956	山东历城	燕京大学理科	1917	美国纽约州立大学林学院	硕士	1931	河北农学院、浙江大学、四川大学
26	万晋	1895—1973	河南罗山	清华大学	1918	美国耶鲁大学	硕士	1924	北京农业大学、中山大学、河南大学
27	李德毅	1896—1986	安徽滁县	金陵大学林科	1929	美国加利福尼亚州立大学	硕士	1932	金陵大学、浙江大学
28	程跻云	1896—?	江西婺源	北京农业专门学校林科	1935	德国明兴大学（今慕尼黑大学）	博士		中山大学、中央大学

（续）

序号	姓名	生活年代	籍贯	国内教育	出国年份	留学院校	学位	归国年份	归国后主要经历
29	皮作琼	1898—?	湖南沅江	湖南省立第一甲种农业学校林科		法国巴黎林业学校、郎西森林水利大学	学士	1925	北京农业大学、湖南大学
30	周桢	1898—1982	浙江青田	北京农业专门学校林科		德国德累斯顿—塔朗脱大学	学士	1929	浙江大学、西北联合大学、国立中正大学
31	黄希周	1899—?	江苏溧阳			日本鹿儿岛高等农业学校	硕士		河北省立农学院、国立河南大学农学院、浙江大学农学院
32	李继侗	1897—1961	江苏兴化	金陵大学林科	1921	美国耶鲁大学	博士	1925	金陵大学、南开大学、清华大学
33	叶培忠	1899—1978	江苏江阴	金陵大学森林系	1930	英国爱丁堡皇家植物园	学士	1931	南京总理陵园植物园、四川省农业改进所
34	陈植	1899—1989	上海崇明	江苏省立第一农业学校林科	1918	日本东京帝国大学	学士	1922	金陵大学、河南大学、云南大学、中山大学
35	任承统	1898—1973	山西忻州	金陵大学林科	1945		学士	1946	农林部天水水土保持实验区
36	王正	1900—1950	山东安丘	山东公立农业专门学校林科	1921	德国明兴大学（今慕尼黑大学）、莱比锡大学、萨克森森林学院德累斯顿—塔朗脱研究所	博士	1929	北平大学农学院、东北大学、河北省立农学院、西北联合大学、西北农学院
37	齐敬鑫	1900—1973	安徽和县	金陵大学林科	1930	德国明兴大学（今慕尼黑大学）	博士	1933	陕西省林务局副局长、西北农林专科学校、西北农学院、安徽大学
38	朱大猷	1901—1968	安徽无为	安徽省立第二甲种农业学校		日本北海道帝国大学	学士	1927	浙江大学、金陵大学

（续）

序号	姓名	生活年代	籍贯	国内教育	出国年份	留学院校	学位	归国年份	归国后主要经历
39	朱惠方	1902—1978	江苏丹阳		1922	德国普鲁士林科大学、奥地利维也纳垦殖大学		1927	浙江大学、北平大学、金陵大学、农林部中央林业实验所
40	邓叔群	1902—1970	福建福州	清华学堂	1923	美国康奈尔大学	林学硕士、植物病理学博士	1928	岭南大学、金陵大学、中央大学、农林部中央林业实验所
41	邵均	1903—1977	江苏宜兴	江苏省立第一农业学校林科	1922	日本东京亚预备学校、日本北海道帝国大学林科	硕士	1927	北京农业大学、浙江大学、保定河北省立农学院、中央大学
42	郑万钧	1904—1983	江苏徐州	江苏省立第一农业学校林科	1939	法国图卢兹大学森林研究所	博士	1939	云南大学、云南农林植物研究所、中央大学
43	干铎	1903—1961	湖北广济	湖北省立外语专科学校	1925	日本东京帝国大学、日本农林省目黑林业试验场	学士	1931	湖北省建设厅、襄阳林场、湖北省立农业专科学校、中央大学
44	李相符	1904—1963	安徽湖东	山东公立农业专门学校	1925	日本东京帝国大学林科	学士	1931	上海劳动大学、浙江大学、武汉大学、四川大学
45	马大浦	1904—1992	安徽太湖	中央大学林科	1936	美国明尼苏达大学	硕士	1937	广西大学、国立中正大学、安徽省农林局、中央大学
46	郝景盛	1903—1955	河北正定	北京大学生物系	1933	德国柏林大学、爱北瓦林业专科大学、普鲁士林业局	博士	1939	中山大学、重庆中央大学、昆明北平研究院植物学研究所

（续）

序号	姓名	生活年代	籍贯	国内教育	出国年份	留学院校	学位	归国年份	归国后主要经历
47	唐燿	1905—？	江苏扬州	东南大学理学院植物系	1935	美国耶鲁大学	博士	1939	中央工业试验所木材试验室、中央技术专科学校、林垦部西南木材试验馆
48	汪振儒	1908—2008	广西桂林	清华大学生物系	1935	美国康奈尔大学、杜克大学	博士	1939	广西大学、北京大学、北京农业大学
49	周慧明	1913—？	福建闽侯	浙江大学森林系	1943	英国伦敦大学皇家理工学院	博士	1946	
50	杨衔晋	1913—1984	浙江嘉兴	中央大学森林系	1945	美国耶鲁大学	学士	1946	复旦大学、河南大学、同济大学
51	张英伯	1913—1984	河北武清	国立师范学院生物系	1946	美国耶鲁大学、密歇根大学	博士	1956	
52	黄中立	1918—1983	湖北武汉	中央大学森林系	1941	加拿大多伦多大学	硕士	1950	
53	陈桂升	1916—1990	河北滦县	西北农学院森林系	1945	美国耶鲁大学	学士	1946	中央林业实验所、武汉大学
54	阳含熙	1918—2010	江西南昌	金陵大学森林学	1947	澳大利亚墨尔本大学、英国皇家林学院	硕士	1950	浙江大学
55	熊文愈	1915—？	四川崇庆	四川大学森林系	1945	美国耶鲁大学、明尼苏达大学	博士	1953	
56	葛明裕	1913—？	江苏南京	河南大学森林系	1947	美国华盛顿州立大学森林学院	硕士	1951	河南大学、浙江大学
57	范济洲	1912—？	山东栖霞	北平大学森林系	1945	美国华盛顿州立大学森林学院	硕士	1947	西北农学院、浙江英士大学农学院、河北农学院
58	吴中伦	1913—1995	浙江诸暨	金陵大学森林系	1946	美国耶鲁大学、杜克大学	博士	1950	
59	关君蔚	1917—2007	辽宁沈阳	辽宁第一高中	1938	日本东京高等农林学校	学士	1941	河北农学院

（续）

序号	姓名	生活年代	籍贯	国内教育	出国年份	留学院校	学位	归国年份	归国后主要经历
60	王业蘧	1916—?	湖北黄陂	西北农学院森林系	1947	美国华盛顿州立大学森林学院	硕士	1949	武汉大学
61	王恺	1917—2006	湖南湘潭	西北农学院森林系	1944	美国密歇根大学林学院	硕士	1946	东北大学
62	李荫桢	1902—1992	河南永城	东南大学植物系	1934	美国明尼苏达大学			四川大学
63	安事农		安徽芜湖			日本北海道帝国大学林科	学士		金陵大学
64	叶道渊	1891—1969	福建泉州	北京农业大学		德国柏林林科大学	博士	1925	私立集美高级农林学校、中央大学、浙江大学、广西大学
65	林渭访	1896—1973	浙江临海	北京农业专门学校林学科	1930	德国萨克逊森林学院德累斯顿—塔朗脱研究所	学士	1932	河南大学、台湾大学
66	陈陆圻	1918—?	辽宁丹东	奉天国立农业大学林学科	1940	日本东京帝国大学	学士	1942	中央工业试验所木材试验室
67	成俊卿	1915—1991	四川江津	四川大学林学系	1948	美国华盛顿州立大学林学院	硕士	1951	
68	蒋德麒	1908—?	江苏昆山	金陵大学农学院	1937	美国明尼苏达大学	硕士	1938	农林部中央农业实验所、农林部天水水土保持实验区
69	申宗圻	1917—?	江苏苏州	金陵大学植物系	1945	美国耶鲁大学	学士	1946	金陵大学、北京大学、北京农业大学
70	贺近恪	1919—?	河南巩义	中央大学农业化学系	1948	澳大利亚工业与科学研究院林产研究所	硕士	1950	
71	曹树道	1903—?	陕西渭南		1927	日本东京帝国大学农学部林学系		1933	陕西省水土保持局

（续）

序号	姓名	生活年代	籍贯	国内教育	出国年份	留学院校	学位	归国年份	归国后主要经历
72	杨靖孚	1891—1960	四川崇庆	成都府中学堂	1908	日本鹿儿岛高等农林学校	学士	1914	北京农业大学、浙江大学、四川省农业改进所
					1929	德国		1931	
73	李继书	1918—?	重庆江津	中央大学森林系	1948	澳大利亚工业与科学研究院林产研究所			
74	吴恺					日本北海道帝国大学林科	学士		中山大学
75	李达才	1901—1959	江西安福		1918	日本东京帝国大学	硕士	1929	河南大学
76	林汶民		福建莆田		1920	美国艾奥瓦大学林科	硕士	1922	广西大学
77	黄维炎	1904—?	广东梅县		1935	德国明兴大学（今慕尼黑大学）	博士	1938	中山大学
78	傅葆琛	1893—1984	四川成都	清华学堂	1916	美国俄勒冈农科大学森林学院、耶鲁大学森林研究院、康奈尔大学农学研究院	森林学硕士、乡村教育学博士	1924	清华大学、燕京大学、辅仁大学、齐鲁大学、四川大学
79	胡宪生	1890—?	江苏无锡		1910	美国康奈尔大学	硕士	1916	
80	张福良	1889—?	江苏无锡		1909	耶鲁大学	硕士	1915	长沙雅礼学校、全国经济委员会
81	邓先诚	1917—?	湖北蒲圻	西北农学院	1945	美国耶鲁大学	进修	1946	
82	何敬真	1902—?	福建漳浦	金陵大学	1945	美国农业部	进修	1946	
83	贾铭钰	1916—?	山西万荣	中央大学	1945	美国耶鲁大学	进修	1946	国立中正大学、南昌大学、武汉大学
84	杨敬溎	1913—?		西北农学院	1945	美国耶鲁大学、纽约州立林学院		1947	农林部中央林业实验所
85	郑止善	1913—1990	江苏武进	金陵大学	1945	美国俄勒冈州大学	硕士	1947	浙江大学

（续）

序号	姓名	生活年代	籍贯	国内教育	出国年份	留学院校	学位	归国年份	归国后主要经历
86	谢鸣珂		福建龙岩			日本北海道帝国大学林科	学士		中正大学
87	蒋蕙荪					日本北海道帝国大学林科	学士		云南大学
88	汪子瑞					日本东京帝国大学	硕士		云南大学
89	许绍南		重庆巴县		1947	美国耶鲁大学			
90	严少骏		湖北		1907	日本盛冈高等农林学校			
91	杨瑰南		江苏江宁		1907	日本盛冈高等农林学校			
92	张正妨		山东		1907	日本东京帝国大学			
93	陈训昶		福建		1907	日本东京帝国大学			
94	何襸		福建		1908	日本东京帝国大学			
95	朱继承		湖北		1908	日本东京帝国大学			湖南公立中等农业学校
96	孙葆琦		广东		1908	日本东京帝国大学			
97	何发枝		云南			日本东京帝国大学		1917	
98	卞晓亭		山东			日本东京帝国大学		1917	山东公立农业专门学校
99	邓镇瀛		湖北			日本盛冈高等农林学校		1911	
100	马昱		山西			日本东京帝国大学		1911	山西农业专门学校
101	赵宗香		四川			日本东京帝国大学		1911	
102	罗由门		广东			日本鹿儿岛高等农林学校		1912	
103	张福达		广东			日本鹿儿岛高等农林学校		1912	中山大学

（续）

序号	姓名	生活年代	籍贯	国内教育	出国年份	留学院校	学位	归国年份	归国后主要经历
104	于圹		江苏			日本鹿儿岛高等农林学校		1912	
105	刘子民		湖南			日本鹿儿岛高等农林学校		1912	
106	侯度		广东			日本东京帝国大学		1912	
107	袁同功	1912—1990	江苏兴化	中央大学森林系	1948	加拿大多伦多大学	硕士	1950	
108	梁世镇	1916—?	湖北		1946	英国阿伯丁大学	博士	1948	
109	石明章	1917	河南开封		1948	美国华盛顿州立大学		1950	
110	郑汇川	1897—1964	山东长山	山东省立农业专门学校	1919	日本北海道帝国大学林科	学士	1923	山东大学农学院
111	黄野萝	1902—1981	江西贵溪	东南大学生物系	1933	德国明兴大学林科（今慕尼黑大学）	博士	1940	中正大学
112	黄植		广东			日本东京帝国大学		1914	中山大学
113	方继祥		广东			日本东京帝国大学		1914	中山大学

注：1. 笔者依据的资料有刘真、王焕琛主编的《留学教育——中国留学教育史料》（国立编译馆 1980 年版）；民国教育部编印的《专科以上学校教员名册》（1942 年版）；马祖圣的《历年出国/回国科技人员总览：1840—1949》（社会科学文献出版社 2007 年版）。此外，还有民国时期各个设立森林系的高校所编写的《一览》《要览》《教员名录》等资料。

2. 情况不明的内容则为空白。

第二节　出国前的群体指标分析

一、籍贯情况分析

据表 2-1 可知，林学留学生的籍贯主要分布在 19 个省份，具体情况见表 2-2。

表2-2 籍贯分布统计表

籍贯	人数	百分比	整体排名	籍贯	人数	百分比	整体排名
江苏	18	15.9%	1	湖南	3	2.6%	8
广东	12	10.6%	2	河北	3	2.6%	8
福建	11	9.7%	3	上海	2	1.7%	9
湖北	8	7%	4	辽宁	2	1.7%	9
浙江	7	6.1%	5	山西	2	1.7%	9
四川	7	6.1%	5	重庆	2	1.7%	9
安徽	7	6.1%	5	云南	2	1.7%	9
山东	6	5.3%	6	陕西	1	0.8%	10
江西	6	5.3%	6	广西	1	0.8%	10
河南	4	3.5%	7				

注：限于资料，我们只统计已知人员的基本情况。以下各表皆采用这一标准。

根据汪一驹先生的统计："自宣统元年至民国卅四年，留美生中，粤苏浙合占百分之五十七至百分之八十。值得注意的是，在此期间，粤苏浙始终保持前三名①。"而事实上，这种分配比大体上也适于中国近代的林学留学生群体。根据上表统计，除了4人籍贯不明外，其余的107人中，江苏、广东位居前二，浙江位列第五，但与位居第三、四位的福建、湖北相差不大，后面分别为四川、安徽、山东、江西等省份，而地处云南、陕西、广西等边疆地区的人数最少，"明显地呈现出沿海、内陆和边远三个不同的地理层次，其格局与西风东渐的区域进程相吻合，也与中国近代化的区域进程相一致"②。从地域来看，南方省份总体比北方省份要多。这是因为南方地区（特别是江南地区）自南宋以来就是全国最富庶的地域，又是近代西方资本主义经济侵略后，商品经济和商业组织最早发展的地域。具体而言，江苏、广东、福建、浙江等省份都位于东部沿海，交通便利，地理位置优越；湖北、安徽、四川、江西等省份则位于长江航道沿岸，对外开放较早，经济和教育也较为发达。而且这些区域较早地引入了西学，建立起了新式学堂，因而年轻学子较多，人们的意识更为开放，这些区域成为我国近代对外留学的活跃区域便不足为奇了。借用王正廷所说过一句话："这些省份最先开始了与西方国家的接触，也正是这些省份培养了中国最早期的走向世界各地的移民③。"

二、出生年代情况分析

限于资料，目前只统计到84位林学留学生的出生年份，具体情况见表2-3。

---

① 汪一驹：《中国知识分子与西方》，（台）久大文化发展有限公司1991年版，第94页。
② 王奇生：《中国留学生的历史轨迹(1872-1949)》，湖北教育出版社1992年版，第165页。
③ 王正廷：《顾往观来：王正廷自传》，宁波国际友好联络会编2012年版，第27页。

表 2-3　出生年份统计

出生年份	人数	出生年份	人数	出生年份	人数	出生年份	人数	出生年份	人数	出生年份	人数
1880	2	1883	3	1884	2	1886	2	1887	2	1888	1
1889	1	1890	3	1891	4	1892	2	1893	2	1894	5
1895	1	1896	3	1897	2	1898	3	1899	3	1900	2
1901	2	1902	4	1903	4	1904	4	1905	1	1908	2
1912	2	1913	7	1915	2	1916	4	1917	5	1918	3
1919	1										

由表 2-3 可知，在已知的 84 位林学留学生中，出生年份最早的是程鸿书和侯过二位（生于 1880 年），最晚的是贺近恪（生于 1919 年），前后相差 39 年。出生于 19 世纪 80 年代的林学留学生人数有 13 人，出生于 19 世纪 90 年代的林学留学生人数有 28 人，出生于 20 世纪 00 年代的林学留学生人数有 19 人，出生于 20 世纪 10 年代的林学留学生人数有 24 人。而樊洪业先生曾经从科学史、教育史以及与社会史相结合的角度来讨论中国科学家的分代问题。他得出的结论是，"在中国科学早期发展史上，科学人才群体的发育处在不同而连续的发展阶段，可以把 1890 年后出生的科学家划为第一代，1903 年前后出生的科学家划为第二代，1915 年前后出生的科学家划为第三代①。"按照樊洪业先生的这种划分标准，中国近代林学留学生囊括了三代科学家群体。樊洪业先生还分析，1890 年后出生的科学家的求学时期，"处于中国中等教育的奠基和初期发展阶段，除有个别工科和教会大学之外，高等教育基本上是一片空白。大学以上人才的培养依赖于留学教育，为数很少"。1903 年前后出生的科学家的求学时期，"中国的大学教育已得迅速发展，多数人员有条件在国内完成大学学业"。1915 年前后出生的科学家的求学时期，"中国的大学教育日趋成熟，某些名牌大学已在向'研究型大学'挺进，研究生制度处于起步阶段，但高级科学人才的培养仍然依赖于留学教育②。"而他的宏观性把握，也有利于加深我们对中国近代林学留学生在出国前受教育情况进行分析。

三、受教育情况分析

根据表 2-1 可知，林学留学生出国前所接受的教育程度及教育背景相差很大，具体情况见表 2-4。

表 2-4　出国前受教育情况表

毕业学校	人数	毕业学校	人数	毕业学校	人数	毕业学校	人数
金陵大学	11	中央大学	7	北京农业专门学校	5	西北农学院	5
江苏省立第一农业学校	3	山东公立农业专门学校	3	东南大学	3	四川大学	2

---

① 樊洪业：《20 世纪中国科学精英的年龄分布状况及其教育背景考察》，王渝生主编：《第七届国际中国科学史会议论文集》，大象出版社 1999 年版，第 164 页。
② 樊洪业：《20 世纪中国科学精英的年龄分布状况及其教育背景考察》，王渝生主编：《第七届国际中国科学史会议论文集》，大象出版社 1999 年版，第 163 页。

（续）

毕业学校	人数	毕业学校	人数	毕业学校	人数	毕业学校	人数
清华大学	2	清华学堂	2	河南大学	1	浙江大学	1
北平大学	1	辽宁第一高中	1	国立师范学院	1	江西公立农业专门学校	1
南京汇文书院	1	浙江武备学堂	1	燕京大学	1	江苏宿迁钟吾书院	1
湖南省立第一甲种农业学校	1	福建高等学堂实科	1	两江师范学堂	1	天津自立第一中学	1
安徽省立第二甲种农业学校	1	南洋公学	1	湖北省外语专科学校	1	沪江大学	1
北京大学	1	奉天国立农业大学	1	岭南学堂	1	成都府中学堂	1

从就读的学校来看，我们可以发现：（一）绝大部分的林学留学生在出国前都接受了新式的学校教育，除侯过就读于江苏宿迁钟吾书院外。（二）他们在出国前接受的教育程度有所不同，包括本科（如中央大学、北京大学等）、专科（北京农业专门学校、山东公立农业专门学校等）、中学（如辽宁第一高中、成都府中学堂、天津市立第一中学等）三个层次，但绝大部分人都接受了本科和专科教育。（三）他们中的大部分出国前都就读于各高校森林系，少部分就读于生物系（如郝景盛就读于北京大学生物系）、植物系（如唐燿、李荫桢就读于东南大学植物系）、农业化学系（如贺近恪就读于中央大学农业化学系）等外系，而这些系与森林系关系都十分密切。由以上三点可见，他们在出国前已打下了较好的基础。

从各个高校的具体人数来看，私立的金陵大学最多（11 人），其次是中央大学（7 人）、北京农业专门学校（5 人）、国立西北农学院（5 人），再次是江苏省立第一农业学校（3人）、山东公立农业专门学校（3 人）、四川大学（2 人）等。金陵大学于 1915 年设置了林科。金陵大学林科自创建以后，凌道扬、叶雅各、陈嵘、朱惠方等著名学者先后加入，自然培养出了一大批的林学后备人才。据统计，金陵大学 1919—1949 年共毕业学生 144 名，平均每年 4 名（表 2-5）。另外，金陵大学"本科一年级的英文课本每采用比较高深的英文原著，难度较大。故金大学生的英文水平较一般学校要略胜一筹，加以有较多的留学机会[①]。"这些因素也是金陵大学毕业生选择留学的优势。中央大学森林系创建于 1927 年，是民国时期唯一能够和金陵大学林科相媲美的高校。李寅恭、梁希、郝景盛、叶道渊、郑万钧等著名学者都曾任教于此，在他们的领导之下，中央大学森林系崇尚科研，建立起了造林学研究室、树木学研究室、森林化学研究室等。据统计，1931—1948 年，中央大学森林系共毕业了本科生 113 人，研究生 7 人（表 2-6、表 2-7）[②]。自然也成为林学留学生的重要来源。北京农业专门学校输出林学留学生较多的原因是该校林科创建于 1914 年，在全国大学中设置最早。梁希、侯过、程鸿书等最早一批归国林学留学生都曾任教于此。1917 年，第一届学生殷良弼等 14 人毕业，是中国第一批林业人才。1918 年毕业 17 人，1919 年毕业 14 人，1920 年毕业 17 人，1921 年毕业 14 人，1922 年毕业 13 人。1923 年，

---

① 张楚宝：《金陵大学林科创建始末及其业绩》，《林史文集》第一辑，中国林业出版社 1990 年版，第 104 页。
② 熊大桐：《中国近代林业史》，中国林业出版社 1989 年版，第 532 页。

北京农业专门学校改称北京农业大学，1928 年改为北平大学农学院。有关北平大学农学院林科历届毕业人数可参见表 2-8。西北农学院森林系源于西北农林专科学校于 1936 年所设立的森林学组。1938 年，西北农林专科学校与北平大学农学院合并，改组为西北农学院，森林学组改为森林学系。该校设有较为完备的实验室、标本室、林场。另外，该校的师资力量也十分雄厚，如齐敬鑫、曾济宽、贾成章、殷良弼、周桢、王正、芬次尔（G. Fentzel）等。西北农学院历届毕业生人数可参见表 2-9。此外，其他各高校纷纷增设森林系。如广西大学在 1928 年设森林系，浙江大学于 1929 年设森林系，中山大学、四川大学均于 1931 年设森林系。这些高校几乎每年都能够提供一定数量的毕业生，自然而然地成为培养中国近代林学留学生的重要来源地。另外，进入民国以后，中等林业教育是在甲、乙两种农业学校内设置林科，而在中等实业学校中同样设有林科。例如，江苏省立第一农业学校、湖南省立第一甲种农业学校、安徽省立第二甲种农业学校等。其中江苏省立第一农业学校创办于 1912 年，内设林科。特别是在 1915 年，江苏省立第一农业学校校长过探先聘请了留学归国不久的陈嵘担任林科主任一职。在陈嵘的领导下，该校先后开设了树木学、造林学、测量学、森林利用学的等大量的课程。他还延请当时的知名教授到校任教，如陈植、姚传法、傅焕光、竺可桢等。在他的努力之下，该校教师结构、教学设施、管理制度等都相对完善，也使得这所中专性质的农业学校几乎达到了当时农林专科学校的水平。但到了 1923 年陈嵘远赴美国留学深造，1926 年该校停办。这也就不难理解为何有一部分林学留学生毕业于此类学校。

表 2-5　金陵大学林科历届毕业生人数

毕业年份	人数	毕业年份	人数	毕业年份	人数	毕业年份	人数
1919	13	1920	10	1921	2	1922	1
1923	4	1924	11	1925	5	1926	3
1927	2	1928	1	1929	3	1930	2
1931	7	1932	5	1933	10	1934	8
1935	5	1936	4	1937	3	1938	3
1939	4	1940	8	1941	3	1942	0
1943	0	1944	4	1945	6	1946	4
1947	1	1948	2	1949	2		

表 2-6　中央大学农学院森林系历届本科生毕业人数

毕业年份	人数	毕业年份	人数	毕业年份	人数	毕业年份	人数
1931	2	1932	2	1933	0	1934	7
1935	13	1936	1	1937	0	1938	2
1939	1	1940	4	1941	4	1942	7
1943	6	1944	10	1945	11	1946	13
1947	12	1948	18				

表 2-7 中央大学农学院森林系历届研究生毕业人数

毕业年份	人数	毕业年份	人数	毕业年份	人数	毕业年份	人数
1942	1	1945	1	1946	2	1947	1
1948	2						

表 2-8 北平大学农学院林科历届毕业人数

毕业年份	人数	毕业年份	人数	毕业年份	人数	毕业年份	人数
1917	14	1918	17	1919	14	1920	17
1921	14	1922	13	1923	24	1924	21
1925	20	1926	13	1928	4	1929	6
1931	2	1932	5	1933	3	1934	0
1935	10	1936	5	1937	10		

表 2-9 西北农学院历届毕业生（1939—1949）

毕业年份	人数	毕业年份	人数	毕业年份	人数	毕业年份	人数
1939	7	1940	18	1941	21	1942	23
1943	9	1944	5	1945	8	1946	10
1947	6	1948	16	1949	35		

资料来源：1. 中国林学会林业史学会编：《林史文集：第 1 辑》，中国林业出版社 1990 年版，第 109 页。2. 熊大桐等编著：《中国近代林业史》，中国林业出版社 1989 年版，第 531、533、535 页。

四、出国年代情况分析

根据表 2-1，我们可以统计出林学留学生的出国年份，具体情况见表 2-10。

表 2-10 出国年份分布表

出国年份	人数	出国年份	人数	出国年份	人数	出国年份	人数
1905	1	1906	3	1907	6	1908	5
1909	4	1910	1	1911	2	1913	3
1914	1	1915	2	1916	2	1917	1
1918	3	1919	2	1920	1	1921	3
1922	2	1923	4	1925	2	1927	1
1929	2	1930	3	1933	2	1934	1
1935	3	1936	1	1937	1	1938	1
1939	1	1940	1	1941	1	1943	1
1944	1	1945	12	1946	3	1947	4
1948	4						

在已统计的 91 人中，出国年份最早的是侯过（1905 年），出国年份最晚的是袁同功、贺近恪、李继书、成俊卿、石明章（1948 年）。出国人数最多的三个年份分别是 1945 年（12 人）、1907 年（6 人）、1908 年（5 人）。另外，20 世纪 00 年代出国的共计 19 人，20 世纪 10 年代出国的共计 17 人，20 世纪 20 年代出国的共计 15 人，20 世纪 30 年代出国的共计 13 人，20 世纪 40 年代出国的共计 27 人。而在这之中，20 世纪 00 年代、20 世纪 10 年

代出国林学留学生的贡献又显得格外重要。也正如《中国近代林业科学技术引进史略》中所说："我国在清末民初派送出国的林学留学生，学成归国后，绝大多数人成为中国近代林业的开拓者和中国近代林业科学的先驱。他们中的许多人又从事林业教育，为发展中国近代林业培养了一批急需的人才[1]。"我们若是具体分析出国时间，会发现有几点值得我们去注意：（一）近代林学留学的兴起与清末新政的推行密切相关。清末新政时废除科举、开办新式学堂，使得出国留学成为当时最好的选择之一。为了满足对人才的需要，从中央到地方都大力鼓励出国留学。譬如在《奖励游学毕业生章程》中规定："在文部省直辖高等各学堂暨程度相等之各项实业学堂三年毕业得有优等文凭者，给以举人出身，分别录用"[2]。再如，清政府在《奏定实业学堂通则》中规定："各省大吏宜先体察本省情形，于农、工、商各种实业中，择其最相需、最得益者为何种实业，即选派年轻体健、文理明通、有志于实业之端正子弟，前往日本或泰西各国，入此种实业学堂肄业。……查选派学生出洋，如至西国，每生约需学费、旅费千数百两；如至日本，每生只需学费旅费四百余元，选派学生一二十名，需款尚不甚多；不如此则实业学堂永无办法。无论如何为难，各省务于一年内办妥，并将实在筹办情形先行陈奏[3]。"也正是在政府的大力鼓励和推动之下，赴国外习林者日益增多。1909 年庚款留学实施后，留美学习林学者也渐多。（二）全面抗战爆发后，中国的近代林学留学也并未停止过。抗战时期素来被视为留学运动的"低谷期"[4]。但根据表 2-10 可知，1937—1945 年几乎每年都有 1 人出国。尽管这一时期时局动荡，但还是有一部分青年人毅然选择出国深造，以图科学救国。（三）抗战胜利后，出国人数又出现了一个高潮。譬如，单单 1945 年就有 12 人出国。这一时期，抗战已然结束，百废待兴，急需大量的建设人才，政府也放宽了留学政策，留学人数得以回升。

第三节　出国后的群体指标分析

一、留学国家情况分析

113 位林学留学生曾在 9 个国家学习和生活，留学国别及人数见表 2-11。

表 2-11　留学国别情况

留学国家	人数	留学国家	人数	留学国家	人数
日本	48	美国	46	德国	14
英国	5	菲律宾	2	法国	2
澳大利亚	3	加拿大	2	奥地利	1

注：一人前后留学两个不同的国家按两人次计算，依此类推。

由表 2-11 可知，留学国家有 9 个，分别为日本、美国、德国、英国、菲律宾、法国、

---

① 王潮生：《中国近代林业科学技术引进史略》，《农业考古》1996 年第 3 期。
② 转引自谢长法：《晚清的实业留学潮》，《教育与职业》2000 年第 6 期。
③ 璩鑫圭：《中国近代教育史料汇编·学制演变》，上海教育出版社 1991 年版，第 479-480 页。
④ 李喜所：《中国留学通史》（民国卷），广东教育出版社 2010 年版，第 280 页。

澳大利亚、加拿大、奥地利。留学人数前三的国家为日本、美国、德国，而其他国家则并未形成规模。这与此三国的林业教育开始较早有很大关系。留学日本人数最多，主要是受地缘政治和地理位置的影响。受甲午战争及日俄战争的影响，日本迅速成为当时中国人留学的主要去处。从地理位置来看，日本与中国一衣带水，留学日本具有路近、时短、费省的优势。另外，日本在明治维新时已派遣留员到德国学习，系统地引进西方的林学，并于1883年开办林业学校，成为"亚太地区最早从德国引进林学科并开创高等林业教育的国家"①。留学日本无疑更符合东方人的口味，可以借鉴日本学习西方的经验和做法。在庚款留美之前，日本成为林学留学最主要的一个国家。根据表2-1可以统计得到，在20世纪00年代留学日本的人数为14人，20世纪10年代留学日本的人数为8人，20世纪20年代留学日本的人数为5人，20世纪30年代和20世纪40年代则分别为1人。由此可见，到日本学习林学的留学生逐渐减少，特别是抗战爆发后留学日本几乎停滞。而关君蔚、陈陆圻分别于1938、1940年到东京帝国大学留学，则是因为他们都毕业于日占区学校。由于留学日本开始较早，因而中国早期从事林业科学的人员大多有留日经历，例如程鸿书、陈嵘、梁希、张海秋、侯过等林学界前辈。

留美人数位列第二，其实也不难理解。因为美国林业教育历史较为悠久，1873年，耶鲁大学（Yale Univ.）农业课程中已有森林树木栽培等课程；1874年，康奈尔大学（Cornell Univ.）曾有森林学之课程；1877年，宾夕法尼亚大学（Pennsylvania Univ.）有森林学及树木学之课程；1881年，密歇根大学（Michigan Univ.）植物系亦已讲授森林学②。另外，美国林业高等教育十分发达，设有林科的高校数量庞大。根据1935年商务印书馆出版的《欧美林业教育概观》一书的相关统计可知，截至1935年，美国设立林科的高校已有25所③。另外，我们根据朱懋顺的《美国之林业教育》一文可知，美国从1900年开始，每年都培养出了一定数量的林学人才（表2-12）。而且美国采取了更为积极、开放的对华政策。两江总督端方于1907年招考学生派往美国留学，中国的第一位林学硕士韩安便在当时被录取，进入密歇根大学攻读林学。就目前的资料来看，他也是目前所见最早的留美林学留学生。而在1909年庚款留美实施后，赴美学习林学者日渐增多。如金邦正、张福良为第一批庚款留美学习森林者；胡宪生为第二批庚款留美学习森林者。我们根据表2-1可以统计得到，20世纪00年代留学美国的有5人，20世纪10年代留学美国的有9人，20世纪20年代留学美国的有6人，20世纪30年代留学美国的有5人，20世纪40年代留学美国的有21人。在20世纪40年代留美学习林学的人数骤增，则与美国本土未遭受战争的洗礼以及国民政府对美政策有密切的关系。

就目前所见，中国近代留欧学习林学的开启者是李寅恭，在1914—1919年在英国阿伯丁大学、剑桥大学学习林学。在欧洲的德国、英国、法国、奥地利四国之中，德国于1763年便在哈兹山建立了林务官学校，于1787年在弗莱堡大学设立林科，是世界上最早建立林业高等学校的国家。那里的林学分支学科最为完善，理论和方法也最为先进。而这也是其自然成为吸引其他国家（包括中国在内）林学留学生的最直接因素。我们根据表2-1

①　刘东兰、郑小贤：《日本的高等林业教育改革与森林科学》，《中国林业教育》2010年第6期。
②　朱懋顺：《美国之林业教育》，《林讯》1944年第1卷第1期。
③　参见陈植节译：《欧美林业教育概观》，商务印书馆1935年版。

可以统计可知，林学留德时间相对较晚，集中在了20世纪20年代、20世纪30年代。其中，20世纪20年代共5人，20世纪30年代共计6人。其原因或是受到时局的影响。而第一、二次世界大战无疑影响了林学留德的进行。

表2-12　1900—1939年美国之林业毕业生

年份	毕业生		年份	毕业生		年份	毕业生	
	学士	硕士、博士		学士	硕士、博士		学士	硕士、博士
1900	1	—	1913	136	37	1926	259	58
1901	5	—	1914	151	42	1927	263	50
1902	2	9	1915	124	35	1928	302	64
1903	3	14	1916	151	36	1929	291	54
1904	9	29	1917	160	27	1930	—	—
1905	9	34	1918	65	10	1931	394	97
1906	24	24	1919	53	6	1932	380	97
1907	19	27	1920	160	25	1933	355	65
1908	31	35	1921	126	26	1934	377	47
1909	47	44	1922	141	44	1935	423	58
1910	61	48	1923	217	31	1936	495	67
1911	100	61	1924	215	43			
1912	122	54	1925	280	44			

资料来源：朱懋顺：《美国之林业教育》，《林讯》1944年第1卷第1期，第25-26页。

正如王奇生说的："留学，从本质上看，是一国学术教育落后的象征，至少是学术教育某一方面落后的象征。等到一国的学术教育迎头赶上，趋向独立以后，应该没有大批学生出国留学的现象[①]。"这其中有部分学者有留学多国的经历，但也有不少人只是将留日、留菲作为一个跳板。在此之后，又继续留学美国和德国接受深造。如梁希先后留学过日本、德国，傅焕光、叶雅各二人都是先留学菲律宾，后入美国深造的。这些其实也在很大程度上反映了各国高等林业教育的水平。

二、留学大学情况分析

根据表2-1，我们可以统计出留学生国外就读高校情况。具体情况见表2-13。

表2-13　国外就读高校情况

国家	大学名称	人数
日本	东京帝国大学	29
	北海道帝国大学	8
	鹿儿岛高等农林学校	7
	盛冈高等农林学校	3

---

① 王奇生：《中国留学生的历史轨迹(1872—1949)》，湖北教育出版社1992年版，第26页。

（续）

国家	大学名称	人数
美国	耶鲁大学	21
	华盛顿州立大学	6
	康奈尔大学	5
	明尼苏达大学	4
	密歇根大学	3
	哈佛大学	3
	杜克大学	2
	俄亥俄大学	2
德国	明兴大学	6
	德累斯顿萨克逊森林学院	5
加拿大	多伦多大学	2
菲律宾	菲律宾大学	2
英国	阿伯丁大学	2

注：这里只统计了 2 人及 2 人以上的大学。

由表 2-13 可知，林学留学生在日本主要是集中在东京帝国大学、北海道帝国大学、鹿儿岛高等农林学校、盛冈高等农林学校。正如姚传法所说："日本之森林教育，亦素称发达，蕞尔三岛，林业专门学校，竟有二十余所之多，其著名之林业教育机关，如东京、北海道、京都、九洲等帝大及鹿儿岛，盛冈等高等农林学校，农林两科固属并立，而东京帝大之农学部长，其曾以森林专家川濑博士任之，则其国之注重林业教育，亦可想见[①]。"其中东京帝国大学人数遥遥领先，则是因为东京帝国大学的林业高等教育在日本历史悠久，综合实力最为强大。1882 年，日本成立了东京山林学校，此后又进一步发展为东京农林学校。1890 年，该校并入东京帝国大学，成立东京帝国大学农科，下设农学、林学、兽医 3 个系[②]。因而东京帝国大学成为中国近代林学留学生的重要留学目的地之一。

林学留学生在美国则主要集中在耶鲁大学、华盛顿州立大学、康奈尔大学、明尼苏达大学、密歇根大学、杜克大学、俄亥俄大学等 8 所大学。这与美国的林业高等教育发展史直接相关。严格而论，美国正式完备之林业技术教程，自（1898 年）康奈尔大学内附设之纽约州森林学院及比尔特莫尔林业学校（Biltmore Forestry School）之同时创立后，美国林业教育始得粗具规模。开始创办之纽约州森林学院与比尔特莫尔林业学校，均不幸于 1903、1912 年分别停办。然其他林业学院或农业学院中附设之森林系，则相继成立，共达二十五校之多，兹按其创办时期，分别胪列于下：1900 年耶鲁大学（Yale Univ.）、明尼苏达大学（Minnesota Univ.）；1903 年密歇根大学（Michigan Univ.）、州立密歇根学院（State Michigan）、州立宾夕法尼亚大学（Pennslyania State）、缅因大学（Maine Univ.）；1904 年哈佛大学（Harvard Univ.）；1906 年乔治亚大学（Georgia Univ.）；1907 年华盛顿大学（Washington

---

① 姚传法：《林业教育刍议》，首都造林运动委员会 1930 年印行，第 2 页。
② 关百钧，魏宝麟：《世界林业发展概论》，北京林业出版社 1994 年版，第 302 页。

Univ.）、州立华盛顿学院（Washington State）；1909年爱达荷大学（Idaho Univ.）；1910年俄勒冈大学（Oregon Univ.）、康奈尔大学（Cornell Univ.）；1911年纽罕什尔大学（Hampshire Univ.）、纽约州森林学院（N. Y. State of Forestry）、科罗拉多学院（Colorado State）；1912年罗瓦大学（Lowa Univ.）；1914年加利福尼亚大学（California Univ.）、蒙大拿大学（Montana Univ.）；1923年康涅狄格大学（Connecticut Univ.）；1925年路易斯安那大学（Louisiana Univ.）；1926年普渡大学（Purdue Univ.）；1927年犹他大学（Utah Univ.）；1929年北加利福尼亚大学（Northern Callifornia Univ.）；1930年杜克大学（Duke Univ.）①。以上二十五校中，森林系附属于农学院者有纽罕什尔大学、科罗拉多学院、罗瓦大学、加利福尼亚大学、康涅狄格大学、路易斯安那大学、普渡大学、犹他大学、北加利福尼亚大学、密歇根大学、缅因大学、华盛顿学院、宾夕法尼亚大学、乔治亚大学等十五校。其余十校均系独立森林学院。二十五校中可以授予博士学位之学校有加利福尼亚大学、康奈尔大学、杜克大学、哈佛大学、密歇根大学、纽约州森林学院、耶鲁大学等七大学。其中的耶鲁大学、华盛顿大学、康奈尔大学、明尼苏达大学、密歇根大学、哈佛大学等高校成立时间较早，历史悠久，名师云集，实力雄厚，自然成为留学生的主要选择。这里仅以耶鲁大学为例，因为其以21位林学留学生居于首位。耶鲁大学林学院创建于1900年，位于康涅狄格州之纽哈文，仅设研究院修业二学年并实习一暑假后即授以林学硕士称号，招收其他大学或专科学校及本校之本科毕业生。该校设演习林共分三处，约计三千二百五十英亩。其中有一千英亩为白松林，一千五百英亩为阔叶树林，七百五十英亩为鱼鳞松林以造林于伐木迹地为主，每年经费四千乃至五千金元，教授各依其专门学术担任职务。该校的大部分课程也都是由美国著名的林学家担任。具体而言，Prof. H. S. Graves. 负责讲授森林经济管理；Prof. G. Pinchot. 负责讲授林学特别讲义；Prof. T. W. Toumey. 负责讲授造林；Prof. H. H. Chapman. 负责讲授经理林政；Prof. R. C. Bryant. 负责讲授制材；Prof. R. Ch. Hawley. 负责讲授保护、测量、测树；Prof. S. T. Record. 负责讲授林产物；Prof. W. Roswell. 负责讲授生物学；Associate Prof. Ch. Sh. Farnham. 负责讲授土木；Associate Prof. G. E. Nicholns. 负责讲授植物；Instructor. Th K. A. Hendrick. 负责讲授力学②。而像Graves（格雷夫斯）、Pinchot（平肖）、Toumey（陶美）、Chapman（查普曼）等都是当时美国乃至全世界最为著名的林学家。我国林学家凌道扬、李顺卿、姚传法、沈鹏飞、叶雅各都曾留学于此。

　　林学留学生在德国则主要集中在明兴大学、德累斯顿萨克逊森林学院。根据1935年商务印书馆出版的《欧美林业教育概观》记载，在德国23所综合性的大学之中有林学科设置者为弗莱堡、基森、明兴三校。其中，明兴大学林学科设于国家学院中，林学专门教授三名，此外复有经济、财政、统计、植物、土壤、动物等各教授③。我国著名的林学家贾成章、王正、齐敬鑫都曾留学于此。另外，德国还成立了一批林业专科学校。这些"林业专科学校系纯粹之高等森林学校，故其内容设备全在大学林学科之上④。"德累斯顿萨克逊森林学院人数较多主要是因为其历史悠久，经费充足，设备完善。1811年，柯塔在德累斯

① 朱懋顺：《美国之林业教育》，《林讯》1944年第1卷第1期，第24-25页。
② 陈植：《欧美林业教育概观》，商务印书馆1935年版，第108-110页。
③ 陈植：《欧美林业教育概观》，商务印书馆1935年版，第12页。
④ 陈植：《欧美林业教育概观》，商务印书馆1935年版，第13页。

顿的塔兰特创办了萨克逊皇家林学院。萨克逊森林学院"以研究或教授林学及其基础课程与补助课程为目的，成立于一八一一年。学生约六百名。经费约一百万马克。由财政部直接支拨，并由政府保证其教授及研究之自由。依据学校目的有演习林、试验林、植物园、图书馆、气象部、化学部、立地学、地质矿物学部、植物学部、动物学部、测地学部及其他各种标本等各种设备①。"1928 年该校成了德累斯顿大学的一个系。我国著名的林学家陈嵘、梁希、周桢都曾留学于此。

有意思的是，有两名林学留学生曾经求学于亚洲的菲律宾大学，他们分别是傅焕光和叶雅各。他们二人分别于 1915、1916 年进入菲律宾大学学习林学。其主要原因是美国殖民政府于 1910 年菲律宾大学农学院进行普通林业教育。

总体而言，近代欧美国家的林业高等教育水平要高于亚太国家。一是获得博士、硕士学位的林学研究生主要出自欧美，特别是美国和德国。我们根据表 2-1 可知，博士 20 人中，德国 8 人（贾成章、程跻云、王正、齐敬鑫、郝景盛、叶道渊、黄维炎、黄野萝），美国 9 人（李继侗、唐燿、汪振儒、张英伯、熊文愈、吴中伦，傅葆琛、邓叔群、李顺卿），英国 2 人（周慧明、梁世镇），法国 1 人（郑万钧）。硕士 35 人中，美国 26 人（韩安、李先才、金邦正、凌道扬、陈嵘、陈焕镛、李顺卿、姚传法、沈鹏飞、叶雅各、程复新、万晋、李德毅、邓叔群、马大浦、葛明裕、范济洲、王业蘧、王恺、成俊卿、蒋德麒、林汶民、傅葆琛、胡宪生、张福良、郑止善），日本 5 人（殷良弼、黄希周、邵均、李达才、汪子瑞），加拿大 2 人（黄中立、袁同功）。而这些高学历的林学留学生也是中国近代林学体制化的重要推动者。二是部分留学生开始求学于日本和菲律宾的高校，此后又转向欧美高校深造。例如我国著名森林树木学家陈嵘早年留学于日本北海道帝国大学林科，此后又到美国哈佛大学学习树木学，并获得硕士学位。根据《欧美林业教育概观》的记载：哈佛大学林学科"在马赛诸赛州之皮兹罕（Petersham. Mass.）仅招已有称号之研究生而无未有称号者（undergraduate）普通课程之设置。暑假期中在波士顿（Boston）约四十英里之皮兹罕，寒假期中在波士顿郊外之剑桥（Cambridge）从事研究而授研究生以林学硕士（Master of Science in Forestry）之称号。所修课程于树木学、造林学、经理学、木材工艺及森林昆虫学中任选一种专修之。制材特设二年课程，技术上研究则在波士顿福勒斯忒喜尔（Boston Forest hill）之爱诺尔特树木园（Arnold Arboretum）中举行之，教授计共三人。哈佛大学爱诺尔特树木园关于木本植物种类之收罗既多，内部之设备复精，最适于树木学之研究乃世界树木学者之产生地也②。"显而易见的是，陈嵘正是有了在哈佛大学林学科的学习经历，才成了一代森林树木学大家。

第四节　回国后的群体指标分析

一、归国年代情况分析

根据表 2-1，我们可以统计出林学留学生的归国年份，具体情况见表 2-14。

① 陈植：《欧美林业教育概观》，商务印书馆 1935 年版，第 13-14 页。
② 陈植：《欧美林业教育概观》，商务印书馆 1935 年版，第 76-77 页。

表 2-14 归国年份分布表

归国年份	人数	归国年份	人数	归国年份	人数	归国年份	人数
1909	1	1911	3	1912	8	1913	1
1914	6	1915	2	1916	3	1917	2
1918	2	1919	2	1920	2	1921	3
1922	3	1923	2	1924	3	1925	4
1927	5	1928	1	1929	3	1931	5
1932	2	1933	2	1937	1	1938	2
1939	4	1940	1	1941	1	1942	1
1946	10	1947	3	1948	1	1949	1
1950	6	1951	2	1953	1	1956	1

由表 2-14 可知，在已统计的 100 人中，归国年份最早的是程鸿书（1909 年从日本学成归国），归国年份最晚的是熊文愈（1953 年从美国博士毕业回国）。归国人数最多的三个年份分别是 1946 年（10 人）、1912 年（8 人）、1950 年（6 人）。这三个年份都十分特殊。1912 年是辛亥革命后的第一年，1946 年是抗日战争胜利后的第一年，1950 年是中华人民共和国成立后的第一年。在这些年份，国内时事、环境都有了新的变化，林学留学生们纷纷回国试图为国家建设贡献自己的一份力量。另外，20 世纪 00 年代归国的共计 1 人，20 世纪 10 年代归国的共计 29 人，20 世纪 20 年代归国的共计 26 人，20 世纪 30 年代归国的共计 16 人，20 世纪 40 年代归国的共计 18 人，20 世纪 50 年代归国的共计 10 人。在这些归国年代中，20 世纪 20 年代之前归国的 30 位林学留学生对于开启中国近代林学体制化建设起到了巨大作用。例如，程鸿书、梁希、侯过、陈嵘、凌道扬等人都是开拓我国林业高等教育的先驱者。他们是中国的第一代林学专业人才，其中大部分任教于近代最早设立林科的高校（北京农业专门学校、金陵大学），并培养出了中国第一批林科毕业生。例如殷良弼 1917 年毕业于北京农业专门学校，此后赴日本留学。又如凌道扬 1914 年从美国学成归国后，推动了我国第一个林学社团于 1917 年的创建。20 世纪 20 年代、20 世纪 30 年代归国的林学留学生则成为民国时期林学体制化建设的主体。这一时期归国的林学留学生大多接受了良好的教育，学历较高，相当一部分直接参与了各高校森林系或研究所的创建，并担任了领导人。例如叶道渊参与创建了广西大学森林系（1928 年），叶雅各创建了武汉大学森林系（1936 年），马大浦参与创建了中正大学森林系（1940 年），林渭访参与创建了台湾大学森林系（1947 年）。又如唐燿于 1939 年从耶鲁大学博士毕业，创建了中央工业试验所木材试验室。20 世纪 40 年代、20 世纪 50 年代归国林学留学生的作用体现在中华人民共和国成立之后，故不在本书的讨论范围之内。

二、归国后的任职情况分析

值得我们注意的是，林学留学生归国后的任职岗位流动性较大，他们归国后的任职岗位并非一成不变。根据表 2-1，我们统计了他们归国后的任职变动情况，参见表 2-15。

表 2-15　归国后的任职变动情况

任职岗位数量	人数	任职岗位数量	人数	任职岗位数量	人数
1	30	2	11	3	17
4	17	5	6		

　　由表 2-15 可知，林学留学生归国后任职于 1 个岗位的有 30 人，2 个岗位的有 11 人，3 个岗位的有 17 人，4 个岗位的有 17 人，5 个岗位的有 6 人。限于资料，这些任职岗位统计并非是完整的。另外，这批人的任职经历并非仅仅局限于一个系统。例如一个人一会儿是大学教授，一会儿又是进入科研机构的研究人员，一会儿又是政府高官。而出现如此之大的流动性，其中有教育机制的原因，有社会环境的原因，有教育政策的原因，也有思想观念的原因。在林学人才缺乏的年代里，这种流动无疑有利于资源的优化配置，对于林学的传播和人才培养有着积极的意义。但同时这种频繁流动，或许在很大程度上也不利于教学和科研的正常进行。

　　根据表 2-1，我们可以统计出林学留学生归国后的任职情况，具体参见表 2-16。

表 2-16　归国后任职情况统计

任职单位	人数	任职单位	人数	任职单位	人数
中山大学	14	浙江大学	14	中央大学	13
金陵大学	12	北京农业大学	11	北京农业专门学校	8
西北农学院	6	广西大学	6	河南大学	6
中正大学	5	四川大学	5	云南大学	5
中央林业实验所	5	武汉大学	4	河北农学院	4
东南大学	3	农林部天水水土保持实验区	3	北京大学	3
江西公立农业专门学校	2	北平大学	2	总理陵园计划委员会	2
安徽大学	2	江苏省立第一农业学校	2	复旦大学	2
西北联合大学	2	清华大学	2	四川省农业改进所	2
东北大学	2	中央工业试验试木材试验室	2	山西省立高等农业学校	1
北京天坛第一林业试验场	1	北京农业专门学校	1	安徽省第一农业学校	1
安徽省第二农业学校	1	台湾大学	1	辅仁大学	1
浙江英士大学	1	南开大学	1	湖南大学	1
吉林林业局	1	国立北京农业大学	1	黑龙江鸭绿江采木公司	1
厦门集美中学	1	江西省农业院	1	浙江省立甲种农业学校	1
福建农学院	1	黑龙江铁嫩采木公司	1	国立北平师范大学	1
沪江大学	1	广东公立农业专门学校	1	沈阳私立东北农林专科学校	1
浙江公立农业专门学校	1	湖南长沙高等农校	1	陕西林务局	1
岭南大学	1	云南农林植物研究所	1	湖北省立农业专科学校	1

（续）

任职单位	人数	任职单位	人数	任职单位	人数
上海劳动大学	1	安徽农林局	1	北平研究院植物研究所	1
同济大学	1	私立集美高级农林学校	1	陕西省水土保持局	1
杭州农业专门学校	1	燕京大学	1	齐鲁大学	1
全国经济委员会	1	长沙雅礼学校	1	湖南公立中等农业学校	1
山东公立农业专门学校	1	山西农业专门学校	1	湖北省建设厅	1

我们由表2-16可知，林学留学生归国后的任职主要有三个去向：林业教育、林业科研、林业行政。据学者统计，"当时活跃在林业教育、林业科技和林业行政等各个岗位上的林业界人士中，70%以上都曾到过国外留学深造①。"一是，从事林业教育。单就人数而论，绝大部分的林学留学生在归国后都选择了林业教育。之所以如此，我们从曾济宽的一段话中便可以窥见一二。他是这样说的，"我生长在农业比较发达的四川省丰都县，平野没有旷土，农产业很丰富，雍雍睦睦，各安其生，只是城外有一名山，叫做天子山的，童山濯濯，荒草离离，坟墓参差，凄凉入目，那时我虽不知道森林对于人类之关系如何，但总觉得那种童山的情况令我发生一种不快之感，后来四川劝业道周善培先生派人到日本去留学，并且指定以农林为主，我就得了这个机会，于亡清宣统二年过日本，入了鹿儿岛高等农林学校，始知道森林的重要。在校时以为学毕归国，必能用我所学实地去经营林业，不料归来没法去实地经营，只能走入林业教育界中去，可是森林的知识在中国这样缺乏，我们既知道了，不妨忝居先觉，把这种知识传给国人，所以虽不能实地去经营，还自以为满足，而我的十年光阴，也就多半在这种生活中过去了②。"由此可见，当时中国不能给归国林学留学生提供良好的实地经营林业的环境。这就导致了许多林学留学生投入到林业教育。另据沈宗瀚的回忆，"当时学生注重教员留学资格，欧美最优，日本次之，本国毕业生常被轻视③。"这也是林学留学生选择从事林业教育的又一原因。而就任职的学校而论，他们主要选择在中山大学、浙江大学、中央大学、金陵大学、北京农业大学、北京农业专门学校、西北农学院、广西大学、河南大学、四川大学、云南大学、武汉大学、中正大学等设有林科或森林系的学校。这些高校设系（科）较早、研究条件优越、人才较为集中，固然是归国留学生的最佳选择。二是，从事林业科研事业。相当一部分林学留学生归国后进入相关的科研机构从事林业科研，人数位居第二。这些林学留学生虽然在国外接受了良好的学习和训练，但却"不能骤然用外国的学术及笼统的方法解决一切。"因为林学"是由外国输入的学问，应再调查中国的情形加以引证，才能见诸实用，所以国内的林学机关负有重大的使命④。"就任职的研究机构而论，主要有中央林业实验所、农林部天水水土保持实

---

① 中国农业博物馆：《中国农业科技史稿》，中国农业科技出版社1996年版，第205页。

② 曾济宽：《十年来我对于中国林业界及林学界之所感》，《农声》1924年第36期，第571-572页。

③ 沈宗瀚：《克难苦学记》，北京：科学出版社，1990年，第59页。沈宗瀚（1895—1980），字海槎，浙江余姚人。农学家。1913年，就读杭州省立甲种农校，为陈嵘学生。1923年赴美，1927年获康奈尔大学博士学位。回国后，执教金陵大学。1949年后赴台。著有《中国农业资源》《中国各省小麦之适应区域》以及回忆录《克难苦学记》等。

④ 曾济宽：《十年来我对于中国林业界及林学界之所感》，《农声》1924年第36期，第579页。

验区、四川省农业改进所、中央工业试验试木材试验室、北京天坛第一林业试验场、云南农林植物研究所等林业科研机构。这些科研机构也大多是在他们的努力下创建的。三是，从事林业行政事务。部分林学留学生归国后还进入林业行政部门，人数位居第三。正如曾济宽所说的，"中国所需要的林学人才，第一是林政家及施业家，第二是造林家，第三才算到利用和工程的专家①。"可见林政人才的重要性。就任职的林政部门而论，包括吉林林业局、陕西林务局、安徽农林局等。他们在各省的林业行政部门贡献自己的力量，推动地方的林业发展。在归国初期，林学留学生任职会受到各种限制，不利于工作的开展。

曾济宽这样描述道："由国外学林回来的留学生，算至我回国时止，可分为两种。一种是美国回来的，一种是由日本回来的。我不是在前面已经说过四川选学生赴日专学农林，我才入了鹿儿岛高等农林学校吗？老实说，我入了学校以后，才知道林业的重要，才了解林学是一种什么东西，才抱定了志向，无论如何，回国后总得昌明中国的林学和林业。但是到今天还是仍然一个希望罢了。我们要知道，学校课本上的知识，不经过实地经验的，算不得什么。所以无论在什么地方的大学毕业后，出了学校到社会上去仍然受到前辈的引导，不能独立去做大事。在社会上站得愈久，经验愈丰，地位逐渐增高。这样一来，学问事业，都有日新月异的现象。然而在中国就大大不同，初自外国或本国大学毕业之专门人才，出于社会，一方面没有前辈之指引，一方面缺乏实地研究之机会，尤复抬高身价，不屑小就，所以弄得学问事业毫无成就。但是也不能说没有一二特出的人，忠于所学，专心研究。只是研究虽然专诚，可是没有充分援助的人，而且常常贻误我们研究的时机。所以我国林学不发达，又不能专怪学者。社会组织的不良，至少要担当一部分责任才对。我们林学界的人，在宣传方面有力的，要算凌道扬先生；在教育事业上曾占势力的，要算是金邦正先生；在森林行政上有历史者，要算是韩安先生。但是他们不能终于所事，与林学的关系都渐渐地淡了。此外在教育上相当尽力者，有陈嵘、吴恺、林骙、梁希诸位先生。他们都是毕业于日本大学本科，造诣渊博。林先生的著作不少，思想突进，尤为朋侪所称道。但是他现任商务印书馆编辑。埋头案上，对于中国实地的情形不免有所隔膜。吴先生现在山东农专很诚恳地研究自己的学问，将来或须有特列贡献于林学界亦未可知。梁先生现去德国留学，前途希望甚大。这三个人我们虽不能说他们已有十分的成绩，但对于中国的林学界可告无罪。再说则我前面三提及的陈宗一先生，其艰苦卓绝，可称为我们理想中人物。因为要成就一个国家的学者和事业家，固然应当不违背初衷研究所专习的学问，同时也要不忘记了自己所处的地位。不是闭户读书、拾人牙慧所能了事，应当准据国情做一番探讨的功夫，提携后进，陈先生确能注意这一点。所以他决心研究中国的森林植物带，从事于前人所未着手的事业。他因为本国缺乏材料，美国哈佛大学采得有中国的森林植物标本很多，所以特地跑到那里云专攻森林植物。预备作回国后探讨的工具。他始终一贯的精神和毅力，是我所钦佩的②。"

由此可见，学林归国的留学生们尽管会出现"没有前辈之指引""缺乏实地研究之机会"等不利情况，甚至有可能会"弄得学问事业毫无成就"。但现实则是，以凌道扬、韩

---

① 曾济宽：《十年来我对于中国林业界及林学界之所感》，《农声》1924年第36期，第580页。
② 曾济宽：《十年来我对于中国林业界及林学界之所感》，《农声》1924年第36期，第578-579页。

安、陈嵘、梁希、姚传法等为代表的林学留学生们勤勤恳恳，锐意进取，立足本国实际，在林业宣传、林业教育、林业行政、林业科研等方面做出了很多成绩。他们也确实为中国的森林事业和森林学术方面做着切实的奠基工作。据黎集的《中国森林学导师——梁希先生》记载："近二三十年来中国在森林事业所需人才的培养和中国自己的森林科学基础的建立上，确是有了明显的成绩的。在欧美各国之将森林列为一门专门的科学研究，也不过是近百年内的事。中国从清末即曾派遣学生留学欧洲和日本去学森林学，但其中多半只为了要做官和做教授，原本地没有做过深入的研究，只有少数人回国后孜孜地在中国的森林事业和森林学术方面做着切实的奠基工作，以致今日国内能有若干大学设立森林学系，各地也有了一些技术性的或研究性的林产管理局和实验所，更训练培育了许多后继的森林学工作者。这些散处各地的林人们，如果是在一个合理而上进的社会里，即能个个的贡献出他们的能力来开展我国前途无限的森林事业。瞻顾数十年来中国的森林事业史，我们难以忘怀这少数几位先进学者们的功绩①。"

第五节　小　结

"中国近代科学的建立，不是对中国传统固有科学的继承，而是移植和传播西方科学的结果。……第一期以传教士为主要媒介，第二期以留学生为主要媒介②。"也正是由于近代的林学留学生抱着科学救国、实业救国的理念，求学欧美、日本等国，在国外的留学经历，使得他们接受了先进的林业教育并掌握高深的学识。而绝大部分的林学留学生在出国前都接受了本科或专科教育，其中属金陵大学和中央大学人数最多。留学人数前三的国家为日本、美国、德国，而其他国家则并未形成规模。这跟这三国的林业教育开始较早有很大关系。具体而言，日本的东京帝国大学、北海道帝国大学、鹿儿岛高等农林学校、盛冈高等农林学校；美国的耶鲁大学、华盛顿州立大学、康奈尔大学、明尼苏达大学、密歇根大学、杜克大学、俄亥俄大学；德国的明兴大学、德累斯顿萨克逊森林学院是近代林学留学的主要目的地。林学留学生归国后的任职主要有三个去向：林业教育、林业科研、林业行政。总之，林学留学生归国后大多任职于高校和科研机构等学术性较强的部门，成为中国近代林学家群体的主体，直接推动了中国近代的林学体制化建设，是发展中国近代林学的排头兵和主力军。也因为有了他们，中国近代的林学才真正立足于本国的实际。以后的实践也表明了，近代的归国林学留学生群体无论是在推动中国林学的学科化建设还是体制化建设上均做出了重大贡献。

---

① 黎集：《中国森林学导师——梁希先生》，《科学时代》1948 年第 3 卷第 5 期，第 16 页。
② 王奇生：《中国留学生的历史轨迹（1872-1949）》，湖北教育出版社 1992 年版，第 281 页。

第三章

归国留学生与林业高等教育的发展

归国留学生在中国近代各级教育的建立和发展过程中，具体而切实地发挥了自己的作用，尤其是对高等教育的发展产生了深远影响。近代以来，伴随着海外林学留学生的归国，特别是以梁希、陈嵘为代表，在 20 世纪 10 至 20 年代相继归国，推动了林业高等教育体系的建立和发展。组织化、制度化的林业高等教育的建立应该包括师资、教育制度、课程设置、教材编撰、教育方法、教学设备、科学研究等方面的建设与改进。但令人遗憾的是，学界对近代归国林学留学生群体的关注与研究不大理想，尚未见有专文从整体上耙梳与论述归国林学留学生与近代林业高等教育的关系[1]。有鉴于此，笔者不揣浅陋，于本章对归国留学生在林业高等教育发展中所扮演的角色及贡献予以探讨，以期能有所助益。

第一节　负笈归国：以执教中国林业教育为志业

"光绪二十九年（1903 年），清政府采纳张之洞、荣庆、张百熙的建议，兴办农林学校，正式建立学制规程，成立了含理、工、农、医的大学堂——京师大学堂，以及高等农业学堂、中等农业学堂、初等农业学堂等 4 级，均设林科。后由于维新运动的失败，林业方面的教师和教材的缺乏，大学中的林科，在整个清朝末年均未得以实现。只是在相当于大专（高等农业学堂）或中专（中等农业学堂）的农业学堂内，设置了林科课程，招收学生。民国以后，林业教育才有所发展，并开始在农业大学中设置林科（森林系或林学系），进行系统讲学，这是我国正式有高等林业教育的开始[2]。"由此可见，在真正意义上，中国近代的林业高等教育是在民国以后才开始的，同样是伴随着林学留学生的回国而建立并发展起来的。中国科学技术协会编写的《中国科学技术专家传略·农学编·林业卷 1》收入了 34 位具有留学背景的知名林学家，其中在高校任教的有 23 人，约占 68%。马祖圣的《历年出国/回国科技人员总览（1840—1949）》共统计了 49 位林学留学生，其中 35 位归国后成为高校教员，约占 71%。据笔者不完全统计，这一时期林学留学生人数应不少于 113 位，其中选择担任高校林学教师的有 74 人，约占 65%，参见本书第二章。不难看出，近七成的林学留学生归国后都投身于高等教育事业，构成了中国近代林业高等教育的重要师资力量和学术渊源。

中国林业教育发轫于晚清时期农业学堂开设的林科课程。但由于林学知识体系是从国外引进的，再加上林学留学生尚未归国，教师、教材匮乏，因而各个学校不得不聘请外国教习[3]。如日籍教习斋藤丰喜为日本熊本县人，林学士，于光绪三十二年（1906 年）三月受

---

① 就笔者所见，关于林学留学生个案的研究，大多集中于梁希和陈嵘两位知名林学家，而对于其余的归国林学留学生关注较少。主要有胡文亮《梁希与中国近现代林业发展研究》（南京农业大学博士学位论文，2012 年）；胡文亮、王思明《梁希"大林业思想"探析》（《中国农史》2012 年第 1 期）；李文静《陈嵘林业思想与实践研究》（北京林业大学硕士学位论文，2014 年），等等。有关林学留学生群体的研究多是在探讨近代农业问题时，才有所涉及，主要有张坤《留学生与中国近代农业科学体制化（1896—1936）》（山西大学硕士学位论文，2009 年）；周谷平、赵师红《农学留学生与近代中国高等农学学科的发展》（《浙江大学学报（人文社会科学版）》2009 年第 6 期），等等。

② 熊大桐：《中国近代林业史》，中国林业出版社 1989 年版，第 521 页。

③ 伴随着晚清时期的教育改革，新式学堂不断涌现。为了改变教师不足的局面，清政府于 1903 年颁布了《奏定任用教员章程》，其中规定高等学堂、优级师范学堂以及高等实业学堂的正教员"暂时除延访有各科学程度相当之华员充选外，余均择聘外国教师充选。"具体参见舒新城：《中国近代教育史资料》（上册），人民教育出版社 1981 年版，第 341-343 页。

聘于江西实业学堂，负责讲授农学、森林、理化、博物、几何等课程①。正如著名林学家郝景盛在《改善高等林业教育管见》一文中所说："惟为扩大林业教育之一大难关者。厥为人才问题。国内林学界人才缺少……尝忆日本明治维新之始。关于解决大学师资办法，资可借鉴。盖一请外人担任，一派国人留学也。为外人之在日本林学界贡献最多者，为德国马耶尔博士(prof. Dr. H. Mayr)。彼邦林学界泰斗，本多、川濑两博士，皆其门下士也。日本政府每年派大批大学讲师及助教授出外留学专攻一种问题。归国时必满载以飨国人。鄙意谓此种留学，最有价值。我国林学界亦不乏好学之士。且或已由外洋返国，任事有年，如能有政府资遣留学，以资深造，他日归国，必大有造于祖国也。如须聘外国教授时，亦不妨隆礼敦聘，待有相当人才时，次第减去。闻日本东京帝大农学部昔日外国教授，聘请甚多，今已杳无一人，全由国人担任，其明证也②。"故而直到辛亥革命前后，伴随一批林学留学生学成归国，尤以留日生为主体，才扩大了林业教育的规模，改变了林业教育的师资结构，迈向了师资的本土化。较为知名的有程鸿书、梁希、林嶈、侯过、陈嵘、曾济宽、张海秋、钟毅、杨靖孚、安事农、余季可、陈植、凌道扬、韩安、李寅恭等。这批归国留学生是开拓我国林业高等教育的先驱者，其中大部分任教于近代最早设立林科的两所高校(北京农业专门学校、金陵大学)，并培养出了中国第一批林科毕业生。

北京农业专门学校的前身是京师大学堂农学院。根据国民政府教育部的《农业专门学校规程》(1912年12月5日颁布)，1914年改北京大学农学科为北京农业专门学校，并于当年7月设立了林科及预科。它成为我国最早设立林科的高等学校。按照《农业专门学校规程》的规定："农业专门学校本科之修业年限为三年"，林学科之科目包括"一、化学，二、物理学，三、数学(代数、三角及解析几何、微积分大意)，四、外国语(德语)，五、经济学，六、财政学，七、农学总论，八、地质及土壤学，九、森林动物学，十、森林植物学，十一、法律概要及森林法律，十二、造林学，十三、森林数学，十四、森林测量学，十五、林产制造学，十六、森林工学，十七、森林管理学，十八、森林保护学，十九、森林利用学，二十、森林经理学，二十一、林政学，二十二、狩猎学，二十三、殖民学，二十四、气象学，二十五、化学实验，二十六、动植物学实验，二十七、森林测量及制图实习，二十八、林产制造实习，二十九、造林实习，三十、实地演习③。"另根据《公立私立专门学校规程》(1912年11月14日颁布)第十条规定，凡担任公立、私立专门学校的教员，需具备以下资格中的一项。"一、在外国大学毕业者，二、在国立大学或经教育部认可之私立大学毕业者，三、在外国或中国专门学校毕业者，四、有精深之著述经中央学会评定者④。"为了满足教学的需要，北京农业专门学校聘请了程鸿书、梁希、韩安、钟毅、金邦正、侯过、林嶈等早期归国林学留学生担任学校教员，并于1917年6月培养出了中国首批17名林科毕业生"符明晋、徐承镕、韦可德、许家基、朱国典、昌云骞、滕国梁、杨赞蔚、朱文梁、李树荣、贾成章、黄秉中、李兆洛、郭本潜、魏云藻、王

① 参见《江西高等农业学堂教员衔名一览表》，《江西学务官报》1909年第3期，第8页。
② 陈植：《改进我国林业教育之商榷》，《林学》1930年第3期，第23—24页。
③ 潘懋元、刘海峰：《中国近代教育史资料汇编·高等教育》，上海教育出版社2007年版，第547页。
④ 璩鑫圭：《中国近代教育史料汇编·学制演变》，上海教育出版社1991年版，第678页。

猷、范庚圭"①。殷良弼、周桢、林渭访、程跻云、白垛等知名林学家也均毕业于北京农业专门学校。金陵大学林科创建于 1915 年，成为继北京农业专门学校之后第二个设立林科的高校。学校聘任了凌道扬、叶雅各、陈嵘等林学留学生担任学校教员，并于 1919 年 6 月培养出了金陵大学林科第一批毕业生，有张传经、张通武、高秉坊、耿作霖、李顺卿、李代芳、徐淮、张惟徵、沈义谦、彭克中、董华、潘学璨②。另外，林刚、李继侗、李德毅、任承统、齐敬鑫等知名林学家也都毕业于金陵大学。到了 20 世纪 20—30 年代，许多大学纷纷增设森林系，并聘请了大批拥有硕士、博士学位的归国林学留学生任教，留美硕士有韩安、李先才、金邦正、凌道扬、陈嵘、陈焕镛、姚传法、沈鹏飞、叶雅各、程复新、万晋、李德毅、邓叔群、马大浦、葛明裕、范济洲、王业蘧、王恺、成俊卿、林汶民、胡宪生、张福良、郑止善等，留美博士有李继侗、李顺卿等；留德博士有贾成章、王正、齐敬鑫、郝景盛、叶道渊、黄维炎等；留法博士有刘慎谔、郑万钧等，极大地充实了各校森林系的师资力量，并成为教学和科研领域独当一面的人物。

为了能够更好地说明林业高等教育师资中归国林学留学生的贡献程度。我们可以从民国时期教育部的相关统计结果中窥得一二。在 1940 年，国民政府教育部颁行了《大学及独立学院教员资格审查暂行规程》，对全国专科以上学校教员资格进行审查。根据 1941—1944 年的审查结果，森林学门师资情况如表 3-1 所示。

表 3-1　森林学门师资情况统计

姓名	职级	学历	任职院校
汪振儒	教授	美国杜克大学哲学博士	广西大学农学院
齐敬鑫	教授	德国明兴大学林学博士	西北农学院
王正	教授	德国塔朗脱大学博士	西北农学院
郝景盛	教授	德国爱北瓦林业专科大学博士	中央大学
李寅恭	教授	英国爱丁堡大学林学系	中央大学
栗耀岐	教授	日本东京帝国大学农学部林学实科卒业 日本九州帝国大学农学部林学士	河南大学
贾成章	教授	德国明兴大学林学研究院博士	西北农学院
马大浦	教授	美国明尼苏达大学硕士	广西大学
朱惠方	教授	德国普鲁士林科大学卒业 奥地利维也纳垦殖大学	金陵大学
殷良弼	教授	日本东京帝国大学	西北技艺专科学校
周桢	教授	德国萨克逊森林学院	西北农学院
邵均	教授	日本北海道帝国大学农学部林科	四川大学
张海秋	教授	日本东京帝国大学	云南大学
王兆龙	副教授	日本东京帝国大学农学部林科	广西大学

① 潘懋元、刘海峰：《中国近代教育史资料汇编·高等教育》，上海教育出版社 2007 年版，第 567-568 页。
② 《私立金陵大学农学院毕业同学录》，私立金陵大学农学院 1936 年印行，第 1-3 页。

（续）

姓名	职级	学历	任职院校
夏受虞	副教授	金陵大学	西北农学院
黄野萝	副教授	德国明兴大学林科	中正大学
罗彤鑑	副教授	日本东京大学	中山大学
鲁慕胜	副教授	金陵大学	广西大学
梁希	教授	日本东京帝国大学 德国萨克森林学院	中央大学
郑万钧	教授	法国图卢兹大学博士	云南大学
曾济宽	教授	日本鹿儿岛高等农林学校林科	西北牧专
袁义生	教授	金陵大学农学院	西北技艺专科学校
李达才	教授	日本东京帝国大学林学士	湖南省立农专
李相符	教授	日本北海道帝国大学农学部林科	四川大学
李荫桢	教授	美国明尼苏达大学博二	四川大学
李先才	教授	美国耶鲁大学硕士	福建省立农学院
蒋英	教授	金陵大学 美国纽约大学林学士	中山大学
姚传法	教授	美国耶鲁大学	不详
康瀄	副教授	金陵大学	贵州大学
林凤仪	副教授	德国慕尼黑大学林学博士	中山大学
杨晋衔	副教授	中央大学	复旦大学
贾祥云	副教授	日本东京帝国大学	河南大学
鲁昭沣	副教授	日本东京帝国大学	中正大学
张静甫	副教授	日本鹿儿岛高等农林学校	湖南省立农专
江福利	讲师	北平大学林学士	西北技艺专科学校
王战	讲师	北平大学林学士	西北农学院
韩发凤	讲师	金陵大学林学士	金陵大学
朱楣	讲师	金陵大学林学士	铭贤农工专科学校
和敬真	讲师	金陵大学	铭贤农工专科学校
谭伯禹	助教	金陵大学	金陵大学
郑明星	助教	四川大学林学系	四川大学
王兆凤	助教	西北农学院	西北技专
余饶心	助教	西北农学院	西北农学院
黄培昌	助教	金陵大学	金陵大学
李汝新	助教	中山大学	中山大学
李兴邦	助教	北平大学	广西农学院
李约翰	助教	金陵大学	金陵大学

（续）

姓名	职级	学历	任职院校
覃济泽	助教	广西大学	广西大学
范济洲	助教	北平大学	西北农学院
叶湘	助教	广西大学	广西大学
阎金祥	助教	北平大学	西北农学院
钟国松	助教	广西大学	广西大学
毛庆德	助教	西北农学院	西北农学院
高高堂	助教	河南大学	河南大学
何成浩	助教	四川大学	四川大学
熊志奇	助教	北平大学	西北农学院
张小留	助教	四川大学	四川大学
张书忱	助教	北平大学	西北农学院
孙金波	助教	北平大学	西北农学院
谢维言	讲师	广西大学	广西大学
萧位长	讲师	日本东京农业大学 日本九州帝国大学农学部研究二年	河南大学
牛瑶延	讲师	日本北海道帝国大学	福建省立农学院
孙章鼎	讲师	金陵大学	西南经济建设研究所
谢惠	助教	广西大学	广西大学
赵宗哲	助教	河北省立农学院	中央大学
李冠英	助教	中山大学	中山大学
李应龙	助教	河南大学	河南大学
刘小洲	助教	西北农学院	西北技专
张熙平	助教	西北农学院	不详
阮殿元	助教	河南大学	河南大学

资料来源：1. 国民政府教育部编印：《专科以上学校教员名册》，1942 年版，第 278-286 页。2. 国民政府教育部编印：《专科以上学校教员名册·第 2 册》，1944 年版，第 335-342 页。

由表 3-1 可知，全国专科以上学校森林学门审查合格的教员共 70 人，教授 23 人，副教授 11 人，讲师 9 人，助教 27 人。不难看出，留学生是各大高校森林系教授以及副教授的最主要来源，占有绝对的比重（其中 23 位教授中，除袁义生外，其余 22 人均为留学生，约占 96%；副教授 11 人中，除康瀚、夏受虞、杨晋衔、鲁慕胜外，其余 7 人均为留学生，约占 64%）。而讲师（除了萧位长、牛瑶延留学日本外）和助教大多是由他们培养出来的各校学生。由国民政府 1929 年公布的《大学组织法》第十三条可知，"副教授的资格条件是：（一）在国内外大学或研究院所研究得有博士学位或同等学历证书而成绩优良并有有价值之著作者；（二）任讲师三年以上，著有成绩，并有专门著作者；（三）具有讲师第一款资格（即：在国内外大学或研究院所研究得有硕士或博士学位，或同等学历证书，而成绩优秀者），继续研究或执行专门职业四年以上，对于所习学科有特殊成绩，在学术上有相当贡献者。教授的资格条件是：（一）任副教授三年以上著有成绩并有重要之著作；（二）具有副教授第一款资格，继续研究或执行专门职业四年以上，有创作或发明在学术上有重要贡献①。"若以此标准来看，林学留学生们能够顺利通过教授、副教授的资格审查，在教学和科研方面都符合相关的要求，并且已经达到较高的学术水准，无疑成为各高校森林系的师资骨干。

　　林学留学生深谙欧美国家的高等院校科层制，直接参与多数高校森林系的创建，大大推进了我国林业高等教育的发展。如李寅恭参与创建了中央大学森林组（1927 年），叶道渊参与创建了广西大学森林系（1928 年），沈鹏飞参与创建了中山大学森林系（1931 年），余季可参与创建了四川大学森林系（1931 年），叶雅各参与创建了武汉大学森林系（1936年），张福延参与创建了云南大学森林系（1938 年），马大浦参与创建了中正大学森林系（1940 年），林渭访参与创建了台湾大学森林系（1947 年），等等。这批林学留学生开创了各高校森林系科的学术谱系。在他们的努力下，也大体奠定了近代林业高等教育的分布格局。我国近代林业高等教育主要指的是附属于专门或综合性大学内的森林系科。最早设立林科的高校是北京农业专门学校林科（1914 年）和金陵大学林科（1915 年），都位于东部地区，其他地区的林业高等教育则相对落后，特别是中、西部地区。归国林学留学生在各地高校创建森林系科，有力地改变了林业高等教育资源分布不均衡的局面，也直接推动了其他地区林业高等教育的形成和发展（表 3-2）。

表 3-2　1949 年之前设森林系的农学院一览

学校名称	成立日期	学校所在地
北平大学农学院	1914 年	北平
金陵大学农学院	1915 年	南京
武汉大学农学院	1924 年	武昌
河南大学农学院	1924 年	开封
山东大学农学院	1926 年	济南
中山大学农学院	1927 年	广州
广西大学农学院	1928 年	柳州
浙江大学农学院	1929 年	杭州
四川大学农学院	1931 年	成都
河北农学院	1932 年	保定
安徽大学农学院	1934 年	安庆
云南大学农学院	1938 年	昆明
西北农学院	1938 年	武功
贵州大学农学院	1939 年	贵阳
中正大学农学院	1940 年	南昌
福建省立农学院	1940 年	福州
东北大学农学院	1946 年	沈阳
台湾大学农学院	1947 年	台湾

　　资料来源：1.《全国高等农业教育的鸟瞰》，《农业生产》1948 年第 3 卷第 8 期，第 7 页。2. 杨绍章、辛业江：《中国林业教育史》，中国林业出版社 1988 年版，第 29-30 页。

① 《第二次中国教育年鉴》第五编，第一章第 26 页。

留学生不仅掌握了先进的林学理论知识，还熟悉西方的管理制度，因而创建森林系后，除了负责教学、科研，往往还要兼任高校森林系的系主任，并在绝大部分时期内担任系主任一职。这里以当时影响较大的中央大学为例（表 3-3）。

表 3-3　中央大学历任森林系主任一览

学校	姓名	任职时间	留学国家	留学学校	出国时间	回国时间
中央大学	李寅恭	1927—1929 1934—1945	英国	爱丁堡大学	1914	1919
	凌道扬	1929—1930	美国	耶鲁大学	1909	1914
	张福延	1931—1933	日本	东京帝国大学	1913	1918
	梁希	1945—1946	日本 德国	东京帝国大学 德国萨克逊森林学院	1913 1923	1916 1927
	郑万钧	1947—1948	法国	图卢兹大学	1939	1939
	干铎	1949—1950	日本	东京帝国大学	1925	1932

资料来源：1. 中国科学技术协会编：《中国科学技术专家传略·农学编·林业卷 1》，中国科学技术出版社 1991 年版。2. 周棉主编：《中国留学生大辞典》，南京大学出版社 1999 年版。3. 校史编委会编：《南京农业大学史》，中国农业科学技术出版社 2004 年版。

归国林学留学生担任系主任后，负责日常的教学工作，还掌握全系的教师选聘、课程设置、经费使用、课程表编制、学生实习计划的制定、学生选课表的批准、毕业考核，以及实物标本、图书资料、实验器材的扩充等诸多事项[1]。他们为高校森林系人员、设施、制度的建构和完善付出了辛劳与智慧。其中梁希曾担任过多个学校的森林系主任，对我国林业高等教育的发展影响甚巨。

梁希（1883—1958），浙江湖州人。1913 年进入日本东京帝国大学林科，学习林产制造与森林利用。1916 年回国后任教于北京农业专门学校，并于 1916—1923 年一直兼任林科主任。梁希在校期间一面讲授《森林利用》《林产制造》《木材性质》等课程，在我国第一次开拓了林产制造、林产化学利用学科；一面添置各种仪器标本，增购中外文图书资料，并积极主持筹建我国首家林产制造试验室。他还亲自"带领学生在玉渊潭、钓鱼台、龙王庙等地的土山上造林绿化，并在校园内建立了树木园和林场。后又在南口购地 1100 亩建了学校第二林场，在宛平县老山借用山地 340 余亩建了学校第三林场[2]。"殷良弼、贾成章、程跻云、叶道渊、林渭访、黄维炎、周桢都是他在北京农业专门学校时期的学生。1923 年远赴德国研究林产化学和木材防腐学，在德国萨克逊森林学院研究了五年，对森林利用有了进一步的探讨。1929 年担任浙江大学森林系首位系主任。他主要负责讲授《林产制造学》《森林利用学》，并着手建立起了森林化学实验室，亲自带领助教进行松脂采集实验。据他的学生严赓雪对林化室的回忆："一排长条形的平房，以学生实验室面积最大，与实验室相通的是梁师与其助教王相骥先生的研究室。研究室中除安置仪器设备外，还有

---

[1] 杨绍章、辛业江：《中国林业教育史》，中国林业出版社 1988 年版，第 22 页。
[2] 中华人民共和国林业部：《中国林业的开拓者——梁希》，中国林业出版社 1997 年版，第 17 页。

不少支架，放满了德、日书籍①。"严赓雪、周慧明等都是他在浙大任教时的学生。1933—1949 年，梁希一直任教于中央大学，主要负责讲授《木材学》《木材防腐学》《林产制造学》等课程。他还建立起了中央大学森林化学实验室，使之初具规模，图书和种种设备已属全国一流，此后又担任了森林系主任。在梁希的带领下，中央大学农学院"建立起了一个完备的森林系"。据黎集的《中国森林学导师——梁希先生》记载："我国的森林学教学，原来是较为笼统的，不论造林、利用或森林经理，都是一起从讲义上传授给学生就了事，有的农学院内森林尚未独立成一系。而在森林系内更分组的，只有中央大学在三十四年才分出造林和利用两组，实验设备完备的，也还只有中大森林系而已。森林在国内不够被重视，而森林却是必须有实验的一门庞大的科学，别的国家已经设立了森林学院，我们要把一个学院的内容，放在一个系里，自是困难之至，但梁先生渐渐将它奠定了一个基本的规模。梁先生在各大学任教的时间以在中大最为长久，从民国十八年到中大出任农学院院长，以后辞院长专任森林系主任或教育部部聘教授等职务一直到现在，以这样长期的工作，所以中大的森林系尤其是森林化学实验室里的一点一滴莫不是他二十年心血的结晶②。"杨晋衔、袁同功、黄中立、李继书、张楚宝、周光荣、贾铭钰都是梁希在中央大学时培养出来的学生。1941 年，梁希担任中央林业研究所林产利用组组长。梁希为高校森林系的教学和科研工作付出了全部心力，一直在增厚中国森林学术基础的目标上孜孜不倦地工作着，并成为近代中国林学学科的奠基人之一。

综合而言，归国林学留学生具有学术远见和学术威望，能够接受新的思想，召来新的追求者，对推动各校森林系，乃至整个林业高等教育的发展都极具导向作用。绝大多数林学留学生辗转任职于多个高校，将林业高等教育的知识和信息以人才流动的方式呈现于全国各个高校，并努力营造了良好的教学、科研环境，搭建起了培养林业专业人才的平台，开启和发展了中国近代的林业高等教育。

第二节　主持教学：开启林学本土化的学科建设

教学无疑是各高校工作的重心。留学生给高校林学教学工作带来了全方位的影响，如引入先进的教学理念、教学方法等。但其中最核心的是构建了自己的高等林学课程体系，编写了本土化的教材和参考书，保证了教学工作的顺利进行。

与晚清时期颁布的《奏定学堂章程》一样，1913 年颁布的《大学规程》中所规定的林学科目也大多照抄外国。其中规定林学门课程共计 41 门："(1)地质及土壤学，(2)农学总论，(3)法学通论，(4)气象学，(5)经济学，(6)财政学，(7)植物生理学，(8)森林物理学，(9)森林植物学，(10)森林动物学，(11)最小二乘法及力学，(12)测树学，(13)林价算法及森林较利学，(14)森林测量学，(15)造林学，(16)森林保护学，(17)森林工学，(18)森林利用学，(19)森林化学，(20)林产制造学，(21)树病学，(22)森林经理学，(23)森林管理学及会计法，(24)森林理水及砂防工学，(25)林政学，(26)森林法律学，

---

① 严赓雪：《白发门生话老师》，《梁希纪念集》，中国林业出版社 1983 年版，第 74-75 页。
② 黎集：《中国森林学导师——梁希先生》，《科学时代》1948 年第 3 卷第 5 期，第 17 页。

（27）制图学，（28）殖民学，（29）地质学实习，（30）森林植物学实验，（31）森林动物学实验，（32）森林测量学实习，（33）造林学实习，（34）森林工学实习，（35）森林利用学实习，（36）森林化学实验，（37）制图实习，（38）实地演习，（39）林产制造实习，（40）狩猎论，（41）养鱼论①。"再加上当时由于师资、教材的缺乏，使课程设置空有其名，实则不能完全开设。直到 20 世纪 20—30 年代，各高校森林系在留学生的主持下，课程才由简变繁，日趋完善。在诸多高校森林系中，中央大学、金陵大学森林系因为留学生较为集中，在课程设置方面也最为齐整。特别是在梁希担任中央大学农学院院长期间，学院为注重实用起见特别增开："一、林场实习，二、保安林造林法，由叶道渊先生担任。三、经理实习，四、采运学，由张海秋先生担任。五、造林学原论，六、园庭及行道树，由李协丞先生担任。七、林产制造学请梁院长担任②。"这就使得中央大学森林系在课程设置方面走在了各个高校的前列，构建起了较为完整的课程体系，不仅开设了必修课，还设置了大量的选修课，许多课程都是首次开设。开设的必修科目主要包括森林学、造林学原论、森林植物、森林利用学、森林保护学、森林测树、林产制造、造林学各论、造林学本论、森林管理学、森林经济学、森林经理学、森林评价及林业较利学、林政学、森林史、采运学、经理实习等，此外开设的选修课程有森林昆虫学、世界木材商况、垦殖学、道路行道树、森林与水源、木材防腐学、保安林造林法、狩猎学、研究及论文等③。在课程设置方面，可以与中央大学相媲美的唯有金陵大学。1929 年，金陵大学森林系在陈嵘的主持下，分为九个学门，共开设了三十项课程④。此后又进一步系统化，聘请了一批留学生担任全职或兼职教师。如当时"聘请了实业部科长皮作琼先生担任理水防沙工学课程……又聘请安事农先生担任森林法规课程⑤。"在 20 世纪 30 年代开设了造林学原论、造林学本论、森林保护学、中国树木分类学、森林利用、森林政策及森林法规、森林经理、测树学、林价算法及森林较利学、木材之工艺性质、造林设计实习、毕业论文等必修课程，开设的选修科目有造林学各论、造林学特论（观赏树木）、中国森林植物地理学、森林土壤学、林产制造及木材防腐、理水防砂工学等⑥。可见由于归国林学留学生的努力，近代高校林学课程体系得到了进一步的充实和完善，并得以迅速发展和成长起来。

由于师资相对不足，再加上未能制定出统一的林学课程标准，结果导致各高校林学课程设置不尽相同。一位老师可能同时兼任多门课程的教学。以中央大学森林系为例，"原有课程不下三十余门，一切课程均由张海秋、李协丞、梁先生担任，是以教授方面，分配颇或困难"⑦。著名林学家陈植也曾感慨道："每日除从事黑板生涯外，余暇即为向壁埋首，栗六于讲义编著，与片刻之研究，其可得乎⑧？"可以想见，在林业高等教育发展的早期阶段，教学无疑是教授们的首要工作，归国留学生们所承担的教学任务是十分繁重的。为了反

① 璩鑫圭：《中国近代教育史料汇编·学制演变》，上海教育出版社 1991 年版，第 717-718 页。
② 《农学院森林科消息》，《国立中央大学农学院旬刊》1931 年第 67 期，第 11 页。
③ 国立中央大学农学院：《国立中央大学一览第六种：农学院概况》，1930 年印行，第 12-16 页。
④ 金陵大学：《金陵大学农林科课程概要》，1929 年印行，第 29-32 页。
⑤ 《院闻：森林系消息》，《农林新报》1931 年第 26 期，第 11 页。
⑥ 私立金陵大学农学院院长室：《私立金陵大学农学院概况》，1933 年印行，第 129-135 页。
⑦ 《农学院森林科消息》，《国立中央大学农学院旬刊》1931 年第 67 期，第 11 页。
⑧ 陈植：《改进我国林业教育之商榷》，《林学》1930 年第 3 期，第 16 页。

映当时的情况，笔者对中央大学、金陵大学森林系部分教授授课情况予以编辑(表3-4)。

表3-4　中央大学、金陵大学森林系部分教授授课情况

学校	姓名	教授课程	留学国家
中央大学	李寅恭	森林保护学、林政学、森林管理学、林业史、森林法规、普通森林学、行道树、森林立地学等	英国
	梁希	木材学、木材防腐学、林产制造化学等	日本、德国
	张海秋	测树学、森林经理学、森林计算学、森林较利学、采运学等	日本
	李顺卿	树木学、森林地理学等	美国
	郝景盛	造林学、树木学、森林立地学等	德国
	陈植	造园学、造林学、观赏树木学等	日本
金陵大学	陈嵘	中国树木学概论、造林学原论、造林学本论、造林学各论、造林学特论、森林植物地理学等	日本、美国、德国
	朱惠方	林学要论、造林学原理、林材工艺学及采运学、林产化学及林业政策、林业法规、森林管理学等	德国、奥地利
	朱大猷	森林经理学、林价算法及较利学、测树学等	日本
	叶雅各	造林学、森林经理学等	美国

资料来源：1. 中国科学技术协会编：《中国科学技术专家传略·农学编·林业卷1》，中国科学技术出版社1991年版。2. 校史编委会编：《南京农业大学史》，中国农业科学技术出版社2004年版。3. 张宪文主编：《金陵大学史》，南京大学出版社2002年版。

为了扭转中国各高校林学科目设置混乱、繁杂的局面，并跟上西方大学林学课程设置的变化，1940年，国民政府教育部在安事农、陈植、曾济宽等林学留学生的参与下制定和颁布了《大学科目表》，对各高校森林系的科目予以规定。其中必修科目有气象学、测量学、森林植物或树木学、分析化学、土壤学、造林学、森林计算学、森林利用学、林产制造、森林保护及管理、森林经理及林业计划实习、林政学、毕业论文或研究报告。选修科目有普通植物学、昆虫及经济昆虫学、植物生理学、有机化学、普通园艺学、植物病理学、普通畜牧学、森林昆虫学、树病学、民法概要、狩猎学、森林地理、林政史、垦殖学、造园学、农村合作、农业统计、森林法规、森林工学、第二外国语①。由此可见，归国林学留学生对于推动中国近代林业高等教育课程的统一化、科学化做出了巨大贡献。

伴随课程设置、教学目的及内容的清晰化，与之相匹配的且能够适应本土化教学的教材和参考书的编撰工作也迅速展开。

中国早期的林学教材和参考书生搬硬套、简单移译的多，鲜有根据中国的实际而创作的，许多学校的教材更是直接采用外文原版书籍。据凌道扬回忆，"各校应用之课本，除广大、金大用英文原本直接教授外，余多使用由日文译来之讲义，并无专门、甲种之分，甚有专门学校所用之课本，尚不及甲种所教授者较为详细②。"这段话充分反映了当时中国林业高等教育在教科书方面所面临的窘境。李寅恭在中央大学讲授林政、森林法规、森林管理等课

---

① 教育部：《大学科目表》，中正书局1940年印行，第138-141页。
② 凌道扬：《近年来中国林业教育之状况》，《真光》1927年第6期，第6页。

时，也是"多方搜罗欧美林业先进国家颁布之政府刊物，以及私人著述颇多就之研究材料，尤有折中的取集，随意发挥①。"另外，笔者编辑了一份当时河南大学、广西大学、四川大学、北平大学森林系部分课程的内容说明，以及所使用的教材和参考书目表（表3-5）。从中不难看出，当时直接使用外文教材和参考书的现象非常普遍。不可否认，选用日本、欧美的林学著作作为教材体现了开放的教育理念，有利于开阔学生的学术视野和提高外语水平。但"由于外国人所著、所用的教科书中举出的例子，当然是取材于其本国的，用这种书来教中国学生，学习时既不免有隔膜恍惚的弊病，将来出而应世，亦不能充分应用，况彼此学制、年级既属参差，教材的数量，亦不能强同②。"故而单纯使用外文教材，脱离了中国的实际，严重影响教学的效果，对林业科学本土化极为不利。归国林学留学生们对此也有清晰的认识，如凌道扬就指出，"中国各专门林科教授所用之材料，几乎完全抄袭外国书籍，购用外国标本。在中国今日各种科学均属幼稚之时期，此弊固不能免，然各高校应努力就本国事物上做各种科学之研究。冀得到学术上之发明与教育上之进步③。"

表3-5 河南大学、广西大学、四川大学、北平大学森林系部分课程教材和参考书目

学校	课程名	课程说明	教材	主要参考书
河南大学森林系	林学大意	本课程内容为讲授森林诸科之大意，并其经营之概略，与乎农林二业之关系。专为农学系学生之修习而设，林学系学生不能选修	Moon：*Elements of forestry*	
	树木学	本课程上学期讲授本国及世界森林树木之分布，并本国森林树木之性状，适地生理及繁殖法。下学期讲授本国各树种作及外国输入各主要树种之名称、分类及其造林之适性，而注重黄河流域乡土树种之研究与应用		Chun：*Chinese Economicl trees*
	造林学（甲）	本课程内容为讲授天然人工造林各方法及种子之检藏，苗圃之经营插育事项	Toumey：*Seeding and planting in the forestry*	
	造林学（乙）	本课程上学期讲授造林与森林环境之关系，树木之特性，森林之成功及其情况。下学期讲授森林修理、抚育及作业诸原理	Toumey：*Foundatious of silviculture rol*，I，II	

---

① 《工作摘要》，《国立中央大学农学院森林系系讯》1941 年 6 月，第 3 页。
② 蔡元培：《国化教科书问题》，《申报》1931 年 4 月 27 日。
③ 凌道扬：《近年来中国林业教育之状况》，《真光》1927 年第 6 期，第 6—7 页。

（续）

学校	课程名	课程说明	教材	主要参考书
河南大学森林系	测树学（乙）	本课程内容为讲授树木之生长，量高，及直径与体积之推测，及生长率表之构造，并林木估算等	Chmapan：*Forest Mensuration*	
	森林生态学	本课程内容为讲授森林树木之生长，与Climate、Edaphic，Biotic 之关系，并森林之组成、更新及繁殖诸原理与事实		Cowles：*Physiographic Ecology*
	森林昆虫学	本课程内容为讲授昆虫对经济方面之重要及防止法	Graham：*Principles of forest Entomolosy*	
	测量学	本课程内容为讲授三角测量，及地形描写之理论，及其机械之使用方法，实习地形图之测定及其绘画法		Tracy：*Plane survoying*
	测量绘图	本课程内容为讲授测量上之各科计算制图方法等。如经纬距之计算，面积土方工程之计算，以及地形图之计算，与绘制法		Tracy：*Plane survoying*
	材木学（甲）	讲授木材内部之构造及性状与木材之判定		Recard：*Meuhanical Properties of wood*
	材木学（乙）	本课程内容为讲授木材之机械亡，水分与木力之关系	Recard：*Economic woods of the imited states*	
	森林主产利用学	本课程内容为讲授森林主产物之采伐，搬运，制造，及其保存方法，与乎本国各主要材木之质地及应用		Brown：*Forest products their manufacture and use*
	森林副产利用学	本课程内容为讲授森林副产物之采集与制造		Bnwn：*Forest products*
	树木病理法	本课程内容为讲授树木病害之原因与性质，及其防治方法，并菌类之寄生与防治	Benkin：*Manual of tree disease*	
	森林经营法	本课程内容为讲授森林经营之原理，与设计及木材增长率之计算，轮伐期之选定，森林年级之分配，作业实施之步骤等		Wolsoy：*Americian forest regulation*
	林业经济学	本课程内容为讲授土地，资本，劳力，分配，诸原理与森林企业之关系	Pernon：*Economies of forestry*	

（续）

学校	课程名	课程说明	教材	主要参考书
广西大学森林系	森林学大意	本课程内容为讲授以下几部分：1. 森林栽培学（A. 种子之采集贮藏选择法，B. 苗圃之经营法，C. 植树造林法，D. 播种之造林法，E. 下木栽植法，F. 补植法，G. 间伐法，H. 土地树冠之培养法，I. 天然造林法）；2. 森林立地学（森林与气象土地方位之关系）；3. 农政学（中国林地之面积及应采之政策）；4. 经理（土地之区分法）；5. 保护学（森林上如害虫害菌及火风等之保护法）	笔记	1. Schenc：*Schlich's Manual of Forestry* 2. Neudammer：*Forester-Lehrbuch* 3. Moon：*Elements of forestry* 4. Toumey：*Foundation of silvikulture* 5. Lorey：*Handbuch der Forestwiessenschaft* 6. Dittman：*Der waldbau* 7. 上原敬二：《林业之经营》
	造林学	本课程内容为讲授以下几部分：1. 森林栽培学；2. 森林立地学；3. 造林各论	笔记	1. Mayr：*Der Wahbau* 2. Rubner：*Gerundlagen des Wahbaus* 3. Burkhardt：*Saen und Pflanzen* 4. Buhler：*Waldbau* 5. Reber：*Waldbauliches aus Bayern* 6. Heyer-Hess：*Der Walbau* 7. Wagner：*Raumliche Ordnung im wald* 8. Wagner：*Der Blendersaumcklag und sein System* 9. Wiebecke：*Der Dauerwald* 10. Moller：*Danerwaldgedanken* 11. Moller：*Der Waldbau* 12. Nendammer：*Forester-Lehrbuch* 13. Sieber：*Der Dauerwald* 14. Dittmar：*Der' Waldbau* 15. *Handbuch der Forestwiessenschaft* 16. Toumey：*Foundation of silviculture* 17. 本多静六：《造林学》
	森林昆虫	本课程为使学生明了森林方面重要经济昆虫之习性与生活史以及防治之原理与方法	笔记	1. S. A. Graham：*Principles of Forest Emtomology* 2. E. P. Felt：*Manual of tree and shrub Insects* 3. Metacaff and Flint：*Destructive and Useful Insects*

（续）

学校	课程名	课程说明	教材	主要参考书
广西大学森林系	森林植物及树木学	本课程内容分裸子、被子植物两类，讲授其各种类之识别法，并说明其生态分布功用等，然其种以本国植物为主，以外国植物为辅	笔记	1. Rehder：*Manunal of cultivated Trees and shhabs* 2. Shaw：*Chinese Forest Trees and Tember Suply* 3. Beissner Fitschen：*Handbuch der Nadelholzkunde* 4. Dallimore and Tackson：*Handbuch of coniperate* 5. Chun：*Chinese Economic trees* 6. Sargent：*Plantae Wilsonionae* 7. Klein：*Forstbotanik，in Loreys Handbuch Der Forstwissenschaft* 8. Mayr：*Fremdlandische wald und Porkbaume fur Europa* 9. Silva Jarouca Grap：*Unsere Freiland Nadelholzer* 10. *Engler und Plantl. Die Naturlichen Pflanzeu familien* 11. Forsch：*Bestimmungsschlussil fur die Forstlich wiehtigen* Lanbholzernach Wintermerkmalen in Wappers 12. Schneder：*Tllustriertes Handbuch Der Laubholzkund* 13. Tlorin：*Untersvchung znr stammesgeschichte Der coniferates* 14. Schwerin：*Miteilungen Der Dentschen* 15. 白泽保美：《日本树木图谱》 16. 胡、陈合编：《中国植物图谱》第一至第二卷
	测树学	本课程内容为讲授树木或木材之材积年龄生长之测定及讨论生长实际概况森林生长数量之关系，内分六编：1. 立木材积测定法；2. 伐倒树木材积测定法；3. 林木材积测定法；4. 年轮或年龄查定法；5. 生长查定法；6. 生长率	笔记	1. *Lehrbuch Der Holzmessknncle Von Muller* 2. *Lehrbuch Der Holzmessenermittelung Von Cauttouberg* 3. *Handbuch Der Forstwissenschaft Von Lorey* 4. *Handbuch Der Forstwissenschaft Von Tischendog* 5. *Forest Mensvlation Von Chapman* 6. 掘田正逸：《测树学》 7. 铃木藏次：《林业计算学》

（续）

学校	课程名	课程说明	教材	主要参考书
广西大学森林系	林产制造学	本课程内容分为十三部分：1. 概论；2. 木材干馏；3. 烧炭；4. 碳酸钾之制造；5. 松烟；6. 纤维质之利用（造纸）；7. 酒精；8. 溴酸；9. 糖与淀粉质；10. 油脂与腊；11. 树脂（包括松脂、漆、橡皮等物）；12. 植物性挥发油（包括松精油、龙脑、樟油、肉桂等）；13. 单宁	讲义	1. 三浦伊八郎：《林产学概要》 2. Brown：*Forest products their manufacture and use* 3. Lorey：*Handbuch der Forestwiessenschaft* 4. Gayer-Fobricius：*Forstbenutzung* 5. Schlicks：*Mannal Der Pflanzen* 6. Hagglund：*Holzchemie* 7. P. Dumesny：*Wood Products，Distillates and Extracts* 8. F. Czepck：*Biochenie Der Pflanzen* 9. Hurt Hess：*Die Chemie Der Zellulose* 10. T. V. Wiesner：*Die Rohstoffe Des Pflauzenreiches* 11. Schwable：*Die Chemische Bitriebskontrolle in Der Zellstoff und Papier-Tudustrie* 12. Semmler：*Die atherischen Oele* 13. W. Fuchs：*Chemie Des Lignins*
	森林利用学	本课程内容为讲授：1. 伐木及造材方法（A. 林木之采伐——伐木季节之选择、伐木用具之种类及其使用法、伐木之方法。B. 造材之方法及材种之分类等。C. 转材之目的方法并应注意之事项及集材场之设置。D. 伐木造材事业之检定）。2. 林木搬运法（A. 陆上运搬分林、造森林铁道滑道及架空线路运搬等。B. 水道运搬分管流筏及舟运等）。3. 贮材（分贮材场之设置及贮材之方法等）。4. 制造及加工法。5. 关于森林利用劳力之组织并调节法等。6. 市场论。7. 木材之性质（A. 树木之形状。B. 木材之构造。C. 木材之化学的成分。D. 木材外观的性质。E. 木材重量及木材与水分之关系。F. 木材之力学性质。G. 木材之燃力。H. 木材之保存性。I. 木材疵伤及木材健否之检定。J. 木材之识别及其用途）	笔记	1. Gayer，Karl：*Der Frstbeuntzung* 2. Fische：*Forst Utilization* 3. C. schench：*Forst Utilization* 4. C. schench：*Logging and Lumbering or Forst Utilization* 5. R. C. Bryant：*Logging* 6. Hess，Richard：*Die Fortbenuzung* 7. Lorey：*Handbuch der Forestwiessenschaft* 8. *Nordlinger Die Techniehe Eigenschaft Der Holzer* 9. S. J. Recard：*Mechanical Properties of wood* 10. Froster. *Das forstliche Transportwesen* 11. 大西鼎氏：《森林利用学》 12. 上村藤而氏：《改定森林利用学》 13. 望月常氏：《木材工艺性质论》 14. 诸户北郎氏：《日本树木树用篇》 15. 诸户北郎氏：《木材之性质》 16. 日本山林局编：《木材之工艺的利用》
	森林经理学	本课程内容分上下两篇：上篇讲授原理，下篇讲授应用	笔记	1. Marttin：*Forsteinrichtung* 2. Schupfer：*Handbuch der Forestwiessenschaft* 3. Tudeich：*Forsteinrichtung* 4. Wagner：*Forsteinrichtung* 5. *Forstmangment Von A. B. Recknatll* 6. Michaelis：*Betriebsregulierung*

（续）

学校	课程名	课程说明	教材	主要参考书
广西大学森林系	林价算法及较利学	本课程内容为讲授计算林地林木及森林之价格与研究林业收支之关系，内分二篇：上篇林价算法，下篇森林较利	笔记	1. Endres：*Lehrbuch Der Waldwertrechung* 2. Martin：*Forststatistik* 3. Busse：*Handbuch Der Forstwissenschaft* 4. 铃木藏次：《林业计算学》
	森林保护学	本课程内容包括：1. 概论；2. 天然之害的预防及驱除；3. 人为之害的预防及驱除；4. 植物之害的预防及驱除；5. 动物之害的预防及驱除	笔记	1. Hess-Beck：*Forstchutz* 2. Wagner，Christof：*Lehrbuch Des Forstschutz* 3. Furst，Hermanun：*Fortschutz im Handbuch Der Forstwissenschaft* 4. Eckstein：*Die Technik Des Forstschutz gegen Tiere* 5. Escherich：*Die Forstinsekten Mitteleuropas* 6. Neger：*Die Krankleiten unserer Waldbaume und der Wichtigsten* 7. Schlich's：*Mannal of Forstry，Volume 4. Forst Protection* 8. 土井藤平：《改定森林保护学》 9. 新岛善互：《新编森林保护学》
四川大学森林系	测量学	本课程内容为讲授一般测量之学理并实习平面地形测量及计算制图之技术		1. Tracy：*Plane Surveying* 2. 刘友惠：《平面测量学》 3. 卫梓松：《实验测量学》
	树木学	本课程内容为讲授中国各种树木之分布及各科属之特征，并实习鉴别常见之树种		1. Sargent C. S.：*Plantae Wilsonianae* 2. Rehder：*Manunal of cultivated Trees and shhabs* 3. Chun W. Y.：*Chinese Economic trees* 4. Lee S. C.：*Forest Botany of China*
	造林原论	本课程内容为讲授及实验环境与森林及森林与环境之关系		1. Toumey J. W.：*Foundations of Silviculture upon an Ecological Basis* 2. Weaver J. L. and Clement J. L.：*Plant Ecology* 3. Moon F. F. and Brown N. C.：*Elements of Forestry* 4. Warming E.：*Eecology of Plants* 5. Tonsley A. G.：*Practical Plant Eecology*
	测树学	本课程内容为讲授及实习树木材积及森林材积之测定法，林木年龄及生长之查定法		1. 掘田正逸：《测树学》 2. 本多静六：《测树学及林价算法》 3. 铃木藏次：《林业计算学》 4. Muller：*Lehrbuch der Holzmesskunde* 5. Graves H. S.：*Forest Mensuration*

（续）

学校	课程名	课程说明	教材	主要参考书
四川大学森林系	造林通论	本课程内容为讲授及实习培育苗木播种与植树造林之技术		1. Toumey J. W. ：*Seeding and Planting in the Practice of Silviculture* 2. Baker F. S. ：*The Theory and Practice of Silviculture* 3. Schlich W. N. ：*Mannal of Forstry，Volume 2. Silviculture* 4. Tillatson C. R. ：*Nursery Practice on the National Forest* 5. Tillatson C. R. ：*Reforesatation on the National Forest* 6. 本多静六：《造林学》 7. 藤岛信大郎：《更新论的造林学》
	木质学	本课程内容为讲授树木内部之结构及各部纤维之功用，并实习鉴别各种经济木材		1. Forsaith C. C. ：*The Technology of New York State Timbres* 2. Brown H. B. and Panshin A. J. ：*Identificatin of the Commercial Timbers of the United States* 3. Record S. J. ：*Identificatin of the Timber of Temperate America* 4. Eames A. J and Nac Danieles L. H. ：*An Introduction to Plant Anatomy*
	林价算法	本课程内容为讲授及实习林地林木森林及法正蓄积等价格之计算法与林业利益之较量		1. 铃木藏次：《林业计算学》下卷 2. 掘田正逸：《林价算法及森林较利学讲义》 3. 本多静六：《林价算法》 4. 植村恒三郎：《林价算法及森林较利学》 5. Max Endress：*Lehrhuch der Waldwertrechung und Forststatik 3 Aufl* 6. Stoetzer：*Waldwertrechung und Forststatik 6 Aufl*
	造林本论	本课程内容为讲授及实习林地处理及森林更新法		1. Traup R. S. ：*Silvicultural Systems* 2. Hawley R. C. ：*The Practice of Silviculture* 3. Westvild R. H. ：*Applied Silviculture in U. S. A* 4. Graves H. S. ：*The Principle of Handling Wood-Lands*

（续）

学校	课程名	课程说明	教材	主要参考书
四川大学森林系	森林保护学	本课程内容为讲授气候，人为，鸟、兽、虫、菌等之害，并述其防治方法		1. Schlich's：*Mannal of Forstry*，*Volume 3. Forst Protection* 2. Hawley R. C.：*The Practice of Silviculture* 3. Graves H. S.：*Protection of Forest from Fire* 4. Graham S. A.：*The Principles of Forest Emtomology* 5. Hubert E. A.：*An outline of Forest Pathology*
	森林利用学	本课程内容为讲授及实习林木砍伐、搬运及贮藏之技术		1. Bryant R. C.：*Logging* 2. Brown N. C.：*Logging*：*Principles and Practice* 3. Stewart J. F.：*Manual of Forest Engineering and Extraction* 4. Schlich W. N.：*Mannal of Forstry*，*Volume* 5. *Forest Utilization*
	造林各论	本课程内容为讲授及实习当地经济树种之特性及其造林法		1. Levison J. G.：*Studies of Trees* 2. Mcfee I. N.：*The Tree Book* 3. Ward H. H.：*Trees* 4. 陈嵘：《造林学各论》 5. 本多静六：《造林各论》
	森林经理学	本课程内容为讲授关于森林经理之一般原则及编制施业案之方法		1. 植村恒三郎：《森林经理学》 2. 本多静六：《造林各论》 3. 右田半四郎：《森林经理学讲义》 4. Judeich Fr.：*Dieforsteinrichtung*，6 *Aufl* 5. Martin H.：*Dieforsteinrichtung*
	林政学	本课程内容为讲授林业与国民经济之关系及政府对于林业应采之政策		1. 川濑善太郎：《林政要论》 2. 川濑善太郎：《经济全书》第二卷第四编林业 3. 小出男吉：《森林政策》 4. Endres：*Handbuch der Forest Politik* 5. Fernow B. E.：*Economics of Forestry*
	森林管理学	本课程内容为讲授林业机关之组织及各项任务之执行		1. Recknogel A. B. and Bentley，J.：*Forest Management* 2. Recknogel A. B.：*Theory and Practice of Working Pants* 3. 濑善太郎：《森立管理学讲义》 4. 李英贤：《森林管理学》

（续）

学校	课程名	课程说明	教材	主要参考书
四川大学森林系	林学史	本课程内容为讲授中西林学发达之历史		1. Fernow B. E.：*A Brief History of Forestry in Europe* 2. Woolsey T. S. jr.：*Studies in French Forestry* 3. 陈嵘：《中国森林史料》
	森林问题讨论	本课程内容为讨论一切不能正式设课而与林学有关之重要问题		1. Greeves−Carpenter C. F.：*The Care of Ornamental Trees* 2. Peets E.：*Practical Tree Rapair* 3. Schwory C. F.：*Forest Trees and Forest Scenery* 4. Solotaroff W.：*Shade Trees In Towns and Cities* 5. Bennet H. H. and Chopline W. R.：*Soil Erosion：A National Menace* 6. Ramsen C. E.：*Cullies−How to Control and Reclaim Them* 7. Meginnis H. G.：*Using Soil−Binding Plants to Reclanm Cullies in the South*
北平大学森林系	森林植物学	本课程内容为讲授本国及世界森林植物之分布及本国与外国输入树种之形态生理、生态及其繁殖方法等		1. E. Strasburees Lehrbuch：*Des Botanik Fir Hochscule* 2. Beissure−Fitschen：*Nadelholzkunde* 3. Schncider：*Laubholgkunde*
	森林动物学	本课程内容为讲授有关于森林各种动物之形态、生理解剖、生态分布，并考察其对于林业上之损益设计其繁殖或驱除之方法		1. Clauss−Grobben−Kiihn：*Lehbueh der zoologie* 2. M. Wolff. A，Crausse：*Die Forstlichen Lepidopteren* 3. A. Jacobi：*Forstliche Zoologie*
	造林学	本课程内容为讲授树木生长与其环境之关系，并森林构成更新及繁殖诸原理，实习播种育苗及一切造林前业各事项		1. A. Deugler：*Waldbau auf okologischer Grundlage* 2. M. Mayr：*Waldbau auf natuigesetzliches Grundlage* 3. Biiller：*Waldbau*
	森林测量学	本课程内容为讲授平面测量上普通原理及器械之构造与使用方法，实习目步平板罗针水准经纬仪、Stailia、测量及制图法		Tracy：*Plane survoying*
	测树学	本课程内容为讲授伐采木、立木、树木材积测定法，树木年龄、生长量、生长率查定法，收获表调制法，实习各项测树仪器之使用法		1. Dr. U. Muller：*Holzmesskunde* 2. Tischendorf：*Lehrbuch der Holzmessmittlung*

（续）

学校	课程名	课程说明	教材	主要参考书
北平大学森林系	土壤学	本课程内容为讲授岩石之分类，土壤化学及土壤与微生物之关系		Schucht：*Grundlage der Bodenkunde*
	森林昆虫学	本课程内容为讲授关系森林昆虫之形态、生理分类对于森林上利害设计繁殖或防除之法		1. Nusslin-Rhumbler：*Forstinsektenkunde* 2. K. Eschrich：*Die Forstinsekten Mitteleuropas*
	木材化学	本课程内容为讲授木材之组成普通及特殊成分，木材之糖化加热，分解天然之木材，分解对于药剂之作用，木材分析法		1. G. Trier：*Chemie der Pflanzenstoffe* 2. L. Roseuthaler：*Grnudziige der chemischen Pflanzenunterucshung*
	林价算法及森林较利学	本课程内容为讲授林地及林价计算上之理论及方法，并考定各种作业法之损益		1. H. Martin：*Dle Forstliche Statik* 2. M. Eudres：*Lehrbuch der Waldwertrechung und Forststatik*
	森林保护学	本课程内容为讲授病、虫、鸟、兽及天然、人为诸害与其预防及除害方法		1. Wanger：*Lehrbuch des Forstchutzes* 2. Hess-Beck：*Forstschutz*
	造林学	本课程内容为讲授森林抚育及作业诸原理及方法，实习剪枝除伐、疏伐各种造林法等		R. Balsiger：*Der Plenterwald und Seiner Beleutung für die Gegenwart*
	林政学	本课程内容为讲授森林事业对于国家社会及人生之关系，并注意限制维持保护奖励及发达之方策等		Eudres：*Forstpolitik*
	树病学	本课程内容为讲授树木病虫害之性质原因及其预除方法		Sorauer：*Handbuch der Pflanzenkrankheiten*
	森林利用学	本课程内容为讲授木材内部组织，森林主副产物之伐采、运搬、制造及其保存方法		Gayr：*Die Forstbenutzung*
	森林经理学	本课程内容为讲授本科目之各种理论及应用施业案之编成及继续施行时之修正		1. H. Martin：*Forsteinrichung* 2. Ch. Wagner：*Lehrbuch Des Theoretischen Forsteinrichtug* 3. Judeich-Neumeister：*Die Forsteinrichtung*

资料来源：1. 省立河南大学编：《河南省立河南大学一览》，1932 年印行，第 156-162 页。2. 省立广西大学编：《省立广西大学一览》，1933 年印行，第 161-171 页。3. 国立四川大学编：《国立四川大学一览》，1936 年印行，第 179-184 页。4. 国立北平大学编：《国立北平大学一览》，1934 年印行，第 151-157 页。

有鉴于此，归国林学留学生意识到必须进行林学教材本土化的尝试，以图除去"字典式"教材的弊病。由于未有统一的林学教材标准，归国林学留学生多结合课程内容、教学目的，并参考西方教材编写出了一批本土化的林学教材。如李寅恭的《森林立地学讲义》《森林保护学讲义》，陈嵘的《造林学各论讲义》《中国树木学讲义》，梁希的《森林化学讲义》《森林利用学讲义》，张海秋的《测树学讲义》《森林经理学讲义》《林产制造学讲义》，陈植的《造林学原论讲义》等，都是当时课程所用教材。这些教材是引进西方林学知识和理论，并运用到研究中国森林问题的成果。如陈嵘的《中国树木学讲义》有机结合了他赴西南各省实地采集的树木标本和调查的树种，采用林奈（Linnaeus）的"二名法"对树木进行命名，并且运用恩格勒（Engler）的自然分类法（按照部、门、区、群、系、科、属自上而下的方法）对中国的主要乔灌木予以分类。再如梁希先生所编写的《森林化学讲义》《森林利用学讲义》同样如此。据黎集的《中国森林学导师——梁希先生》一文记载："森林这门科学，主要的对象当然是木材，但因各国所产的树木之种类不相同的很繁多，所以对森林研究上的开展，各国应有各国自己的境地。譬如杉木和马尾松在中国尤其在江南一带看起来，是最普通的，而在欧美却没有这种优良的木材可以利用。而越是欧美人曾精细地研究过的木材，在中国越是不易觅到，那么他们的好方法，自然也无法袭用。同时在欧美因重工业的发展，一切可以藉机器作大规模的事业，交通既发达，运输又方便，而中国却正相异，很多方面有机器也不易应用，而且森林本是一件国营的长期的大事业，因此梁先生就针对现实，不就空泛的地位，却在实验中，山林里，埋头努力了卅多年。迄至今日由他诲诱、熏陶出来的学生为数已很不少，而这些年中他就中国的环境，尽自己可以达到的能力，完成了篇帙浩巨的森林化学和森林利用学的讲义稿，这些原稿梁先生一直没有把它们付印，因为他还时不时地在补充新材料进去。这些原稿全是他亲学用毛笔写成的，精细的图表宛似美洁的工程图样①。"由此可见，由归国林学留学生们编写的教材，大多立足于中国的现实情况而作，是近代中国林学最新科学知识的体现，也是他们重要的研究成果与心得，并多以专门讲义或专题报告的形式呈现，对现代林学教学仍具有重要的参考价值。他们正是在这一点上，推动了西方的林学理论以及林业技术等的中国本土化。

林学留学生的回国对于丰富高校林学参考书同样意义重大。1927 年公布的《大学教员资格条例》对教授、副教授的资格有了规定。出于职称评定的需要，归国林学留学生们出版了一大批林学著作。他们大多学有专长，出版的著作大部分是回国后写成的，有相当一部分著作源于对讲义的修订，如陈嵘的《中国树木分类学》《造林学各论》都脱胎于他任教时所用讲义，也有些直接源于留学期间的外文研究成果（表 3-6）。这批著作有着较为宽阔的学术视野，涉及大量的中西方文献和材料，相当一部分著作具有开创性，对林学内部各分支学科的建立有着奠基性的意义，一定程度上代表了当时中国林学研究的最高水准。在传播西方先进林学理论的同时，也对近代中国林学整个学科的发展有着促进作用。

表 3-6　近代部分林学留学生及其主要著作

姓名	学科方向	代表著作
李寅恭	树木学、森林立地学	《树木学撷要》（正中书局，1947 年）、《行道树》（正中书局，1948 年）
陈嵘	树木学、造林学	《造林学各论》（中华农学会，1933 年）、《造林学概要》（中华农学会，1933 年）、《历代森林史略及民国林政史料》（中华农学会，1934 年）、《中国树木分类学》（中华农学会，1937 年）

---

① 黎集：《中国森林学导师——梁希先生》，《科学时代》1948 年第 3 卷第 5 期，第 17 页。

（续）

姓名	学科方向	代表著作
梁希	林产制造学、森林化学	《中国南方十四省油桐种子之分析》（国立中央大学农学院，1939 年）、《竹材之物理性质及力学性质初步试验报告》（重庆中央林业实验所，1944 年）
安事农	林政学	《林业政策》（华通书局，1933 年）、《中国森林法》（华通书局，1933 年）
陈植	造林学、造园学	《造林要义》（商务印书馆，1929 年）、《观赏树木学》（商务印书馆，1930 年）、《造园学概论》（正中书局，1935 年）、《造林学原论》（国立编译馆，1949 年）
贾成章	森林生态学	《林木耐阴性之研究》（文化书社，1933 年）
郝景盛	造林学、树木学	《造林学》（商务印书馆，1944 年）、《大学用书 普通植物学》（中华书局，1945 年）、《中国木本植物属志》（中华书局，1945 年）、《林学概论》（商务印书馆，1945 年）
唐燿	木材学	《中国木树学》（商务印书馆，1936 年）
张海秋	测树学、森林经理学	《森林数学》（中华农学会，1920 年）
陈焕镛	树木学	Chinese Economic Trees（商务印书馆，1922 年）
李顺卿	森林植物学	Forestry Botany of China（商务印书馆，1935 年）
钟心煊	树木学	Catalogue of Trees and Shrubs of China（中国科学社，1924 年）

第三节　成果显现：高校林学科研走上正轨

归国林学留学生们一方面积极创造良好的科研环境，另一方面有计划地开展研究工作，有效地促进了教学工作开展，培养了科研队伍，也符合了国家的实际需要。他们较好地实践了高校的科研职能，促使我国近代的高校科研走上了正轨。

（1）成立实验室，构建起高校科研基地。归国林学留学生们非常清楚科研机构对发展科学技术的重要性，他们仿照西方模式，在各高校森林系创办研究机构与配套设施，使教学与科学研究得以有效结合。如中央大学、金陵大学、四川大学等高校在 20 世纪 30—40 年代依据课程的不同性质，分设了不同的组别，使在校学生可以依兴趣选择作将来从事研究的依据。每组又附设了实验室、研究室，以作为各组师生进行研究之处所。就当时设立的研究机构而言，影响最大的要数中央大学森林化学实验室。该实验室"即使是在抗战期间，实验室也有研究室三间，太平室一间，学生实习室一间，林产制造室二间，烘晒场二间，木材材贮室五间，防空地洞一个，安全贮药室二个，新落成研究室二间，木材标本室一间，木工厂一间，定温室一小间。森化室由梁希教授主持领导，助教有蒋福庆、蒋雪贞、卜方三人辅助工作，另有庚款补助研究员周光荣、周慧明二人[①]。"实验室主要负责调

---

① 《工作摘要》，《国立中央大学农学院森林系系讯》1941 年 6 月，第 3 页。

查采集、科研实验、学生论文指导等工作。在当时建立起如此大规模的森化实验室，面临着诸多困难。梁希亲自设计、定做了木材干馏和樟脑制造器等整套实验设备。后来他回忆道，"常常为了一点材料设备要亲自东奔西跑，一次为几加仑酒精竟跑了八趟。可为了发展这门科学，再难也得顶着干①。"另据黎集的《中国森林学导师——梁希先生》一文的记载："从廿一年他设立这实验室起，即不断地尽量充实设备内容与培植人才。四五年后，战事发生，中大迁川，他在日日轰炸之下，检装仪器图书药品等入箱，装运的木箱数目，以系为单位竟占全校第二位，以小小一试验室，具有这样庞大的箱数，可见他平时对于研究室热心关切到何种程度。现在，在这实验室里可以见到的一具木防腐机，即是他亲自设计制造的②。"不难想见，以梁希为代表的归国林学留学生有着强烈的学术使命，为创造良好的科研环境奔走劳碌，担起了林业科学本土化的重任。尽管各高校森林系创建了一批研究实验室与配套设施，于林学上各种问题有过探讨，但还是缺少系统性的研究。再加上林学上大多数问题，须经长期的研究，其结果非短期内可以明了。但需要注意的是，这类实验室的规模和影响都相对有限。而且这些实验室的创建，大多是起到辅助教学之用，相当程度上避免了教学内容和教学思想的僵化、凝固。出于切实联络、计划办理的目的，在韩安、梁希等归国林学留学生的努力下于1941年建立起集中性的森林研究机构——中央林业实验研究所，来负责筹策我国整体的森林研究工作，极大地促进了科研共同体的形成。

（2）重视实验实证培养，推行实践教学。林学留学生回国后，大多采纳了西式的教学方式，改变了早期由"教师和译员边讲边译，学生以笔记为主"③的状况，更加突出学生的主体性。尤其是进入20世纪30年代以后，部分高校已将毕业论文的写作纳入课程体系，更加注重实验能力的训练。陈嵘在树木学教学中，"除课堂讲授尽量利用实物（标本、果实、种子）外，还经常让学生自己采集，自己解剖，自己鉴定，这样既练习了采集技术，又熟悉了树木的生境，还提高识别和鉴别的能力④。"张海秋在讲授森林经理及森林计算两门课时，"关于经理计算之仪器，原极丰富，后复络绎添置，现已成为国内少有设备如斯之完整者，测量仪器如水平仪、罗针仪、经纬仪等，测量仪器如各种测高器、测径器等，学生在此方面获益不浅。讲授立木及全林材积之测定，及其计算法，与立木及全林生长量之查定，并研究及调查及调制本国主要林木之材积表及收额表。"由他负责讲授的森林经理、森林计算二门课程，"历年所作的树干解析、木材计算等工作有：一、已经作树干解析之树种，计有银杏、麻栎、胡桃、枫杨、杉木、马尾松、油松、榧、柳杉、金钱树、大叶白杨、南京白杨……等树。二、已测定生长量及材积计算者，如京院标本林中之白榆、梓树、梓、楸、银杏、黑松、马尾松、麻栎、赤杨、乌桕、黄金树、美国胡桃、椴树等等之连年生长测定，及材积计算，并为制作各该树种之连年生长量表之准备⑤。"可见，归国林学留学生习惯将科研训练贯穿在教学中，对于学生的实验、动手能力都有严格要求。使

---

① 中国科学院学部联合办公室：《中国科学院院士自述》，上海教育出版社1996年版，第458页。
② 黎集：《中国森林学导师——梁希先生》，《科学时代》1948年第3卷第5期，第17页。
③ 杨绍章、辛业江：《中国林业教育史》，中国林业出版社1988年版，第18页。
④ 中国林学会：《陈嵘纪念集》，中国林业出版社1988年版，第33页。
⑤ 《工作摘要》，《国立中央大学农学院森林系系讯》1941年6月，第3页。

学生专业能力得到了扎实的学术训练，具备了一定的科研能力，学生们的研究水平和成果在毕业论文中得以体现。一份当年有他们指导的毕业生论文选题，或许有助于我们理解他们对近代中国林业高等教育人才培养的重要意义（表3-7）。

表3-7　中央大学森林系部分同学毕业论文题目

姓名	题目	姓名	题目
苏甲薰	桐油之品种栽培实验	杨任农	森林公园设计
秦秉中	马尾松黑松栎槐之树干解析	鲁昭祚	木材切片研究
马大浦	冬季林木之识别研究	程崇德	要塞苗圃设计
王汝弼	六合荒山造林设计	许绍南	树种发芽试验
范际霖	森林与土壤之关系	贡伯范	苗圃病虫害问题
张楚宝、张善庆	南京上新河木材贸易调查	周光荣、周慧明	天目山木材之识别
姚开元	南京树木木材之识别	徐永椿、袁同功	川东树木解析
李億、戴渊、李磐	十种树木生长量之调查	郑兆崧	木材干馏实验
萧家庚	松毛虫之研究	段世哲	峨边数种树之解析
梁家风	南京树病种类之调查	马天启	乌臼育苗及生长之研究
杨衔晋	南京竹类之调查	潘长弼	木材切片试验
吴文械	长江流域造林问题	魏章根	麻栎育苗及生长之研究
陈世勲、高衡	夏季树木之识别	斯炜	杉木中 callulose 之提取
陶永明	森林土壤之研究	江良游	桐油变性之检定
王树桢	中国森林史之研究	任玮	各种木材分子之分析
李汝南	南京森林虫害	贾铭钰	梓树育苗试验
程鸿钧	杉木解析图说	黄中立	重庆木材贸易概况

资料来源：《同学毕业论文》，《国立中央大学农学院森林系系讯》1941年6月，第7-8页。

（3）创新研究路径，适应国家需要。归国林学留学生除了传入日本、西方的先进知识，同时特别注重消化、吸收并加以创新。他们的研究也更加注重从国家的需要出发。如李寅恭指出，"当注意利用上研究森林，化学部必须充实，且多国防上有益工作①。"他们大多延续了国外时的科研方向，又结合了所在学校的区位优势，开始本土化的研究。在留学生比较集中，科研环境较好的高校都拟定了明确的科研计划。例如，浙江大学、金陵大学、中央大学、四川大学（表3-8）。

---

① 李寅恭：《林业教育问题》，《广播周报》1936年第81期，第33页。

表3-8　浙江大学、金陵大学、中央大学、四川大学森林系部分研究事业

学校	研究者姓名	研究试验项目	备注
浙江大学	程复新、刘讽吾	苗木根部暴露空中之时间与栽植后成活率之关系	普通造林植树，苗木每暴露空中太久，至植后不能成活。通过本研究可知各种苗木各能耐暴露之时间后，植树时暴露空中之时间，不使越过其极限，而增加其成活率
		中国木材纤维之研究	中国木材之纤维如何，尚不明了。通过本研究可知各树种木纤维之长短粗细及构造，以选出造纸需要之木材
		林木种子之贮藏试验	林木种子一年以上多失发芽力，如贮藏方法适宜，其发芽力之保持可以增加。本研究试验各种林木种子之保存期限与贮藏法。通过本试验的结果能试出良好之贮藏法，则种子之贮藏可保持相当久远
		林木生长速度与打枝程度之关系	各树种之需要打枝与否及需要之程度各不相同，国内各地，每打枝过度，影响林木之发育，故当知其适当的打枝程度。通过本研究可知各树种之适当的打枝量如何，则树木生长可得适当的抚育而不致因打枝多少而碍其生长
		不移植及移植次数不同之年龄不同之苗木出山造林之成活率比较试验	苗木有需移植，或不需移植，或需移植数次而各因此而获良好之生长者，何种苗木在何种情形下，定植后成活率最高、最经济，造林上必须知之。通过本试验可知各种处理不同之苗木以何者成活率为高，以便于正常之育苗
	刘讽吾	森林苗木病虫害调查	国内苗木之病虫害种类及危害情形，知者甚少。通过本试验可知各种苗木之病虫害及虫害种类及其危害程度，以作海关进出口之检验，并作育苗上防虫之初步研究
金陵大学	陈嵘	采集并鉴定木本植物种类；研究中国之森林树木分布状况	—
	朱惠方	研究林木之生态与立地；研究荒山复旧问题；调查特种林木及副产物之产量与分布；代拟各林区之经营实施计划；木材之识别研究；实验木材之机械性质；研究木材之物理性质；研究木材之应用方法；改进木材之采运方法；木材纤维特征之研究；木材燃力及木炭之研究；木材防腐问题之研究；特殊林产物之调查并繁殖；特殊林产物采制方法改进之研究	—

（续）

学校	研究者姓名	研究试验项目	备注
金陵大学	朱惠方	松杉轨枕之强度比较试验	本研究的目的是供铁道工程及森林利用之参考。试验共分为三个部分：（一）实验：1. 采集中外松杉轨枕用材多种而洋松由铁道部购材委员会送请本系研究；2. 测定物理性质及肉眼与显微区别；3. 力学试验（应用测力机）。（二）计算。（三）编著报告
		主要林木之纤维研究	本研究的目的在于应用本系森林利用设备及化学仪器，使人们明了纤维形态长短，以供纤维工业之参考。试验共分为六个部分：（一）搜集大量造纸用之主要杉属（Ables，Picea）林木；（二）各材施用浸渍及分析处理（Maceration）；（三）显微测定；（四）化学分析；（五）结果比较；（六）编著报告。本研究工作之一部已在南京完成，抗战期间又复搜集川康主要林木继续试验
		木材理学性质研究（主要木杖之收缩研究）	凡木材工艺应用须明了木材之涨缩性以便木材干燥及其他加工上之参考。本研究的目的在于为木材应用提供参考。研究设备为电炉、比重计、测微计及其他物理学设备。本试验共分为材料收集、试验、编著报告三部分。（一）收集材料。以川康木材为主，多为本系调查搜集之材料。（二）试验。包括含水量、比重、各截面之收缩性、各木材收缩性质比较、收缩性与木材应用之关系。（三）编著报告
	朱惠方、吴中伦、蒋德麒、左景郁、范桂林、雷应奎等	中国森林资源与天然林型研究之一（西康洪坝之森林）	本研究为林政设施及森林利用之基础工作。该项研究包括室外、室内两个部分：（一）室外之部：（甲）测量；（乙）测树；（丙）采集蜡叶及木材标本；（丁）勘定□道。（二）室内之部：（甲）绘制地积林区林相等图（1：10000）；（乙）材积计算；（丙）森林改进与利用设计
	朱大猷	树木生长调查；编制林区施业方案；研究原生林之生长因子及其经营技术上之改进	—
	朱大猷、孟传楼	四川主要森林树种理财的轮伐期研究	本研究的目的是为供四川林业经营上之参考。本研究共分两步。第一步是调查：（甲）实行主要树种之树干解析；（乙）调查主要树种之适合的天然环境；（丙）调查材□之增长率。第二步是依据调查之结果算定各树种之理财的轮伐期
		四川主要森林树种形数之调查	本研究的目的是为供应森林经理及利用上之参考。本试验总计分为以下三部：（甲）采集材料：搜集四川主要木材以供试验之用；（乙）测算：算定各种形数；（丙）编著报告：依据算定之数值编制形数表
	朱楣	种子检定试验；主要树种之育苗；研究适应各地之造林上应用树种	—

（续）

学校	研究者姓名	研究试验项目	备注
金陵大学	王一桂	改进茶油桐漆乌柏等之繁殖技术及采制方法；研究桐油压制机器之改良	—
		油桐种子覆土深浅对发芽及生长之影响	本研究的目的是了解油桐种子之适当覆土深度，以供桐场参考。其研究计划包括四部分：（甲）测定各种覆土之深度；（乙）测定各种之发芽率；（丙）测定发芽后之各根群分布及一年后之各根群分布；（丁）测定苗木之周期生长率
		桐油树（*Aleurites fordii Hemsl*）开花习性之初步研究	本研究的目的是为供桐油树育种者之参考。此项研究共分成两步。第一步在成都选定八株桐油树作为试验树。第二步则为观察次述之各种性状：（甲）花朵之发育情况；（乙）桐花之破绽习性；（丙）桐花之开放习性；（丁）桐花之脱落习性；（戊）桐花开放经历阶段
		茶种覆土深浅对发芽及生长之影响	本研究的目的是了解茶树种子之适当覆土深度，以供茶园参考。其研究计划包括四部分：（甲）选定各种覆土之深浅度；（乙）测定各种之发芽率；（丙）测定发芽之后各根群分布及一年后之各根群分布；（丁）测定苗木之周期生长率
	王一桂、傅志强、徐学真、张伦叔	四川重要产桐五县之油桐树生长调查	本调查在研究油桐树之生长实况以供经营树场者之参考。本调查包括七部分：（甲）树枝特性；（乙）成叶特性；（丙）疏密度与树势；（丁）果叶相关性；（戊）根系记载；（己）地势记载；（庚）病虫害调查。调查之桐树计有一千株，所调查之七部分，均有数字及实地观察之记载
		四川江津巴县江北口山四县桐油事业调查	本调查着眼于经济方面，以供川农所参考。本调查共计三部分：（甲）农民（桐农）经济情况调查；（乙）榨坊调查；（丙）商行调查
四川大学	程复新	木材抗腐试验	取针叶阔叶树之适材及心材部，制成长三寸见方之木条，编列号码，分别称记其气干及炉干重量，整埋黏土及沙土中，露出三分之一，五年后取出，亦分别称记其气干及炉干重量，以比较其抗腐能力之强弱
		木材抗白蚁危害能力之试验	收集川省建筑及工艺用材制成长四寸见方，一寸之木正，穿孔放入培养之白蚁二百个，更入木箱密闭，置黑暗潮湿，经一年后，检查木材抗白蚁危害之能力
		杆柱材抗腐处理之比较	华西杆柱材大都采用针叶树种之广叶材（*Cunningkhamia*）。本试验即取材于此种以各种不同之抗腐处理，分别埋置于不同试验、不同湿度之自然环境中，进而比较其抗腐能力
	邵均	四川重要木材之生长调查	百材干解释方法求知各树之生长径路以便确立林业经营方法及整理计划

（续）

学校	研究者姓名	研究试验项目	备注
四川大学	程复新、张小留	木伤口愈合之研究	试验打枝后之断而上下左右以何方向之愈合速度最大以及与树干高下方位之关系
	李荫桢	四川各县油桐品种比较试验	收集四川各县油桐品种比较其生长开花结果等情形，以为日后油桐种植选种之参考
		油桐疏林比较试验	将人工桐林按年施行疏伐而余品不同距离比较其生长、开花、结实等
	李相符	中国荒山造林之诸种问题	就中国荒山造林之各问题（技术方面与社会方面）分别加以讨究，以求得适当之解决
		资本主义经济结构对林业生产结构之影响	讨究资本主义经济结构如何能够影响林业之生产
中央大学	李寅恭、苏甲薰	全国荒山面积调查；各省主要树种及副产调查	—
	李寅恭、林祜光	中山陵园之造林设计	—
	李寅恭	黄山森林调查记；树木病虫害之调查；外来树种在试验之初步调查；各国森林法之调查	—
	张福延	泡桐造林计划；绥远森林凋查记	—
	梁希	樟脑蒸馏器之改良；松脂试验	—
	苏甲薰	桐油林品种生长量之比较	—
	马大浦	浙产胡桃栽培之研究	—
	梁希、张楚宝	中国几种桐油种子之油量分析	—
	梁希、王相骥	木素定量	—
	李寅恭、苏甲薰、施自耘	树木病虫害之研究	此项材料，各地搜集不易，范围较大，研究不免需时，始得汇集分期发表，作有系统之结果报告

（续）

学校	研究者姓名	研究试验项目	备注
中央大学	李顺卿、李寅恭、姚开元	国内各林区主要林木之生产及利用	各省造林，所用树木种类太多，对各树木之性格及价值，向乏精细研究，往往造林后而至失败。兹拟划定林区，每区内选最主要树木三五种，彻底研究其造林法，生产率，林产利用等问题，以为全国造林之总指南，其研究步骤如下：（一）研究及划定国内之林业区；（二）选定各区最主要树木三五种精细研究其：造林法、生长、林产利用、各区原有该项树木之保存及管理法
	李顺卿、姚开元	国内最主要经济树木之研究	森林事业，收益太远，私人造林，不易提倡，兹拟选择国内正产及副产收益最大之树木种类，如胡桃、樟树、化香、香椿、银杏、香榧等精细研究其生产量利用法及造林法等，以为提倡私人造林之指南
	张福延、苏甲薰	吾国材积单位及其价格之分析	吾国木材贸易，每无一定之单位，虽有用连副寸料者，其所测定之材积，视木材形状及测定方法如何，往往与由森林计算学的方法所测定之真正材积，有相差至三分之一以上者；又对于杉木买卖所用之龙泉木码，虽能适应木材形质，以定价格，然于决定材种及测定木材大小，非但不正确，且弊端甚多，俱不能得正当之经济价格。至于薪材之买卖，有用重量单位者，则因木材之干湿度如何，相差一倍者，不乏其例。用容积单位者（包括一捆一挑等），其大小极无一定，唯滇西则用码（长二尺之薪材，堆高五尺，宽一丈，其空间积为百立方尺），颇合乎材积测定之原则，俱亦因木材种类如何，而其实在材积（系除堆中空隙），颇有出入，故应就材种之大小、形状、性质等，各种方面，加以检讨，制成系数，始得以平准，而于买卖两方，免除暗中吃亏之虞。本研究的目的是阐明习惯上木材贸易法之得失，为确定合理的材积单位张本，俾贸易上得有一定标准之经济价格
		南京要塞林之设计	—
		幕府乌龙二林场经营计划	—
		国内主要林木生长量之调查及研究	本研究的目的是阐明吾国主要林木生长量之大小，以为着手经营林业时对于选择树种，决定利用时期之根据，而发挥林业之最大效益。林业为利用土地生产力之一种。经济事业，则于何种土地，栽植何种树木，何时生产若干材积，能值若干价定，何时采伐利用，始得最大之经济效果，且用何法经营，始能得最大之利益，皆非明悉其生长量之径路不为功。是知生长量之调查研究，为可以免除盲目的林业经营，而发挥土地最有利的生产力之指标
	李顺卿、张福延、李寅恭、苏甲薰、姚开元	川康林业之调查	—

（续）

学校	研究者姓名	研究试验项目	备注
中央大学	张福延、李寅恭、苏甲薰、姚开元	四川森林副产之调查	—
	系中各教授助教等	林学丛书之编辑	近感本国文林学书籍太缺乏，大学参考用书或高级中学林科用书，均极端需要，故本系与中华林学会同仁相约，拟从事林学丛书之编辑
	梁希、陶永明	各种木材纤维分析试验	木材纤维为造纸原料，各种木材，纤维之含量不同，提取手续难易又不同。本试验正在就国产木材试验，藉以解决各种问题。研究期限预定一年半至二年
		各种木材之干馏试验	木材干馏生产物中如酸醋、木精、木炭、木脂（塔儿油）等，皆为工业之需要品。本试验以四川木材为材料。其试验范围为酸醋、木精、木炭、木脂等产量与木炭性质等。研究年限预定一年至一年半
	梁希、周光荣	峨边峨眉各种木材物理性质与机械性质之检定	自海口封锁以来，当时中国人皆注意川边木材，一切军器、机械、土木、建筑材料，无一不思取给于川边。而川边木材性质如何，则迄今无人研究，利用上发生困难，最近航空工程家拟用峨边云杉，而苦于性质不同，未敢轻试，此一例也。本试验由峨边峨嵋采集二百余种木材，先试验物理性质，如膨胀、收缩、比重等，次机械性质，如抵抗弯力，抵抗压力等，又拟作显微镜的观察，藉以阐明木材之构造及性质。研究期限预定物理性质一年，机械性质及显微镜观察一年半至二年
	梁希、周慧明	中国十四省桐油籽之分析	桐籽不独求其产量之多，与果实之大，尚需求其油量之富。中国产桐油省份甚多，本试验从十四个不同省份，征得桐籽，逐一试验关于油之含量，碳值、酸值、碱化值等，已经试验完竣，当即发表。现正分析蛋白质，淀粉，灰分等。而于桐油性质之未经试验者，此后亦需补试。研究年限预定一年至一年半

注：1. 表格中名字有加粗者为归国林学留学生。2. 资料来源：（1）国立浙江大学农学院编：《国立浙江大学农学院报告》（铅印本），1936年印行，第136-139页。（2）《私立金陵大学农学院行政组织及事业概况》，1939年印行，第23-25页。（3）《金陵大学农学院研究设计一览》（铅印本），1940年发行，第40-45页。（4）国立中央大学农学院编：《国立中央大学农学院事业概要》（铅印本），1939年印行，第41-54页。（5）李荫桢：《森林学系概况》，《国立四川大学校刊》1944年第2~3期，第22-23页。

　　从研究主体来看，各高校森林系绝大部分研究工作的进行，都要靠归国林学留学生来发动、领导、负责，除少数研究由个人单独完成外，相当多的研究都有学校的讲师、助教，甚至是学生参与其中，这无疑对各高校教师、学生科研能力的提高起到了帮助和带动作用。从研究内容来看，既包括非常基础的林业调查，又有十分专门的林业、木材实验等，改变了此前各实验林场只注重育苗造林的研究状况，积极开拓了新的研究领域，使得研究范围涵盖了林学内部的树木学、造林学、林产制造学、林产化学、木材学等各分支学科。从研究成果来看，归国林学留学生们公开发表了一系列高水平的论文，在试验中获取了丰富的实验数据和方法，并且许多研究已处于国际的前沿，不断向世界回馈中国本土的科研成果。如梁希"做樟脑凝结器改良实验，使樟脑得率比日本东京大学的凝结器提高了110%~169%；做桐油浸提试验，可于桐籽中获取桐油率达99%以上，比旧法大大提高桐油得率①。"他们的研究响应了国家的需要。据陈启岭回忆，"抗战以前，我国森林利用事业虽不发达，国人却还没有明显地感觉到它的严重性，因为那时所需的林产原料，如建筑、交通、航空、兵工等用材，及木纤维产物等，都可以从国外输入。但战事爆发交通运输困难，而材料需求剧增，各方面乃知谋自给并减少浪费计，我国森林急需求合理的开发，国产木材急需求合理的利用。所以近年来各方对于森林勘查，木材试验等工作，都积极进行②。"通过分析各个高校森林系的研究内容，能发现由归国林学留学生主持的相关研究，发挥了专业特长，符合了抗战大环境的需要，其中关于木材生长的调查、木材各种性能的试验无疑带有满足国家用材，特别是国防用材的考量。此外，桐油在战时属于战略物资，而梁希、李荫桢等围绕桐油进行研究很明显服务了现实的需要。以梁希为例，"在重庆时，梁先生要引起一般人对于木材与国防的直接关系的认识，甚至将森林化学实验室去参加了当时的新生活运动展览会，来展开宣传工作。再后，他与资委会合作研究飞机用木材和枪托等，在一年内获得了一种性质相近可以利用为飞机制造的川西木材，他通知航委会采纳应用后，有着很满意的结果③。"

归国林学留学生们并非只是终日埋头于教学和科研，还以国外的林业高等教育作为参照，思考中国林业高等教育的理论问题。他们积极反思农、林教育之间的关系，强调设立独立的林学院。如陈植在《改进我国林业教育之商榷》中主张："论个性则农林学迥异其趣，彼此俱难含藏，故东西农林学术昌明之邦。农林既各并重，教育亦皆独立，试观日本学校程度之为中等或专门而为广义之农学者？类名农林并重，学校名称亦以甲种农林，或高等农林学校冠之，其除农林两科外，复添设兽医科(若盛冈农林学校)或养蚕科(若鹿儿岛高等农林学校)者。虽内部组织稍有变更，然学校名目，仍无二致也。至若各帝国大学之农学部，则东京设农林、农艺、化学三科，然京都帝国大学农学部与以上三大学又各异致，分设农作园艺学、林学、农林化学、农林生物学、农林工学、农林经济学六科就中四三中大农学部分科论看均以京大最为详善，盖有由也，征之各国学制，其大学农学院中科系数目之繁，及林科在大学农学位置之微，据最近各国记录，尚未有如我国者也。盖将范围广泛，学术重要之林学系之一，而与垦殖及病虫害并列者，殆亦从我国始也。前东南农学界人士，提倡棉业之际，为适应时需计，曾将江苏省立第一农校农科，改为棉科，以与原有之林科并列，一中等农校中林科与棉科并列，论其质量，究未免轻重失衡也。盖棉仅为作物学中特用作物之一种。论其位置，仅能与林学造林学中针叶造林植物种中之松杉等相似，小巫见大巫，相去大远，世人非议，盖亦有由，据此以观，林学在农校中足征位置声势之式微，尚未能博国人多数之重视也……论体系林学初无异于农学，论实用亦不减于

① 中国科学院学部联合办公室：《中国科学院院士自述》，上海教育出版社1996年版，第458页。
② 陈启岭：《我国当前的林学研究与林业人才》，《农业推广通讯》1944年第9期，第52页。
③ 黎集：《中国森林学导师——梁希先生》，《科学时代》1948年第3卷第5期，第17–18页。

农学。故其科系之须细分而详究也。亦不可谓不能相若，故大学农学院名称，顾名思义，根本不能将范围广泛，学术重要之林学列入，如欲强为适用，则须如日本京都帝国大学农学部分科，始能相适。不然即需完全分立一林学院。俾使发展其个性，当忆前年一次全……换言之林业教育，自不能不办，然如今日为农教育附庸之林业教育，不生不死，成效无几，诚亦大可不办也。政府果欲办理林业教育也，则请幡然改革将林业教育列为农业教育附庸之积习，而扶持林业教育之独立，林业教育正式独立，与农业教育脱离主从关系①。"他还在文中进一步提出了设立林学院后，内部科别依学程体系，可分为造林学、森林生物学、森林利用学、森林经理学、森林化学、林政学等六学系。具体的系别及课程科目可参见表3-9。

表 3-9 林学院系别及课程

系别	课程科目
造林系	地质学、土壤学、造林学原论、造林学本论、造林学各论、造林学后论、热带造林学、树木学、树木生态学、气象学、森林保护学、植物生理学、植物病理学、树病学、造园学、森林昆虫学、狩猎学、森林测量学、森林数学、森林经理学、林业经营学
森林生物学系	植物分类学、植物生理学、植物病理学、树木学、树木生态学、树病学、应用动物学、森林昆虫学、遗传学、造林学、地质学、土壤学、造园学、气象学、森林保护学、细菌学、育种学
森林利用学系	森林利用学、材质学、运材学、制材学、森林土木学、树木学、理水防砂学、测量学、森林器械学、构造强弱学、道路学、桥梁学、机械工学、土壤学、力学、高等数学、构造力学、制图学、森林数学、森林经理学、森林地理学、贸易学、狩猎学、木材防腐学、林业经济学、林产制造学
森林经理学系	高等数学、高等物理学、制图学、地质学、土壤学、树木学、造林学、森林测量学、测树学、森林评价学、林业较利学、林业经济学、森林保护学、森林地理学、林产采运学
林政学系	林政学、林业政策、林业经济、森林法规、财政学、经济学、政治学、民法、行政法、商法、世界林业史、中国林业史、经济史、统计学、社会政策、殖民政策、狩猎学、森林管理学、刑法总论、林业经营学、贸易学、森林地理学
森林化学系	电气化学、胶质化学、动物生理化学、植物生理化学、工业化学、有机化学、显微镜化学、林产制造学、木材防腐学、土壤学、肥料学、森林化学工艺、制纸学、樟脑学

资料来源：陈植：《改进我国林业教育之商榷》，《林学》1930年第3期，第19-21页。

在反思农林教育关系的基础上，部分人还主张效仿欧美国家，在全国范围内设立林科大学或高等林业专门学校。譬如，姚传法的《林业教育刍议》认为，"我国举办林业教育，虽已有一二十年之久，然由纯粹森林专家办理，具有永久计划与独立精神之高等专门森林学校，则始终尚未有其一。……学农者，不察目前中国农林二业，相互之作用，彼此之个性与需要，群以林附属于农，谓为当然不易之定理，是以林业教育，迄今尚为农业教育之附属品。……至于林业教育之组织，则以中国之大，至少当有四五林科大学或高等林业专门学校，或无农科之大学校内之林科。一设于东北三省，一设于西北，一设于中部，一设

---

① 陈植：《改进我国林业教育之商榷》，《林学》1930年第3期，第16页。

于东南，一设于西南。至农林合并之学校，当然愈多愈好①。"曾济宽也曾在《十年来我对于中国林业界及林学界之所感》中强调："我对中国的林业教育，以为不应附在农业学校中。每一个农业学校，必设一个林科，是不必的，在这一点我可以举出两个的理由：一是农业和林业根本上异其经营方法，林业需要技术知识更多，是适宜林业的地方，不一定适宜农业，在这种地方认为有从速应用科学方法之必要。所以我们应根据地方的情形和需要，而决定林业教育机关的设置。……中国所需要的林学人才，第一是林政家及施业家，第二是造林家，第三才算到利用和工程的专家，因是我以为中国的林业教育机关不必多，像现在这样的人才缺乏的时候，分得零零碎碎，不如少办几个，使人才得以集中一处，共同研究，互相质疑。这就是说不必每省均设林科，可于南北各设一林科大学，这两大学，负担解决中国南北的森林植物带，造林法和经营等等的责任。这种重大的责任，也只他们就地可以解决得来。然后就实地经营林业之处，设校养成技术人才，应事业之进行，渐次提高程度，如斯则不难与德、日并驾齐驱②。"此外，归国林学留学生们还就各高校森林系的课程建设、学生实习、教授聘任、科研机构设置等方面提出了诸多有益的建议，其观点主要散见于沈鹏飞的《我国高等林业教育课程之商榷》③，朱惠方的《改进大学林业教育意见书》④，郝景盛的《改善高等林业教育管见》⑤，李寅恭的《林业教育问题》⑥等文章中。他们的有些建议在当时已得以落实，但大部分则未能真正实行。他们思考多着眼于中国的国情，对我国近代，乃至现代的林业高等教育的发展都有指导意义，仍需要我们去做进一步的整理和总结。

第四节　小　结

作为特定历史时期的特殊群体，近代林学留学生们本着"科学救国""教育救国"的愿望留学海外。学成归国后，大多任教于各高等院校，为林业高等教育的近代化奠定了知识与智力基础。正因他们的努力实践，才使近代林业高等教育取得开创性的发展成为可能。舒新城曾就当时教育状况评论道："现在国内学校科学教师，科学用品与科学教科书，亦莫不由留学生间接直接传衍而来⑦。"就近代林业高等教育的发展而言，他们结合国情，在各高校推动创建森林系科、建设师资、设置课程、编写教材、开展科研等方面都起到了核心作用，将所学实践于中国近代林业高等教育的园地里，并使之生根、发芽、开花、结果，开创了近代林业高等教育的局面，奠定了我国近代林学的发展基础。我国林学也因此而适应了近代学术分科的潮流，从农学中分立出来，发展为一门独立的学科。当然，近代归国林学留学生在推动林业高等教育发展方面也存在着诸多缺憾，如在当时没能彻底将林

---

①　姚传法：《林业教育刍议》，首都造林运动委员会 1930 年印行，第 5 页。
②　曾济宽：《十年来我对于中国林业界及林学界之所感》，《农声》1924 年第 36 期。
③　沈鹏飞：《我国高等林业教育课程之商榷》，《农林季刊》1923 年第 3 期，第 15-28 页。
④　朱惠方：《改进大学林业教育意见书》，《农林新报》1928 年第 7-9 期，第 2-3 页。
⑤　郝景盛：《改善高等林业教育管见》，《教与学》1940 年第 6 期，第 5-7 页。
⑥　李寅恭：《林业教育问题》，《广播周报》1936 年第 81 期。
⑦　舒新城：《近代中国留学史》，上海文化出版社 1989 年版，第 213 页。

业教育从农业教育中解放出来。但不可否认，因为有了归国林学留学生群体的执着追求，中国近代林业教育才摆脱了落后状态，逐步建立起体制化、本土化的林业高等教育体系，实现了林业高等教育对林业发展的价值，其影响一直延续到了今日。林学的体制化建设需要大量的专业人才，而高等教育则是实现这一目的的必由之路和重要依托。总之，归国林学留学生促进了中国近代高等林业教育体制化的形成，同样也为近代林学体制化的形成打下了极为坚实的基础。

第四章

归国留学生与林学社团的创建

科学社团的产生和发展是近代科学发展的重要标志。美国科学促进会的早期主要领导人 Alexander Dallas Bache 曾说过："科学没有组织就没有力量（Where science is without organization，it is without power）①。"他所说的"组织"主要是指科学社团。中国著名科学家任鸿隽也曾说道："一个强有力的学会组织在科学发展上至关重要。它是发展新知，交换智识，联络感情，讨论问题，发展新事业的适当场所②。"科学社团的创立无疑有利于发展科学，推动科学共同体的建设。具体而言，科学社团的创立："一方面，能使西学传播有组织、有计划地进行；另一方面，学术团体内部进行的学术讨论、学术交流，创办的刊物有助于扩大西学传播的深化③。"我国著名林学家梁希曾指出："要科学进步，必须联合真正为科学奋斗的人④。"联合学人的重要媒介其实也就是指科学社团。对于林学在中国的发展而言，在 20 世纪 10 年代就出现了专业的林学社团。我国近代的林学社团大多是由归国留学生发起创建的，而这些社团的创建又极大地推动了林学体制化建设。

第一节　林学社团创建之一般情况

1917—1948 年各地先后出现了林学社团，但最为主要的有 5 个（具体情况见表 4-1），即中华农学会（含林学）、中华森林会、中华林学会、四川林学会、台湾林学会。其中既有全国性的，也有地方性的；有综合性的，也有专门性的。

表 4-1　中国近代林学社团创建的一般情况

名称	成立时间	成立地点	主要发起人（均为归国留学生）	早期宗旨	出版刊物
中华农学会	1917 年 1 月	上海	陈嵘（留日、美、德）、过探先（留美）等	研究学术，图农业之发挥；普及智识，求农事之改进	《中华农学会报》
中华森林会	1917 年	南京	凌道扬（留美）	集合同志，共图发达中国林学、林业	《森林》
中华林学会	1928 年 8 月	南京	姚传法（留美）	集合同志，研究林学，建议林政，促进林业	《林学》
四川林学会	1936 年 11 月	成都	余耀彤（留日）、杨靖孚（留日）	集合同志，研究林学，促进林业发展，国民经济完成三民主义之建设	《四川林学会会刊》
台湾林学会	1948 年 4 月	台北	林渭访（留德）	联络同志，奉行三民主义，研究林学，发展林业	—

① Sally G. Kohlsteedt etc. *The Establishment of Science in America：150 Years of the America Association for the Advancement of Science*，*Rutgers University Press*，1999，13.

② 任鸿隽：《敬告中国科学社社友》，樊洪业、张久迎选编：《科学救国之梦——任鸿隽文存》，上海科技教育出版社 2002 年版，第 625 页。

③ 李喜所，等：《近代中国的留美教育》，天津古籍出版社 2000 年版，第 336 页。

④ 黎集：《中国森林学导师：梁希先生》，《科学时代》1948 年第 5 期。

　　由表4-1可知，中国林学社团的创建始于1917年。最早的林学社团是在南京成立的中华森林会。除了中华农学会外，其余的都属于专门性的林学社团。但在这里需要特别指出的是，中华农学会与中华森林会同年诞生，是一个综合性的农林社团。正如著名林学家陈植晚年在《对中华农学会及中华林学会之回忆》一文中所说的那样，"中华农学会为我国农、林、牧、渔等各学科同仁发起组织成立的学术上结合的团体。以后各学科人数日益增加及学术日益分化，始有各学会的分立，但很多人仍保有原有会籍"①。以往人们在研究近代中国林学社团的发展史时，往往对中华农学会的贡献着墨不多，要么直接忽视，要么一笔带过。这与中华农学会的实际贡献极不相称。本章第二节将对此具体展开论述。不难看出，全国性的林学社团成立的时间较早。而四川林学会与台湾林学会等地方性的林学社团则成立较晚，这固然与学科专业化程度不高以及专业人才稀缺相关。

　　关于民国时期林学社团创建的原因，我们或许可以从以下几方面去分析。

　　首先，林学社团的创建得益于大批林学留学生的归国。我们可以具体分析几个林业社团的发起人的教育背景：陈嵘（1888—1971），浙江安吉人。1909赴日本留学，在日本北海道帝国大学林科学习，1913年回国。1923—1925年进入美国的哈佛大学安诺德树木园从事树木学的研究，1924年获得了硕士学位，紧接着又进入德国萨克逊林学院进行修一年。过探先（1886—1929），江苏无锡人。1910年，考取第二次庚子赔款留美，先后学习于威斯康星大学、康奈尔大学，1915年获得了康奈尔大学农学硕士学位。凌道扬（1888—1993），广东深圳人。1910年赴美求学，在麻省农学院农科学习。1912年入耶鲁大学林学院学习。1914年获硕士学位，归国，1916年担任金陵大学林科主任，1917年发起组织中华森林会。姚传法（1893—1959），浙江宁波人。1914年毕业于上海沪江大学。1915年赴美丹尼森大学深造，获科学硕士学位。此后入耶鲁大学林学院学习，并于1921年获林学硕士学位。余耀彤（1893—1969），四川巴县人，1908年赴日本东京帝国大学农学部林科学习。杨靖孚（1891—1960），四川崇夫人，1914年毕业于日本鹿儿岛高等农林学校。这批专业人才不仅仅学习了西方先进的专业知识，学术理念，同样也了解西方学术制度，必然会注意到了各国设立林学会的作用，正国后将西方先进的组织体系带到国内，积极创建本土的林学会也是顺理成章。他们为林学社团的创建提供了人力资源，成为以他们为核心学术团体的骨干力量。

　　其次，林学社团的创建是学术发展的必然结果。我们由《新世界》1945年第10期上的《介绍中华农学会》一文的相关记载便可窥见其中一二。其中写道："民国以后，从日本、美国、欧洲学农归国的人渐渐多了，但是像一盘散沙，茫无所之，找不着施展才能、发挥所学的处所。奇怪，一个庞大的农业国家，四百三十万方英里（约当欧洲面积全部）的土地，七万万英亩的田园，竟容纳不下几十个农业学者，竟使他们感到'失业'的痛苦！有的是改了行，大半数做了教书匠。他们知道国内研究工作没有开展，推广工作没有成效，农业没有改进的原因是在农学界没有组织，同时班子不全，人才不够，尤其是中下级干部缺乏，同时他们初出茅庐，没有切用于本国的实际经验，学问没有到家，所以，组织本身，

---

　　① 陈植：《对中华农学会及中华林学会之回忆》，参见中国林学会主编：《中国林学会成立70周年纪念专集1917—1987》，中国林业出版社1987年版，第20页。

继续研究，作育人才成了农学界一致的要求。是民国五年的秋天，江南黄金遍野，稻谷登场，五十多个农业学者到了上海，筹备一个中国的农学团体。盼望全国研究农业科学的人联系在一起，共同研究，相互切磋，以收分工合作之效，以期共同改革我国农业。不久，在民国六年一月中华农学会成立了，他们在上海省教育会开了成立大会，当时会员有陈嵘、王舜成、过探先等五十多人①。"由此可见，中华农学会于民国建立之后，虽然学农归国的留学生（其中包含了林学留学生）不断增加，但却是一盘散沙，他们认识到了"国内研究工作没有开展，推广工作没有成效，农业没有改进的原因是在农学界没有组织"，为了改变这种局面，以团结学人，推动科学研究，在学界同人的努力之下，才创建了中华农学会。陈嵘也曾在《中华农学会成立十五周年之经过》一文中强调："回顾我国以农立国，谨复何殊于古，农业之重要性，毋庸赘述，处兹农村破产，民生日蹙之时期，以本会历史之悠久，人才之荟萃，集思广益，群策群力，开农学研究之先导，为农事改进之前驱，实责无旁贷。况农学分科日繁，如农业经济、土壤、农艺、园艺、森林、蚕桑、水产、病虫害等，各有局部组织学会以谋进展者，而本会乃为其中枢，学农人士日众，自国内以至东西洋，年有增加，各有专攻，派衍流分，而本会乃为其总汇，且诸同志服务社会，不宜其途，努力工作，更异其趣，舍本会其谁能为之联络贯通，以收精神上融洽之效哉？是则本会之使命，既如是其重大，愿吾同志共同努力而勿懈②。"在陈嵘看来，中华农学会的目的在于推进中国农业的发展。中华农学会不仅是农学研究（其中包含林学）与事业改进的先驱，更扮演着中国农学界人士的联络桥梁，意义十分重大。总而言之，我们应该看到，林学社团的创建是为了迎合学术发展的需要，也是学术发展到一定阶段的必然产物。

最后，林学社团的创建与落后的林业现实密切相关。林学社团的创建不仅仅是一种学术自觉，更是为了适应社会现实而设。《中华森林会缘起》一文在介绍中华森林会的创建缘起时写道："乎今中国二千年来，人民既不知造林为业务，政府由不知林政为要图，固有之林木旦旦而伐之荒芜之山麓一任若彼濯濯荒山与游民之多为各国所共指，目若美国之威尔逊氏，英国之普当氏等每引中国不讲森林之害，为彼国人之戒。吾人闻之诚不能不为之赧颜也。查中国本部十八省既满洲、新疆土地面积除耕种之田地约二十一万四千六百九十万亩外不农之山陵，占平地面积七十二万四千六百七十四万亩。况山属皱皮高出平地以上较平面计算当超数倍，若能尽造为林间接利益之大固难尽述，直接利益每亩收入即以一元计当不难立致殷富，乃国人愦愦昏昏，土地荒芜而不思利用也，生业缺乏而不思扩充也，大利所在百数十万万之收入而不知取也，每岁购木漏卮多至八百七十五万而不知惜也。将来各省商埠建筑人民居室改良采矿、撑木、铁道枕木工业原料不暇计其何所取材也，甚至各省水旱灾哀鸿遍野，惨不忍睹，而不思其原也，膏腴大陆沦为荒瘠之邦，文明圣裔卒多贫苦，无告胥由昧于森林利益，不讲森林弊害之所致耳。同人不忍漠然置之，用仿欧美各国而有中国森林会之设焉，结合群策群力以谋振兴，凡百君子庶几同声相应乎，斯诚中国之幸也矣③。"由此可见，中华森林会的创建是基于群策群力，以谋求振兴林业，服务现实需要的考量。

---

① 《介绍中华农学会》，《新世界》1945 年第 10 期，第 7 页。
② 陈嵘：《中华农学会成立十五周年之经过》，《中华农学会报》1932 年第 101-102 期，第 8-9 页。
③ 《中华森林会缘起》，《环球》1917 年第 2 卷第 1 期，第 7-8 页。

第二节　全国性林学社团之创建

一、中华农学会

中华农学会是以归国留学生为主体发起创建的综合性的农学社团。其创建的宗旨为："研究学术图农业之发挥，普及智识求农事之改进①。"陈方济的《三十年来之中华农学会》一文在记载中华农学会的起源时写道："本会于民国五年秋，由王舜成、过探先、陈嵘、唐昌治诸先生共同发起，开始筹备，于民国六年一月正式成立，此为本会发轫之始②。"可见中华农学会是于1916年秋发起成立，1917年1月正式建立。王舜成（留日）、过探先（留美）、陈嵘（留日、美、德）、唐昌治（留日）等为主要发起人。大会推选王舜成担任会长，余乘担任副会长，林在南担任事务部长，过探先担任研究部长，邹树文担任编辑部长③。1918年改陈嵘为会长。

归国留学生同样也是中华农学会会务的主要建设者。中华农学会的内部组织随着时代而迭经变更④。但是在陈嵘、王舜成、许璇、梁希、邹秉文等几位归国留学生的主持下（表4-2），学会不断发展壮大，会员不断增加，事业不断拓展。陈方济曾对此评价道："而三十年来，会务蒸蒸日上者，此实主持之得人也⑤。"

表4-2　中华农学会历届主持人姓名

年别	职称	姓名	最后学历学校
民国七年至民国八年（1918—1919）	会长	陈嵘	美国哈佛大学

---

① 《本会简章》，《中华农学会丛刊》1919年第2期，第1页。

② 陈方济：《三十年来之中华农学会》，《中华农学会通讯》1947年第79-80期，第6页。

③ 《中华农学会成立会纪事》，《申报》1917年2月5日第七版。

④ 我们依据陈方济的《三十年来之中华农学会》（《中华农学会通讯》1947年第79-80期，第6-7页）的记载可知中华农学会的组织变迁情况。具体为"1917年，学会设会长1人，下设事务研究编辑3部。1919年，不设会长，改设事务与学艺二部，事务部设干事5人，互推事务邹长1人，掌理会务；学艺部设专员5人。1920年，事务部设总干事11人，互推总干事长1人。学艺部下分股若干设专员2人，各省设干事若干。1921年，总干事增为15人。1924年，全会设干事12人，干事长1人，副干事长1人，另设会报编辑员9人，互推主任1人，另于各省设地方干事若干人。1928年，改干事为执行委员，人数增为19人。组织执行委员会，设委员会及副委员长各1人，下设文书、会计、编辑，由执行委员兼任之，地方干事如旧，另设事业扩充委员会及基金保管委员会。1934年，执行委员改为理事，人数如旧，组织理事会，设理事长、副理事长各1人，下设文书、会计各1人，由理事兼之，地方干事仍如旧，另增设会报编辑，丛书编著，图书保管及耕雨奖学金等委员会。1935年，一切组织如旧，仅增设叔玑奖学金，叔玑奖学金基金保管，耕雨奖学金保管委员会。1936年，亦不过增设聘珍奖学金委员会，改本会基金保管委员会为本会基金与聘珍纪念基金保管委员会而已。1942年，理事会组织如旧，惟由理事中互推常务理事7人，与正副理事长，合组常务理事会，下设总务、编辑二部，各设主任1人。1943年起，理事会及常务理事会如故，由常务理事中互推总干事1人，执行会务，下设总务编辑研究三组，各设主任1人，地方干事若干人仍设置如旧，另设基金保管及奖学金管理二委员会，又另设编审委员，分科各聘若干人。1925年起，理事改为31人，常务理事改为5人，由常务理事中推理事长1人及总干事1人，主理会务，下设三组及各委员会如旧，惟增设留学奖学金管理委员会，此外监事9人，常务监事3人，组织监事会及常务监事会，为1945年新设。"

⑤ 陈方济：《三十年来之中华农学会》，《中华农学会通讯》1947年第79-80期，第7页。

（续）

年别	职称	姓名	最后学历学校
民国八年至民国九年（1919—1920）	事务部长	陈嵘	美国哈佛大学
民国九年至民国十一年（1920—1922）	总干事长	陈嵘	美国哈佛大学
民国十一年至民国十三年（1922—1924）	总干事长	王舜成	日本东京帝国大学
民国十三年至民国十六年（1924—1927）	干事长	许璇	日本东京帝国大学
民国十七年至民国二十二年（1928—1933）	理事长	许璇	日本东京帝国大学
民国二十三年（1934）	理事长	许璇	日本东京帝国大学
民国二十四年至民国三十年（1935—1941）	理事长	梁希	日本东京帝国大学
民国三十年至民国三十六年（1941—1947）	理事长	邹秉文	美国康奈尔大学

资料来源：陈方济：《三十年来之中华农学会》，《中华农学会通讯》1947 年第 79-80 期，第 7 页。

为了更好地说明情况，这里仅以会员的变化为例。一方面是会员的种类及数量不断增加。中华农学会最初颁布的《中华农学会简章》规定"本会会员分三种：一、基本会员（甲、受过中等以上农业教育者；乙、在国内外专门以上农学校毕业者；丙、素来研究农学确有成绩曾在农学界任教务、技务职者）。二、通常会员：志愿研究农业者。三、名誉会员：凡负有时望赞成本会宗旨协助进行者[1]。"此后，在 1928 年的《中华农学会会章》第五条又规定了会员的种类。其会员具体分为五大类："（一）会员：凡研究农学或从事农业辅助本会之进行者，得为会员。（二）永久会员：前项会员有一次缴足会费四十元者，得为永久会员。（三）机关会员：凡与农业有关之机关，赞成本会宗旨，并协助本会事业者，得为机关会员。（四）赞助会员：凡捐助本会经费在一百元以上，或于他方面赞助本会事业者，得为赞助会员。（五）名誉会员：凡国内外具有学识与资金，确能协助本会发展者，或于农业上著有特别功绩者，推为名誉会员[2]。"不难看出，会员种类有所增加，最明显的是增加了机关会员和永久会员两项。会员的具体数量也不断增加，改变了最初只有 50 人的局面。具体的会员增加情况可参见表 4-3。

表 4-3　1917—1932 年中华农学会各类会员历年增加表

年份 \ 类别人数	名誉会员	赞助会员	永久会员	会员	已故会员	机关会员	合计	备考
民国五年（1916）	0	0	0	50	0	0	50	—

---

① 《本会简章》，《中华农学会丛刊》1919 年第 2 期，第 1-2 页。
② 《中华农学会会章》，《中华农学会报》1928 年第 64-65 期，第 215 页。

（续）

人数 \ 类别 \ 年份	名誉会员	赞助会员	永久会员	会员	已故会员	机关会员	合计	备考
民国六年（1917）	0	0	0	60	0	0	60	—
民国七年（1918）	0	0	0	84	3	0	87	—
民国八年（1919）	0	0	0	99	3	0	102	—
民国九年（1920）	0	0	0	131	6	24	161	—
民国十年（1921）	0	0	0	332	2	5	339	—
民国十一年（1922）	0	0	4	150	2	5	161	—
民国十二年（1923）	0	0	1	161	1	9	172	—
民国十三年（1924）	0	0	0	82	7	0	89	—
民国十四年（1925）	0	0	0	70	3	8	81	—
民国十五年（1926）	1		1	65	4	0	72	—
民国十六年（1927）	0	0	1	94	6	3	104	—
民国十七年（1928）	0	0	1	127	6	7	141	—
民国十八年（1929）	1	0	12	243	5	6	267	—
民国十九年（1930）	0	8	32	16	3	3	62	—
民国二十年（1931）	1	0	37	93	3	48	182	—
民国二十一年（1932）	0	0	8	9	7	3	27	—
总计	3	9	97	1866	61	121	2157	—

资料来源：陈嵘：《中华农学会成立十五周年之经过》，《中华农学会报》1932 年第 101-102 期，第 1-2 页。

另一方面是会员涵盖的学科及地域范围不断扩张。《中华农学会简章》中规定中华农学会的研究范围是"以关于农林、畜牧、蚕桑、水产诸学术为限，并联络各省农界人士协力进行以期农业之平均发达[1]。"因而其会员涵盖的学科较为广泛，而且随着时间的推移，不断拓展。截至 1936 年 10 月 31 日，已涵盖了农业经济、农林工学、农艺化学、作物、农业生物、森林、园艺、畜牧兽医、水产、蚕业、农业一般等学科。会员所在的地域也在不断扩展。陈方济的《三十年来之中华农学会》一文在记载中华农学会时曾写道："当时所有会员几限于江浙两省，自得各地同志之响应，北京农学会、留东殖产协会与留美中国农业会先后归并，会务乃骤见开展，始由东南一隅推遍全国[2]。"可见，中华农学会在创建之初的会员几乎只限于江浙两省。但此后会员所在的地域不断扩大，遍布全国，甚至在欧美、日本、朝鲜等地也有会员。会员涵盖的学科及地域范围情况可参见表 4-4。

---

[1] 《本会简章》，《中华农学会丛刊》1919 年第 2 期，第 1 页。
[2] 陈方济：《三十年来之中华农学会》，《中华农学会通讯》1947 年第 79-80 期，第 6 页。

表4-4 中华农学会会员研究学科及所在各省市人数统计表（1936年10月31日）

所在地 \ 学科人数	农业经济	农艺化学	农业生物	农林工学	作物	园艺	畜牧兽医	森林	蚕业	水产	农业一般	其他	未明	合计
江苏省	29	14	18	4	56	29	21	42	76	3	87	10	43	432
南京市	41	18	25	4	42	20	15	52	19	5	12	10	1	264
上海市	15	18	9	1	18	11	9	7	7	4	11	5	2	117
浙江省	8	3	14	0	19	9	9	19	30	2	49	7	86	255
杭州市	8	17	11	1	11	15	4	11	26	0	9	2	0	115
安徽省	10	4	2	0	9	5	2	21	18	0	44	1	17	133
江西省	3	1	3	2	8	1	1	29	0	0	43	0	10	101
南昌市	3	3	3	2	5	2	4	19	1	0	9	0	1	52
山东省	2	2	3	0	7	3	1	11	4	1	22	0	10	66
青岛市	3	4	0	0	1	6	3	2	1	0	2	0	1	24
山西省	8	3	4	0	1	0	6	13	1	0	17	0	3	56
河北省	5	1	2	0	9	6	1	7	1	0	11	1	4	48
北平市	7	14	9	0	8	0	4	12	1	0	10	3	4	72
天津市	1	2	1	0	3	0	0	1	1	1	2	1	0	13
河南省	4	3	3	0	18	4	4	15	1	0	21	0	18	93
湖北省	0	2	2	1	3	1	0	7	1	0	6	1	0	24
汉口市	1	1	0	0	2	0	2	1	0	0	1	1	0	9
湖南省	5	2	4	1	12	0	5	9	10	0	28	8	7	91
福建省	4	7	2	0	7	6	4	11	1	1	15	4	0	62
广东省	9	3	0	1	5	11	6	13	8	1	16	2	7	82
广州市	10	14	6	0	7	14	8	26	9	0	13	3	4	114
广西省	10	13	9	0	25	19	9	17	0	0	5	1	0	109
四川省	1	2	5	0	11	5	1	12	5	0	29	2	7	80
重庆市	0	0	0	0	3	0	3	1	1	0	5	0	1	14
陕西省	5	2	1	0	8	7	2	9	0	0	8	0	2	44
甘肃省	1	1	0	0	0	0	1	2	2	0	3	0	0	10
云南省	0	0	0	0	1	1	2	2	3	0	5	1	4	19
贵州省	0	0	0	0	0	0	1	0	3	0	1	0	3	8
辽·吉·黑	4	0	1	0	1	0	1	9	3	1	11	1	4	37
察·热·绥	0	0	0	0	0	0	1	1	0	0	2	0	0	4
日本·朝鲜	17	7	3	1	8	8	4	8	14	0	9	0	3	82
欧美	9	0	6	1	9	4	3	10	0	0	2	1	1	46
未明	0	0	0	0	0	0	0	0	0	0	3	1	63	67
合计	223	161	146	20	316	189	138	399	248	20	511	66	306	2743

资料来源：陈嵘，《中华农学会成立二十周年概况》，《中华农学会报》1936年第155期，第2-4页。

　　中华农学会无疑在很大程度上起到了联络和团结当时林学界人士的作用。此外，在30余年的发展中，中华农学会作为一个综合性的农学组织，开展了一系列学术活动，传播了科学知识，为推动近代林学的发展做出了重要贡献。

　　(1)举办学术年会。中华农学会每年召集全体会员举行年会，各地会员齐聚一堂，除报告及讨论会务外，尤注重于论文宣读与专题讨论。如有评论就认为："中华农学会为国内有数之学术团体，每届年会，均注重宣读论文及讨论农业问题，使年会学术化……多为各会员在国内各大学农学院及农业研究机关，平日专心精研之作，而于我国农业改进上有莫大之贡献者①。"而关于中华农学会历届年会的时间、地点、到会人数、宣读论文数量的具体情况可参见表4-5。

表4-5　中华农学会历届年会一览表

年代	年会届数	年会地点	会期	会场	到会人数	宣读论文篇数
1916	—	—	—	—	—	—
1917	成立大会	上海	6月	江苏省教育会	10余人	—
1918	第1届	上海	7月	江苏省教育会	20余人	—
1919	第2届	浙江杭州	8月15日	浙江省教育会	40余人	—
1920	第3届	江苏无锡	8月25日	江苏省立第三师范	40余人	—
1921	第4届	北京	9月9日	北京中央公园	30余人	—
1922	第5届	山东济南	7月7—10日	山东省教育会	200余人	—
1923	第6届	江苏苏州	8月16—18日	江苏省立第二农校	80余人	—
1924	第7届	安徽安庆	8月	安徽省第一农校	40余人	—
1925	第8届	上海	8月	江苏省立教育会	30余人	—
1926	第9届	广东广州	8月16—18日	中山大学农林学院	48人	—
1927	第10届	浙江杭州	9月4—7日	浙江省教育会	80余人	—
1928	第11届	江苏南京	8月3—7日	金陵大学	400余人	17
1929	第12届	江苏南通	8月16—20日	南通大学农科	165人	12
1930	第13届	山东青岛	8月23—26日	青岛大学	52人	15
1931	第14届	北平	8月19—23日	北平大学法学院	56人	9
1932	第15届	江苏无锡	8月29—31日	江苏省立教育学院	69人	19
1933	第16届	江苏苏州	7月15—17日	省立苏州农业学校	92人	8
1934	第17届	江苏南京	8月25—27日	中央农业实验所	117人	32
1935	第18届	浙江杭州	8月13—16日	浙江大学农学院	162人	66
1936	第19届	江苏镇江	8月22—24日	伯先公园	143人	119
1937	第20届	湖北武昌	7月7—10日	中华大学	107人	—
1938	第21届	四川成都	8月27—29日	四川大学	93人	37
1939	第22届	重庆	9月3日	中央大学	77人	37

---

　　① 《中华农学会十八届年会》，《新北辰》1935年第8期，第883页。

（续）

年代	年会届数	年会地点	会期	会场	到会人数	宣读论文篇数
1940	第23届	重庆	6月5—7日	留法、比、瑞同学会	176人	81
1941	第24届	重庆	3月16日	四川省立教育学院	167人	47
1942	第25届	重庆	10月7—8日	沧白纪念堂	327人	61
1947	第26届	江苏南京	12月	励志社	480人	—

资料来源：1. 陈方济：《三十年来之中华农学会》，《中华农学会通讯》1947年第79—80期，第10页。2. 华恕主编：《我国农业学术团体之沿革与现状》，中国农学会1985年版，第12页。

这些学术年会的举办极大地推动了学术交流与研究进步。譬如，中华农学会第19届年会共收到论文119篇。其中包括了农艺20篇，土壤25篇，农业经济14篇，森林14篇，园艺12篇，蚕桑12篇，农艺化学12篇，病虫害7篇，农村社会1篇，畜牧1篇，其他1篇①。森林的14篇文章的题目见表4-6。再如，中华农学会第23届年会，宣读论文80余篇，在会中选读林学论文有李寅恭的《西康森林虫害之种类》，唐燿的《论中国森林研究应有之动向》，李顺卿的《华山松在重庆育苗发育之研究》，梁希、周慧明的《桐油之溶化度》，梁希、周光荣的《木竹材本质之比重》，梁希、陶渊明、周光荣的《甘蔗渣造纸之商榷》等②。

表4-6　中华农学会第19届年会关于森林的14篇文章

编号	论文题目	论文提交者	提交者工作单位
1	《浙江省瓯江流域水源林调查报告书》	侯杰	浙江省丽水林场
2	《民国二十四年陕西之林务》	齐敬鑫	陕西省林务局
3	《杉木完满度之研究》	汪子瑞	江西湖口林场
4	《栓皮栎 Quercus Variabilis Blume 种粒之重量与一年生苗木生育之关系》	汪子瑞	江西湖口林场
5	《中国造林事业之商榷》	陈嵘	金陵大学农学院
6	《造林上引用外来树种之问题》	陈嵘	金陵大学农学院
7	《木材纸料之初步研究》	程复新	浙江大学农学院
8	《木素定量》	梁希	中央大学农学院
9	《近世木精定量之新方法》	梁希	中央大学农学院
10	《树木利用自然资源及生产能力对于草本作物的比较》	刘其昂	军政部中央种马牧场
11	《外来树种生长之初步观察》	李寅恭	中央大学农学院
12	《主要木材之纤维形态》（第一报针叶树材）	朱慧芳	金陵大学农学院
13	《黄河流域（Drainage Area）之管理》	万晋	黄河水利委员会
14	《数年来西北主要树木之发芽状况》	齐敬鑫	西北农林专科学校

资料来源：《本会第十九届年会大事记》，《中华农学会报》1936年第153期，第147页。

（2）发行会刊。而发行会刊是中华农学会的核心工作之一。有观点认为："本会事业

① 《中华农学会第十九届年会》，《时事月报》1936年第4期，第18页。
② 《中华农学会第23届年会》，《科学》1940年第10期，第775-776页。

经纬万端，而以会报刊行为其发轫[1]。"中华农学会于 1918 年 12 月创办了会刊《中华农学会报》(Journa of the Agricultural Association of China)。《中华农学会报》最初定名为《中华农学会丛刊》，继与中华森林会合刊，更名为《中华农林会报》，嗣以两会各自出刊，乃改为《中华农学报》。创办《中华农学会报》的意义十分重大。梁希说道："本会之命脉，实系于本报。二千六百余会员之精神，实集中于报。在目前情况之下，即谓无报便无会可矣，报之关系于本会岂不大哉？……海内外欲知中国农业之演进，欲识中国农业之掌故，欲察中国农政之推移者，寻绎本报，未始不可得一大概。然则本报之关系于中国农界，亦不得谓小也[2]。"陈方济也曾评价道："这是一个以学报姿态出现的农学研究刊物，为中国农业科学研究奠下最稳固的阵地。在这个刊物上发表的著作，许多已成为中国农业科学发展上的重要文献。因此，这个刊物无形中成为国内农学研究的中心站，在国际农业学报上，也占有了卓越的名誉，而为国内外农业工作者所重视[3]。"

《中华农学会报》从 1918 年第 1 期至 1948 年底共计 193 期，共发表论著、研究报告、翻译 2500 余篇。其内容涉及森林、农业经济、园艺、病虫害、农业教育、畜牧兽医、农业工学、农业化学、农业调查统计、水产等[4]。而这些论著、研究报告、译作也为中国近代的农业科学发展打下了理论和实践的基础(表 4-7)。

表 4-7 中华农学会历年发行会报一览

年代	出版册数	会报编号	备考
1916	0	无	—
1917	0	无	—
1918	1	第 1 期	—
1919	4	第 2 期至第 5 期	—
1920	8	第 6 期至第 13 期	—
1921	12	第 14 期至第 25 期	内有蚕丝、稻作专刊各 1 册
1922	12	第 26 期至第 35 期	内有农业专刊 1 册
1923	9	第 36 期至第 44 期	内有茶业专刊 1 册
1924	3	第 45 期至第 47 期	
1925	1	第 48 期	—
1926	4	第 49 期至第 52 期	内有除螟专刊 1 册
1927	7	第 53 期至第 59 期	内有蚕业专刊 1 册
1928	6	第 60 期至第 65 期	内有 11 届年会专刊 1 册
1929	6	第 66 期至第 71 期	内有合作专刊 1 册

---

① 陈方济：《三十年来之中华农学会》，《中华农学会通讯》1947 年第 79-80 期，第 11 页。
② 梁希：《〈中华农学会报〉第 1-155 期目录索引之〈弁言〉》，《中华农学会报》1924 年第 48 期。
③ 陈方济：《中华农学会》，《科学大众》1948 年第 1-6 期，第 5 页。
④ 姚远，王睿，姚树峰，等：《中国近代科技期刊源流 1792—1949》，山东教育出版社 2008 年版，第 407 页。

（续）

年代	出版册数	会报编号	备考
1930	12	第 72 期至第 83 期	—
1931	12	第 84 期至第 95 期	内有 1930 年《中国农事年报》专刊 2 册
1932	12	第 96 期至第 107 期	内有中华农学会成立 15 周年纪念及 15 届年会论文专刊各 1 册
1933	12	第 108 期至第 119 期	内有发展中国全国农业计划，作物育种，第 16 届年会论文，植物病虫害及费耕雨先生纪念专刊各 1 册
1934	12	第 120 期至第 131 期	内有园艺专刊，第 17 届年会论文专刊，及森林专刊各 1 册
1935	12	第 132 期至第 143 期	内有费氏征文专刊，许叔玑先生纪念专刊，及第 18 届年会论文专刊(一)(二)共 4 册
1936	12	第 144 期至第 155 期	内有第 18 届年会论文专刊(三)，农艺化学专刊，费氏二次征文专刊，畜牧兽医专刊，第 9 届年会纪念刊，农业经济专刊及本会成立 20 周年纪念刊各 1 册
1937	8	第 156 期至第 163 期	内有故理事长许叔玑先生纪念奖金第 1 届征文号 1 册
1938	3	第 164 期至第 166 期	内有第 21 届年会纪念号上下 2 册
1939	1	第 167 期	—
1940	3	第 168 期至第 170 期	—
1941	4	第 171 期至第 174 期	—
1942	1	第 174 期	第 174 期至 176 期托上海中华书局代印，因上海沦陷，交通为阻，恐文稿被毁，另编 174 期至 176 期在渝续刊而上海所印者已刊出 174 期，导致重复
1943	2	第 175 期至第 176 期	
1944	2	第 177 期至第 178 期	
1945	4	第 179 期至第 182 期	
1946	1	第 183 期	
1947	2	第 184 期至第 185 期	中华农学会成立 30 周年纪念号
1948	5	第 186 期至第 190 期	

资料来源：根据《中华农学会报》(第 1—190 期) 相关内容整理而成。

　　《中华农学会报》几乎每期都会发表林学方面的文章，还在 1934 年 11 月发行的第 129~130 期合刊了《森林专号》(共 22 篇文章，见表 4-8)，成为联络林学界同志的重要渠道，也是成果展示及交流的重要平台，很大程度提升了科研水平。

表 4-8　《中华农学会报·森林专号》目录

论文题目	作者	作者单位
《广东试行兵工造林第一年之记述》	傅思杰	广东中区模范林场
《一九三三年美国林业之新设施》	凌道扬	中央模范林区管理局

（续）

论文题目	作者	作者单位
《树木开阔落叶之时期与移植工作之关系》	陈嵘	金陵大学农学院
《松栎混交林之危险性》	李寅恭	中央大学农学院
《油松之幼林（Pinus Tubulaeformis）骤失其幽闭后之翌年其所受影响的试验》	王正	北平大学农学院
《针叶树同类树木中各种气候种生理上之分别藉温度对其种子发芽之影响而表现之》	齐敬鑫	国立西北农林专科学校
《针叶树类子叶数之观察》	栗耀岐	山西农业专科学校
《各种森林作业法之比较观》	李寅恭	中央大学农学院
《松毛虫与造林树种之问题》	蒋蕙荪	江苏省教育林
《中国中部木材之强度试验》	朱会芳 陆志扬	金陵大学农学院 中央大学工学院
《论我国木材商人应联合组织木业会社以谋木材商业之发展》	沈鹏飞	暨南大学
《对于我国铁路枕木之研究》	贾成章	北平大学农学院
《松脂试验》	梁希	中央大学农学院
《北平农院演习林生长之一瞥》	周桢	北平大学农学院
《山西所产几种重要树之树干的解析》	栗蔚岐	山西省立农业专科学校
《绥远之森林》	任承统	绥远萨县新农试验场
《参观日本沙防林之感想及对于我国江河上游建造保安林刍议》	林刚	中央农业实验所
《广西三江县森林调查概况》	苏甲熏	中央大学农学院
《南京上新河木材贸易状况》	戴渊等	中央大学农学院
《两年来林业界》（民国二十一年、民国二十二年）	索景炎	实业部
《草拟黄河水利委员会林垦组初步工作计划大纲》	万康民	—
《土壤反应与森林之关系及其简便测验法》	范际霖	中央大学农学院

资料来源：《中华农学会报》第 131 期，第 1236 页。

在《中华农学会报》的发展过程中，归国林学留学生发挥了极其重要的作用。我们根据《中华农学会报》（1918—1936）有关林学部分的目录就可以发现，关于森林方面的文章有189 篇，其中的主要撰稿人以陈嵘（17 篇，其《中国树木志略》连续转载 29 期）、陈植（16篇，包括译著 1 篇、连载 1 篇）、李寅恭（21 篇）等归国留学生为主体①。而在这里面，陈嵘的贡献是最大的。自《中华农学会报》的创刊，到 1936 年的 20 年之间，几乎每一期都有发表陈嵘的文章。另外，《中华农学会报》编委会也是由归国留学生构成。譬如，1934 年的会报编辑委员会成员包括胡昌炽、沈宗瀚、丁颖、毛雝、朱凤美、李寅恭、吴耕民、侯

---

① 吴清泉：《〈中华农学会报〉第一至一百四十五期之森林论文目录一百八十九篇（民国七年十二月至民国二十五年二月）》，《农报》1936 年第 3 卷第 7 期，第 441－445 页。

朝海、徐澄、陈方济、梁希、许康祖、曾济宽、汤惠荪、彭家元、董时进、杨邦杰、赵连芳、蔡邦华、顾莹、卢守耕、冯泽芳、管家骥①。其中李寅恭、梁希、曾济宽都是归国林学留学生。1942 年《中华农学会报》的编委会分为了农艺、病虫害、农业经济、森林、园艺、畜牧兽医、农业化学、蚕桑、水产九组。而森林组成员清一色为归国林学留学生，具体为梁希、李寅恭、曾济宽、林渭访、李德毅五人②。1945 年编辑委员会森林组成员也全由归国林学留学生构成，具体为梁希、李寅恭、曾济宽、林渭访、李德毅、皮作琼、朱会芳、韩安、李顺卿九人③。

（3）出版丛书。中华农学会于 1934 年春，组设丛书编著委员会，编印丛书。据《本会职员一览》（《中华农学会报》1934 年第 120 期）可知，丛书编著委员会具体由唐启宇、汤惠荪、许璇、黄通、雷男、陈方济、邹钟琳、吴福桢、蔡邦华、唐志才、沈宗瀚、顾复、陈植、胡昌炽、刘运筹、陈嵘、张福延、曾济宽、梁希、童玉民 20 人构成④。丛书具体分为农业经济、农艺化学、农业生物、作物园艺、畜牧兽医、森林等六大类。中华农学会编著丛书之目录可参见表 4-9。

表 4-9　中华农学会编著之丛书一览

编号	分类	书名	著者	备考
1	农业经济类	《农业经济学》	唐启宇	—
		《农业经营学》	汤惠荪	—
		《农业经济学》	黄通	—
		《农业合作论》	童玉民	—
		《土地问题》	曾济宽	—
		《内地殖民论》	雷男	—
		《农村社会学》	童玉民	—
		《粮食问题》	许璇	由商务印书馆发行
		《垦殖学》	李积新	由商务印书馆发行
2	农艺化学类	《土壤学》	陈方济	—
		《肥料学》	陈方济	—
3	农业生物类	《普通昆虫学》	邹钟琳	由商务印书馆发行
		《经济昆虫学》	吴福桢	—
		《昆虫学》	蔡邦华	—
		《植物病理学》	朱凤美	—

---

① 《本会职员一览》，《中华农学会报》1934 年第 120 期。
② 《本会职员一览》，《中华农学会报》1942 年第 174 期。
③ 《本会职员一览》，《中华农学会报》1945 年第 182 期。
④ 《本会职员一览》，《中华农学会报》1934 年第 120 期。

（续）

编号	分类	书名	著者	备考
4	作物园艺类	《高等农作物学》	唐志才	—
		《造园学概论》	陈植	由商务印书馆发行
		《作物育种学》	沈宗瀚	—
		《果树园艺学》	胡昌炽	—
5	畜牧兽医类	《家畜饲养学》	刘运筹	
6	森林类	《造林学概要》	陈嵘	—
		《造林学各论》	陈嵘	—
		《森林利用学》	梁希	—
		《森林计算学》	张福延	—
		《中国树木分类学》	陈嵘	—
		《森林经理学》	曾济宽	—
		《林学大意》	曾济宽、张福延	—
		《林业经济学》	曾济宽	—
		《林业政策》	曾济宽	—

资料来源：陈嵘：《中华农学会成立二十周年概况》，《中华农学会报》1936 年第 155 期，第 9 页。

　　由表 4-9 可知，在中华农学会编著丛书之中，其中森林类有 9 部著作，分别为陈嵘的《中国树木分类学》《造林学概要》《造林学各论》，梁希的《森林利用学》，张福延的《森林计算学》，曾济宽的《森林经理学》《林业经济学》《林业政策》，曾济宽与张福延合著的《林学大意》。其中有些著作，如陈嵘的《中国树木分类学》，成为民国时期林科专业的教材或参考书。这些著作皆为归国林学留学生所作，皆为林学经典、权威之作，是林学本土化的重要成果，对我国林学的起步和发展起到了积极的推动作用。另外，这些林学著作的出版，在当时也引起不小的反响。陈方济就曾评价道："已出版的如陈嵘著《中国树木分类学》等十余种，皆为国内农林权威之作，出版二十年来，至今销路不衰，在农业教学上贡献尤大①。"为了更好地说明情况，再以陈嵘的《造林学各论》为例。在林学知识的早期传播中，传播西方林学原理或鼓吹造林居多，甚少有论及本国树种及营林方法者。殷良弼 20世纪 30 年代编著的《中等林学大意》即是主要如此，书中对林学基本原理、造林学、森林利用与生产均论之甚详，但却对本国林业只字不提。在某些教材中也存在此种情况，作为"初级农业学校教材"的《森林学大意》，其主体内容就在宣传森林之利益，鼓吹造林，而没有对中国林业做出科学探讨②。20 世纪 30 年代尚且如此，则林学"在地化"之情况，当可见一斑。在中国近代的林业实践中，往往由于缺乏林业科学的指导而带来失败。林学界人士对此既痛心疾首，又无可奈何。陈植在其普及林业常识的小册子中如此说道："夫造林学为林学中专门学科之一，今日之从事林业者，果为皆曾寓目是学乎？我恐未得其百之

①　陈方济：《中华农学会》，《科学大众》1948 年第 1-6 期，第 5 页。
②　殷良弼：《中等林学大意》，中华书局 1934 年版。凌道扬编：《森林学大意》，商务印书馆 1935 年版。

一也。盖今日之营林者，类皆误以"植树"为"造林"，此殆失败症结之所在焉。夫植树仅占造林学中一小部分，树种、土宜、作业之选择，及林木之抚育，病害之防除等，关于林业兴废者甚巨，今视植树告竟为造林之能事已毕，则林业之失败宜矣①。"而陈嵘的《造林学各论》无疑是对于当时中国现实情况的有力回应。吴清泉曾在《农报》1935 年第 35 期对陈嵘的《造林学各论》进行了评价：

> 近年来，中央厉行植林政策，分化林区，广设苗圃，提倡奖励，风气一时。惟是造林事业率行于崇山峻岭，施业非易，其成效须历多年而后方著。其一切措施，苟不审慎于始，则无法挽救于后来。其尤要者为选择适当之树种及采行适当之方法，有一误差，成功即不可期，此林业所以独异于他业也。且农业往往可取种于他地，而林业必须以本地产之树木为基础，是以本书专就中国所产树木立论，计针叶树三十六种，阔叶树二百十种，竹类椰子共五十七种，共凡三百余种，其为国外所产而已在中国境内试移植者，或未经试植而其产物已与国人生活上有关系者，亦兼述其概略②。

（4）设置奖学金。中华农学会设置奖学金主要是出于奖励研究和培养人才的考量。其中奖学金的类型主要分为农学生奖学金、纪念征文奖学金两大类。一是农学生奖学金。中华农学会为奖励专科以上农学生，及农学研究生，于 1943 年 6 月发起募集奖学基金，总额为 30 万元，以其利息 60%作为农学研究生奖学金，40%作为农学生奖学金。有关农学生奖学金之具体规定可参见表 4-10。此项奖学金拟以全部息金奖励研究生 12 名，每名每月 200~300 元，大学生 100 余名，每名每年 400 元。1944 年奖励农学生 72 名，农学研究生 9 名；1945 年奖励农学生 17 名，农学研究生 7 名③。而这其中自然也包括了学习林科的学生。

表 4-10　中华农学会农学生奖金通则

名称	具体内容
《中华农学会农学生奖金通知》	一、本会为奖励专科以上学校农学生及农学研究生学业起见，特设本奖金。 二、本奖金之基金暂定国币三十万元，以其全年息金由理事会分配给奖，但经基金捐赠表指定作特种纪念或特种奖金者本会当分别办理，其办法另丁之。 三、本奖金之基金保管及奖金分配具体事宜由本会设立奖学金管理委员会负责办理之。本奖金之对象分下列两种，其详细办法另订之。 四、农学研究生——占全部息金 60%。 1. 农学生——占全部息金 40%。 2. 本奖金之分配决定经理事会通过后公布之。 五、本通则经理事会通过后施行。

---

① 陈植：《造林要义》，商务印书馆 1934 年版，第 1 页。
② 吴清泉：《书报介绍：造林学各论》，《农报》1935 年第 35 期，第 1285 页。
③ 陈嵘：《中华农学会成立二十周年概况》，《中华农学会报》1936 年第 155 期，第 17-19 页。

（续）

名称	具体内容
《中华农学会奖助农学研究生暂行办法》	一、本会为奖助清寒优秀之农学研究生，鼓励学术研究起见，特设置本奖助金。 二、奖助名额部门及所在院校由本会视时代及环境之需要逐年决定后公布之。 三、申请奖助之研究生应具下列条件： A. 家境清寒确系无力深造者。 B. 有志于农学而愿入本会所指定之部门及院校研究者。 C. 大学毕业前之两年成绩平均在七十五分以上者。 四、受本奖助金之研究生除照章在抗战期内所能领用之教部贷金及其他公费津贴外，由本会按月给予奖助金二百至三百元。 五、受奖助时期以两年为限，但有特殊需要时期得继续申请。 六、受奖助研究生之学业成绩应由各院校按期函送本会其平均分数不得低于七十五分，操行须在中等以上，否则第一学期给予警告，第二学期仍无时进步即行停止发给以后，纵能恢复此项标准亦不得再事申请。 七、受奖助研究生入学时之研究计划每学年终了后之研究经过或心得以及毕业时之论文均应于入学后年度终了后毕业后三个月内分期函送本会。

资料来源：《中华农学会农学生奖金通则》，《中华农学会通讯》1943 年第 25 期，第 27—28 页。

二是纪念征文奖学金。此类奖学金是中华农学会接受会友及农学界同人的捐赠而设，具体包括昆虫、农业经济、农业化学、森林、棉作、农艺、森林化学、植物病理 8 种奖学金。纪念征文奖学金以征集研究论文为主。其具体的名称、寄付者、征文范围可参见表 4-11。纪念征文奖学金于 1934 年 11 月起开始征文，共计举办征文奖金达 20 余次，每种奖金均取一名，每名给予奖金 5000 元。其中森林类的奖金为汪子瑞先生奖学基金（由云南大学农学院同人为纪念汪子瑞故会友募款寄附）；森林化学类奖学金为梁叔五先生六十寿辰纪念奖学基金（是由中华农学会会友为纪念前理事长梁希会友主讲林学三十年及主持会务功绩捐款寄附）。这两类奖学金的设置很大程度上推动了林学人才的培养以及相关科研的进步。

表 4-11　中华农学会纪念征文奖学金一览表（1936 年）

编号	奖金名称	寄付者	征文范围	给奖次数	得奖者
1	费耕雨先生纪念奖学基金	故会员费耕雨自捐平生积蓄	昆虫	5 次	汪仲毅、郑乃涛、奚元龄、张绍勤、屈文祥、龚堃源、曹骥
2	许叔玑先生纪念奖学基金	中华农学会会友为纪念故理事长许叔玑主持会务多年之功绩捐款寄附	农业经济	4 次	蒋杰、施之元、吴士华
3	黄聘珍先生纪念奖学基金	黄聘珍故会友之同窗及家属捐款寄附	农业化学	1 次	侯学煜
4	汪子瑞先生奖学基金	云南大学农学院同人为纪念汪子瑞故会友募款寄附	森林	1 次	——

115

（续）

编号	奖金名称	寄付者	征文范围	给奖次数	得奖者
5	冯肇传先生纪念奖学基金	俞启葆会友纪念冯肇传故会友独自捐款寄附	棉作	未举办	—
6	李崇诚先生纪念奖学基金	李崇年先生为纪念李崇诚故会友捐款寄附	农艺	给奖中大农学生 1 次	孙仁清、于赛毕
7	梁叔五先生六十寿辰纪念奖学基金	本会会友为纪念前理事长梁叔五会友主讲林学三十年及主持会务功绩捐款寄附	森林化学	1 次	斯炜
8	邹秉文先生五十寿辰纪念奖学基金	本会会友为纪念邹理事长从事农学教育及行政三十年及主持会务之功绩捐款寄附	植物病理	2 次	
9	孙玉书先生五十寿辰纪念奖学基金	孙会友玉书之门弟子为纪念孙会友在绵作方面之成就募款寄附	绵作	2 次	过兴先、关乃扬

资料来源：陈嵘：《中华农学会成立二十周年概况》，《中华农学会报》1936 年第 155 期。

（5）收藏图书和标本。中华农学会作为一个学术团体，曾于 1928 年与德国爱礼司肥料公司在沪合办一农学研究所。农学研究所当时收集了大批仪器、图书、标本，此外，中华农学会自身创设了图书室，得到国内外机关以及各作家赠送书籍、报告、杂志及丛刊等达数万册，其中还包括了大量的日、英、德、俄文杂志册。其中有朱会芳的《中国木材之硬度研究》《中国中部木材之强度试验》，中国林学会的《林学》，南京金陵大学农学院的《农林新报》，南京中央模范林区的《林务会议特刊》，青岛农林事务所的《实业计划与造林问题》，陕西农林试验场的《农林会报》，日本东京林业试验场的《林业试验报告》，日本东京林学会的《林学会杂志》，日本宇都宫高等农林学校的《宇都宫农林学术报告》等林学图书[①]。这些图书、仪器、标本是科学研究的重要学术资源，给为会员们提供了研究之便利（表 4-12、表 4-13）。

表 4-12　中华农学会所藏图书统计表（1936 年）

种类＼文别	中文	日文	英文	德文	俄文	合计
书籍/册	350	170	60	0	2	582
杂志	约 170 种 3700 册	约 25 种 780 册	约 15 种 1200 册	2 种 300 册	3 种 5 册	约 165 种 5985 册
报告	约 55 种 820 册	约 10 种 120 册	约 8 种 800 册	0	0	约 78 种 1740 册
丛刊	约 25 种 480 册	约 5 种 100 册	约 7 册 1000 册	0	0	约 52 种 1580 册

---

① 关于中华农学会图书馆收到的图书资料目录，可参见《中华农学会报》各期的《本会记事》。

表 4-13　中华农学会所存标本仪器一览（1936 年）

森林种子标本	谷类标本	肥料标本	昆虫标本	油类标本	化学仪器
62 种	93 种	17 种	5 盒	17 种	8 箱

资料来源：陈嵘：《中华农学会成立二十周年概况》，《中华农学会报》1936 年第 155 期，第 19 页。

二、中华森林会

中华森林会是首个全国性的专业林学会，成立于 1917 年，后因时局动荡，学会活动于 1922 年被迫中止。有学者认为"中华森林会的成立标志着我国近代林业和林业科学的创始①。"中华森林会成立的时间较早，存在的时间也较短，而且关于中华森林会的史料相对较少。这直接导致了相关论著在介绍中国近代的林学社团时，多详于中华林学会，而略于中华森林会。这也导致了人们对于这个林学社团的诸多历史，特别是对其创建时期的历史缺乏客观、全面的认识。

中华森林会的创建离不开凌道扬等归国林学留学生的发起和主持。关于中华森林会的创建背景有必要进行较为详细的考述。因为大部分的资料都记载得十分笼统。这就致使人们对中华森林会的发起人，最初的宗旨、任务及筹备过程都缺乏清楚的了解。譬如 1947 年的《中华林学会三十年史略》中这样写道："我国林业之兴，实始于辛亥革命之际。民国元年，农林部成立于南京，农林并重，数千年不讲之林政，乃骤然为举国上下所注目，其时学林诸子，莫不奋发，咸思为国效力，虑人才之涣散，知团体之不可不有，乃倡设中华森林会之议，期收集思广益之效。筹备数载，卒于民国六年春正式成立于南京，由凌君道扬等主持会务，擘划之劳，功不可没②。"而《环球》杂志于 1917 年第 1 期上面刊登的《中华森林会记事》一文，对于我们了解中华森林会的具体创建经过有着十分重要的价值。"森林利益关系国计民生至为重大，唐君少川、张君季直、梁君任公、聂君云台、韩君紫石、史君量才、朱君葆三、王君正廷、余君日章、陆君伯鸿、杨君信之、韩君竹平、朱君少屏、凌君道扬诸人发起一中华森林会于上海以结合同志，振兴森林为宗旨；以提倡、造林、保林三事为任务。于本年一月十六日假座英大马路外滩惠中西饭店于二月十二日假坐上海青年会食堂先后开会两次，筹商一切办法。各发起人有亲自到会，有委托代表到会者，每次开会均推唐君少川第主席。第一次筹商各事其最要者则为倾山营造森林模范问题。第二次筹商最要者则为本年造林计划及通过草章，并举定凌道扬、朱少屏、聂云台三君为干事③。"由此可见，中华森林会的最早发起人共计 14 人，包括了凌道扬、唐少川（唐绍仪）、张季直（张謇）、梁任公（梁启超）、聂云台、韩紫石、史量才、朱葆三、王正廷、余日章、陆伯鸿、杨信之、韩竹平、朱少屏。这其中的凌道扬（留美）、唐少川（留美）、聂云台（留美）、王正廷（留美）、余日章（留日）、朱少屏（留日）等都有留学经历。在介绍中华森林会的发起人时，许多论著往往只提及凌道扬。这显然是不合理的。但需要承认的是，因为在

---

① 汪振儒：《纪念中华林学会成立 70 周年》，参见中国林学会主编：《中国林学会成立 70 周年纪念专集 1917—1987》，中国林业出版社 1987 年版，第 12 页。

② 《中华林学会三十年史略》，《中华农学会通讯》1947 年第 79-80 期，第 19 页。

③ 《中华森林会记事》，《环球》1917 年第 2 卷第 1 期，第 22 页。

《中华森林会试办草章》中规定："由董事部聘任精于林学，富有经验之总干事一人组织干事部，依章承办一切会务，其余各干事由总干事聘任①。"而在这些发起人之中，只有凌道扬是林学留美硕士专业出身，被推举为中华森林会的总干事也是理所当然。所以凌道扬的贡献较大，故而人们也自然而然地认为他是"主持会务，擘划之劳，功不可没"。凌道扬当时正担任金陵大学林科主任一职，而且中华森林会的早期会员中也有大量的金陵大学林科学生。因而张楚宝在其《金陵大学林科创建始末及其业绩》一文中认为："金大林科还是我国最早的林学会组织——'中华森林会'的策源地②。"另外，需要引起我们重视的是，第二次筹商会议上通过的试办《草章》。这是我们了解中华森林会早期历史的重要原始文献。《环球》杂志于1917年第1期刊登了《中华森林会试办草章》。相关论著对于中华森林会的《草章》则鲜有涉及。后人在论述中华森林会发展史时，也往往只引用后来制定的《中华森林会章程》（表4-14）。

表4-14 《中华森林会试办草章》与《中华森林会章程》

《中华森林会试办草章》	《中华森林会章程》
一、宗旨	第一章 定名
集合同志，振兴森林。	第一条 本会定名为中华森林会。
二、任务	第二章 宗旨
分提倡、造林、保林三事。	第二条 本会以集合同志，共图发达中国林学、林业为宗旨。
（甲）提倡：以演讲、杂志输灌国人林学常识，陈设森林直接、间接利益之标本，模型于会内广供国人参观俾森林关系国计民生之重大研究各种造林法，以备造林者之咨询。	第三章 会址
	第三条 本会事务所设在上海北京路四号。
	第四章 会务
	第四条 本会之会务如下：
（乙）造林：造成模范林场以资观效，种植模范苗圃以应国人取需，并调查中国、外国森林情形及树类土宜使造林者稳收厚利。	（一）刊行杂志，编著书籍。
	（二）实地调查，巡游演讲。
森林模范分为三种：（一）由本会公筹经费造成所获利息用为扩充会务者谓之会有森林模范。（二）由公共机关出资，归本会营造管理所得利息付与其出资之团体者谓之公有森林模范。（三）由个人集资交托本会营造管理所获利息付与其出资之人者谓之私有森林模范。以上三种森林模范除会有不计外，其余各种所获利息酌量提酬本会为费。	（三）促进森林事业及森林教育。
	（四）答复或建议关于森林事项。
	第五章 会员
	第五条 本会会员分列下列三种：
	（一）甲种会员 研究林学或从事林业者。
	（二）乙种会员 热心林业担任辅助本会会务进行者。
	（三）丙种会员 赞成本会宗旨及提倡森林事业者。
	第六章 组织
	第六条 本会组织分两部。
	（一）董事部 督行全会事务，由全体会员公举董事组织之。
保林：以公函广告通知人民治林防火防盗方法。	（二）学艺部 担任学术上一切事务由甲种会员组织之。
三、会员	第七章 职员及职务
（甲）资格：凡品性纯正，有心森林事业，	第七条 董事部由全体会员于甲、乙两种会员中选举董事九人组织之，并由董事中互推董事长一人，副董事长一人，对外为本会代表对内总理全会一切事宜得雇用助理员担任会计、庶务、文牍等职务酌给津贴。

---

① 《中华森林会试办草章》，《环球》1917年第2卷第1期，第7页。

② 张楚宝：《金陵大学林科创建始末及其业绩》，《林史文集》第一辑，中国林业出版社1990年版，第99页。

（续）

《中华森林会试办草章》	《中华森林会章程》
年满十六龄以上，而得介绍者皆可入会，会员分通常会员，特别会员，赞成会员，特别赞成会员四种。 （乙）义务：会员有缴纳会费，协助会务等义务，会费每年缴纳一次，通常会员三元特别，特别会员十元，赞成会员五元，特别赞成会员一百元。 （丙）权利：会员有享本会内选举及被选举职员并阅出版物之权利。 （丁）手续：凡经会员介绍入会者须先填具介绍书，缴足会费始行发给证书。 四、董事 初次由全体会员公举九人组织董事部，审议及监督一切会务，任期分一年、二年抽定各三人以后每年春初开全国大会一次，由全国会员选举代表到会，举出三人任董事，三人递补退任董事遗缺，部中自举正副会长、书记、会计各一人，均纯系义务董事部，除自规定按例会期外，并可因干事之请临时集议会务。 五、干事 由董事部聘任精于林学，富有经验之总干事一人组织干事部，依章承办一切会务，其余各干事由总干事聘任。因事务之繁简，定人数之多寡，但必先交董事部通过。自总干事以至各干事不得兼理外事，除星期及星期六下午，每日至少须于六小时办理森林职务，每年请假不得逾四星期。 六、报告 干事部每月将经过情形，进行方法报告董事部一次，董事部每年于春初大会时报告全体会员一次。 七、款项 本会一切经费预算决算由董事部审定其款项，由干事随时交存妥实。银行存单归董事部会计。收执按月开支，须向银行提款，非经董事部会计、干事部总干事两人签字不可。 一、细则 本会一切办事细则由干事拟订交由董事部核准。 二、会址 总会设立上海各城镇乡均可设立分会。设于	第八条 学艺部分下列各股依甲种会员之志愿分任之，每股设干事一人或二人，由各该股会员互推之。 （一）编辑股 司编辑杂志书籍等事项。 （二）调查股 司调查国内外森林事项。 （三）图书股 司搜集国内外森林书报事项。 （四）研究股 司研究森林学术及答复或建议关于森林学术之事项。 （五）讲演股 司游巡讲演森林学术之事项。 第九条 学艺部设干事长一人，由各股干事互选之总理本部一切事务得聘员助理酌给津贴。 第八章 任期及选举 第十条 董事部董事任期三年，每年改选三分之一。第一、二年，应改选之董事以抽签法定之，以夏季为选举期，选举手续由董事部于选前三月内筹备之。 第十一条 学艺部干事及干事长，任期一年，得连举连任。以夏季为选举期，选举手续由干事长于选举前三月内筹备之。 第九章 开会期 第十二条 本会开会分下列三种： （一）常年会 每年一次于夏季举行之开会之地点与时日，由董事部先期通告。 （二）职员会 各部遇必要时得自由召开集职员会。 （三）特别会 遇有特别事件，经会员十分之一以上之提议得由董事部择期召集特别会。 第十章 会费 第十三条 本会会费分下列三种： （一）入会费 会员入会时应缴纳入会费银两元。 （二）常年费 会员每年应缴纳常年费银一元。 （三）特别费 本会遇有特别开支或会费不足时经董事部之决议得募集特别捐。 第十四条 本会各项会费皆须交于本会事务所或其他指定之特别经管员。 第十一章 会员义务及权利 第十五条 本会会员之义务如下： （一）本会各种会员皆须遵守本会章程，缴纳各项会费。 （二）甲种会员须担负学艺部各股事务。 第十六条 本会会员之权力如下： （一）本会全体会员均有大会议决权及选举权。 （二）本会甲乙种会员均有被选为董事部董事之权利。 （三）本会全体会员均有享受本会杂志之权利。 （四）本会全体会员均得享有购买本会出版物优待之权利。 （五）本会全体会员得借用本会所备之图书等物，但须遵守借用图书规则。 （六）本会全体会员均有提议之权利。 第十二章 入会及会规 第十七条 凡入会会员，须得会员二人以上之介绍，填写入会书并缴

（续）

《中华森林会试办草章》	《中华森林会章程》
省城者约某某省森林会，设于城镇乡者曰某省某某森林会。但必须有永久经费及会所，并富于学识经验之常驻干事方可开办成立后会务复有成效，始行发给正式承认证书及分会图记。 三、附则 本章程自成立日起即须遵守。如会员中五人以上同意修改得于大会一月以前缮具理由交由董事部向全国大会提议须以不出森林范围为限。	足入会费二元、常年费一元，经由董事部审查分别某种会员发给证书。 第十八条　凡会员逾一年不缴常年费者，本会得停止其各种权利。 第十九条　凡会员不得以本会名义涉及本会范围以外之事，如有损坏本会名誉者，经会员十人以上之指正，确实由董事部决议宣布出会。 第二十条　凡会员于开大会时，须携带会员证书。 第十三章　支部 第二十一条　凡会员住居一处在十人以上者，得多数同意设立支部。其规约由该支部自定之，但须经本会董事部之认可。 第二十二条　各支部须按照本会章程承受本会委托之事项。 第二十三条　本章程经会员三分之二以上之通过即发生效力。 第二十四条　本章程有未尽之处，经会员二十人以上之连署得交大会改正之。

资料来源：1.《中华森林会试办草章》，《环球》1917年第2卷第1期，第6~7页。2.《中华森林会章程》，《湖北省农会农报》1922年第3卷第3期，第103~109页。

《中华森林会章程》的制定无疑参考了《中华森林会试办草章》。其中相关的条文规定也由简单到完善、由模糊到细致、由笼统到明确的过程。为了更好地说明情况，这里以二者所规定的学会任务和会员入会条件为例。《中华森林会试办草章》规定中华森林会的任务为"提倡、造林、保林"，可参见图4-1。而《中华森林会章程》则规定中华森林会的任务为"（一）刊行杂志，编著书籍。（二）实地调查，巡游演讲。（三）促进森林事业及森林教育。（四）答复或建议关于森林事项。"这很明显是从模糊变得更为清晰。《中华森林会试办草章》规定会员入会条件是"品性纯正，有心森林事业，年满十六龄以上，而得介绍者皆可入会"。中华森林会的会员入会介绍书可参见图4-2。《中华森林会章程》则规定会员入会条件是"凡入会会员，须得会员二人以上之介绍，填写入会书并缴足入会费二元、常年费一元，经由董事部审查分别某种会员发给证书。"这很明显是由笼统变得更为正规。这种种变化，反映了中华森林会不断发展壮大的过程。

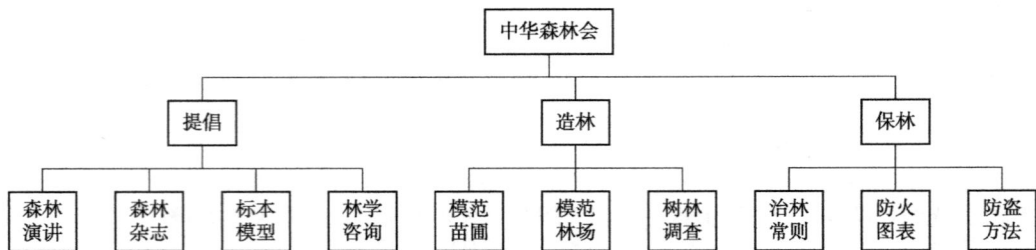

图4-1　中华森林会任务

中华森林会存在的时间较短，但作为最早的林学学术团体无疑有助于联络和团结林学界人士。但中华森林会所处的实际情况是"组织不够健全，会员人数不多，学会活动亦很少①。"在

---

① 中国林学会：《中国林学会成立六十五周年纪念1917—1982》，中国林学会1982年版，第48页。

凌道扬的主持之下，中华森林会还是开展了少量的学会活动。而这些活动推广了林业科学知识，为林业建设的发展做出了贡献。

（1）发行首份林学杂志——《森林》。中华森林会最初因会员较少，无力出版学会的刊物，只能与中华农学会合编《中华农林会报》。《中华农林会报》上几乎每期都有林学方面的文章。1921年，伴随着金陵大学林学会以及由留日学生所组成的"清明社"等支部的相继加入，会员得以增加。中华森林会才考虑独立出版《森林》杂志。《森林》杂志是我国林学杂志之滥觞。其于1921年3月发行第1卷第1期，至1922年9月发行第2卷第3期，共计发行了7期。

《森林》是由中华森林会学艺部编辑和发行。据《中华森林会学艺部为〈森林〉征稿启事》（1921年3月）规定："一、本杂志为提倡中国林业并介绍森林学艺之机关，不分国界，凡合于本杂志宗旨之来稿，一律欢迎。二、本杂志发刊文字，自以中国文为限，惟本部研究学艺以世界为范围，如有以外国文投稿请由本部代译者亦可，但限用英文及德文。三、本杂志对于文体不加限制，文言白话听作者自择，要以简明易解为主。四、外国人名、地名及应用专门术语除习用者外，均请注原字。五、本部通信处为南京大仓园①。"可见《森林》杂志的选稿范围较为宽泛，稿件的文字、文体也相对自由。这也在一定程度上保障了稿源。

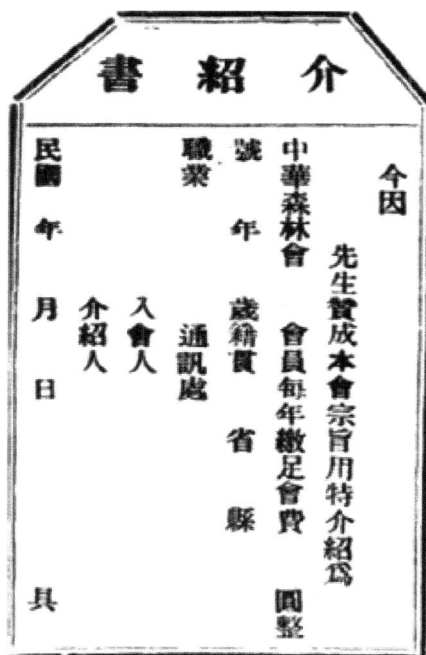

图4-2　中华森林会会员入会介绍书

资料来源：《中华森林会宗旨任务说明》，《环球》1917年第2卷第1期，第7页。

《森林》杂志主要可分为图画、论说、研究、译述、专著、调查、林业消息等栏目，对于宣传近代林业科学知识及促进林业科学有相当之功效。为了更好地说明情况，这里仅以《森林》1922年第2卷第2期为例。这一期是由济南明印刷社印刷。其内容包括了图画、论说、研究、译述、调查、杂俎、世界林业消息七个栏目。图画部分由两幅图片构成，即《现将收回之青岛森林》《现将收回之威海卫森林》。论说部分有4篇文章，分别是沈鹏飞的《论农业与林业之关系》，谢鸣珂的《森林与吾人之怨慕》，陈植的《林业与今后中国之关系》，叶雅各的《女子与森林》。研究部分则是由李顺卿的《林学》、鲁佩璋的《中国森林历史》，谢鸣珂的《白桐之研究》3篇文章构成。译述部分有2篇，分别是康瀚的《森林的经济观》（译自美国林学家B. E. Fernow的原著，原题为《森林者富源也》）以及林刚的《中国西部之重要树木》（威尔逊原著）。调查部分则包括2篇文章，分别是李继侗的《济南模范森林局调查记》，郑良玉的《山西6小林区署9年度育苗造林概况》。杂俎部分则包括了谢鸣珂的《读李先才君上福建省长书后》，彭延镰的《民有林对我国林业前途的关系》以及沃野的《造林歌》。世界森林消息部分包括了8则消息，其中前5篇为国外的森林消息（《美国森林概貌》《华盛顿州之注意造林》《美

---

①　中国林学会：《中国林学会成立70周年纪念专集1917—1987》，中国林业出版社1987年版，第252-253页。

国木商从事林业》《日本输入木材骤增》《大阪大林区署开始调查森林与火灾保险》），后 3 篇为中国国内的森林消息（《桦太森林之大伐采》《浙江竹产之利益》《杭州竹箬之利用及其出口》）。《森林》作为最早的林学杂志，起到了普及科学知识、推广先进技术、宣传引导大众、传播最新科技动态的作用。尽管期刊上有一些科技译文或者一些科技新闻，但总体上还是以中国本土的科学家的研究论文为主体，极大地促进了研究的开展。

《森林》杂志的问世，标志着林学界有了自己的学术园地。关于《森林》杂志撰稿人的基本情况可参见表 4-15。其撰稿人主要由两部分构成，一部分主要是早期的归国林学留学生，如凌道扬（5 篇）、金邦正（1 篇）、陈嵘（1 篇）、沈鹏飞（4 篇）、谢鸣珂（8 篇）、林篯（2 篇）等。另一部分则为金陵大学林科最早的一批学生，如林刚（7 篇，林科第三届毕业生，1921 班）、康瀚（6 篇，林科第五届毕业生，1923 班）、鲁佩章（5 篇，林科第二届毕业生，1920 班）、高秉坊（4 篇，林科第一届毕业生，1919 班）、徐淮（4 篇，林科第一届毕业生，1919 班）、李鲁航（3 篇，林科第三届毕业生，1921 班）、李顺卿（3 篇，林科第 1 届毕业生，1919 班）、李蓉（2 篇，林科第二届毕业生，1920 班）、杨惠（2 篇，林科第二届毕业生，1920 班）、李代芳（2 篇，林科第一届毕业生，1919 班）、张惟征（1 篇，林科第一届毕业生，1919 班）、耿作霖（1 篇，林科第一届毕业生，1919 班）、徐德懋（1 篇，林科第 6 届毕业生，1924 班）、秦仁昌（2 篇，林科第 7 届毕业生，1925 班）[①]。这些人中的相当一部分，后来都成为我国知名的林学家。《森林》是林学界人士畅所欲言的重要舞台，对发展中国林业建设及林业教育提出许多意见与看法，也是林学界人士实践理想的重要介质。例如，凌道扬的《振兴林业为中国今日之急务》《森林与旱灾之关系》《中国今日之水灾》《桐油之研究》《种黄金树桉树之刍议》；沈鹏飞的《世界森林损耗与水灾之关系》；傅焕光的《推广苏省森林之商榷》《提倡造林以弥苏省水灾》等都因水灾频发的现实而作，呼吁发展我国林业，对于宣传林业、促进林业发展意义重大。

表 4-15 《森林》撰稿人基本情况一览

姓名	论文数量	姓名	论文数量	姓名	论文数量	姓名	论文数量
凌道扬	5	高秉坊	4	鲁佩章	5	金邦正	1
谢鸣珂	8	徐淮	4	李继侗	2	林刚	7
陈嵘	1	杨惠	2	沈鹏飞	4	李蓉	2
林篯	2	张惟征	1	李代芳	2	李鲁航	3
李顺卿	3	康瀚	6	倪文新	2	李先才	2
贝仕邦	1	王鸿年	1	牛文祥	2	耿作霖	1
谢申图	2	傅焕光	2	郑良玉	3	徐德懋	1
秦仁昌	2	陈植	2	叶雅各	1	彭延铺	1
杨萱秋	1	丘文鸢	1				

资料来源：《森林》，1921 年第 1 期至 1922 年第 3 期。

（2）向社会答复或建议关于森林事项。一是针对沪杭一带苗商向民众传布的"黄金树"

---

① 《私立金陵大学农学院毕业同学录》，私立金陵大学农学院 1936 年印行，第 1—11 页。

"万利木"的欺骗性广告。为了答复各地农林同志的询问，中华森林会在《中华农学会报》上发布了公告，辨明事实真假，免使大众遭受更多损失。公告的具体内容如下所示。

　　径启者查近年以来沪杭一带对有售卖树种之奇异广告传布内地。专利用社会急功好奇之心理，以达其诈欺取财之目的，不惜巧立种种名目，虚构种种方法。不曰黄金，即曰万利，不曰致富，即曰宝能发财，假报纸之力偏向各省各地极力鼓吹，敝会同人初尚以为不经之谈，必不能取信于人。不意此种怪事愈久愈多，花样翻新，愈出愈奇，近更有万利木避虫花等名目，发现各地农林同志纷纷来函询问。其传播范围之广，殊堪惊骇。窃以万利木恐即黄金树之变名。避虫花不过除虫菊之假冒。吾国林业现尚在幼稚时代，各地热心实业人士，如果不察真伪，遽行提倡经营迨至结果失实，后悔已晚。林业前途势必至大受影响。敝会为维持林业起见，特此函请贵会长迅行令知所属省立、县立农林机关遇有上项奇异广告，幸勿受欺，免遭失败为是①。

　　二是针对1917年7月的直隶水灾。中华森林会总干事凌道扬到京津地区考察，并与地理专家、工程专家共同研究，写作《水灾根本救治方法》一文，从学理上揭示水灾的原因。而根据他自己描述："直隶今次水灾所以如此剧烈者，其最大之原因实为缺乏森林也。本年七月水灾发端之际又复著论水灾剧烈缺乏之森林为最大之一原因，一篇揭诸全国各报。奈我国人当灾难未形之前，视为学理之研究事实或属不然。灾难已发之后，只知目前救济不思根本计划。余心忧之，余复专来津京切实考察我国人详论之矣。然犹自恐余为偏嗜森林之人，所见未能尽是。遂与地理专家、工程专家悉心研究，无不同声而曰森林之缺乏②。"可见，凌道扬在《水灾根本救治方法》中明确指出"森林间接利益大有减免水灾之功用"。而《水灾根本救治方法》的写作也产生了积极的社会影响。凌道扬曾说道："襄于京师发出千有余份。偏请国人教正。于是引起中外人士之注意。驰函索阅者，日必数起。除另辑英文一篇，分赠泰西各国科学家研究外，特将是篇重付刊印，以应国内之取求③。"此外，为了使更多人明白"森林为救治水灾之根本，防大患之未然"④。中华森林会还致函并附寄《水灾根本救治方法》给奉天、安徽等省省政府，并收到了良好的反馈⑤。奉天省发布训令，直接将《水灾根本救治方法》刊登公报，并令各县/道尹查照以备参考。训令的具体内容，如下所示。

　　奉天省长公署训令(第一四号)⑥
　　令各县/道尹
　　安准　中华森林会函开中国各省历年所受之水旱灾难而以本年为最苦。本年各省

①　《中华森林会之布告》，《中华农学会报》1922年第3卷第12期，第93页。
②　凌道扬：《水灾根本救治方法》，《中华农学会丛刊》1919年第3期，第2-3页。
③　凌道扬：《水灾根本救治方法》，《中华农学会丛刊》1919年第3期，第1页。
④　《函覆中华森林会：第八号》，《安徽教育月刊》1918年第1期，第42-43页。
⑤　参见《函覆中华森林会》(《安徽教育月刊》1918年第1期)以及《奉天省长公署训令：第一四号》(《奉天公报》第2113期)。
⑥　张作霖：《奉天省长公署训令：第一四号》，《奉天公报》第2113期。

灾情而以直隶一省水灾为最惨，究其水之为灾，所以如此剧烈实为缺乏森林。兹有本会总务干事即南京金陵大学林科主任凌君道扬前来京津考查水灾原因。本其与各工程专家研究之言论，并将森林减免水灾，科学上，事实上，历史上之明证撰就《水灾根本救治方法》一篇，陈请教正，倘承公余之暇，提倡森林，取直接之地利，免来日之灾难等语。并检送《水灾根本救治方法》一册到署，合将该救治方法刊登公报，另央该县/道尹查照以备参考。

此令。

中华民国七年一月二十五日
奉天督军兼省长张作霖

三、中华林学会

中华林学会也是以归国林学留学生为主体而发起创建的。1928 年北伐结束，中国境内的政治及经济形势相对稳定。国民政府在定都南京之后，十分重视农林建设，在农矿部下设林政司主管林业行政，而且将造林运动列为训导广大民众的七项运动中的重要一项。正是在这样的背景之下，林学界人士才有了恢复林学社团的努力。1928 年，经姚传法、梁希、凌道扬、韩安、李寅恭、陈嵘、皮作琼、黄希周、傅志章、陈植等林学家的积极推动和筹备，学会得以最终恢复，并更名为中华林学会。在《中华林学会三十年史略》中对于中华林学会成立的过程曾详细记载道："国民政府奠都南京，本国父之遗训施政，造林为国父手定十大实业计划之一，且为水旱灾防根本之策（见民生主义第三讲），是以中央有造林运动之规定。我林学同志，艰辛备尝，而奋斗不已，诚非无主义者所可能，而时以森林救国为念，爰复有中华林学会组织之议，乃于十七年五月举行第一次筹备会议，推定姚传法、韩安、皮作琼、康瀚、黄希周、傅志章、陈嵘、李寅恭、陈植、林刚等为筹备委员，其后续举行二次筹备会。遂于十七年八月四日假金陵大学开成立大会，通过林学会章程，选举理事十一人，公推姚传法为理事长，设总务、林学、林政、农业四部，推黄希周、梁希、凌道扬、李寅恭分任四部主任，陈雪尘、陈植、康瀚、邵均分任四部副主任，是以中华林学会之成立，实不啻中华森林会之复兴，会章经讨论而益精，会员之加入亦日众，会务发达，正未有艾[1]。"由此可见，中华林学会的主要创建人为姚传法、韩安、皮作琼、康瀚、黄希周、傅志章、陈嵘、李寅恭、陈植、林刚、陈雪尘、邵均。而这些人大多为归国林学留学生。其具体的学缘情况及担任的主要职务可参见表 4-16。

表 4-16 中华林学会主要创始成员一览

姓名	学缘情况	主要职务
姚传法	耶鲁大学	筹备委员、理事长
凌道扬	耶鲁大学	理事、林政部正主任

---

① 《中华林学会三十年史略》，《中华农学会通讯》1947 年第 79-80 期，第 19-20 页。

（续）

姓名	学缘情况	主要职务
黄希周	日本鹿儿岛高等农业学校	筹备委员、理事、总务部正主任
梁希	德国萨克逊森林学院	理事、林学部正主任
陈嵘	德国萨克逊森林学院	筹备委员、理事
傅焕光	菲律宾大学	筹备委员
韩安	美国威斯康星大学	筹备委员
皮作琼	法国郎西森林水利大学	筹备委员
陈植	东京帝国大学	筹备委员、理事、林学部副主任
李寅恭	剑桥大学	筹备委员、理事、林业部副主任
邵均	日本北海道帝国大学	理事、林业部副主任
陈雪尘	北京农业专门学校	理事、总务部副主任
康瀚	金陵大学	筹备委员、理事、林政部副主任
吴桓如	东京帝国大学	理事

资料来源：1.《中华林学会三十年史略》，《中华农学会通讯》1947年第79-80期，第19-20页。2. 熊大桐等编著：《中国近代林业史》，中国林业出版社1989年版，第546页。3. 周棉主编：《中国留学生大辞典》，南京大学出版社1999年版。

　　归国林学留学生同样也是中华林学会会务的主要建设者。中华林学会的理事会拥有巨大权力。其具体职权如下："（一）拟定本会一切进行计划。（二）推定各种委员。（三）代表本会执行本会会章及大会议决案范围内一切事项。（四）司理会中金钱出纳，并编造预算，并保管本会各种基金及财产。（五）编辑并发行本会刊物。（六）参加国内外林学之研究提议并建议各项林政。（七）调查国内林业实况。（八）解答各地函询之林业问题①。"在成立之后，中华林学会先后召开过多次大会以及理事会，选举出各个时期的理事会成员（图4-3）。在最初公布的《中华林学会会章》中规定"理事会以理事十一人组织之。理事任期一年，单年改选五人，双年改选六人，经全体会员投票选决，但连选得连任。理事会设理事长一人，各部正副主任一人，由全体理事互选之，理事长即为本会会长②。"由此可见，理事会由11人构成，理事长即为中华林学会的会长。此后，随着中华林学会事业及组织规模的不断发展，《中华林学会会章》也不断得以修订。在1936年修订的《中华林学会会章》中规定"理事会以理事9人组织之③。"1941年修订的《中华林学会会章》中规定："理事会以理事17人组织之。设常务理事5人，互推1人为理事会主席，主持本会一切事物；

---

① 《中华林学会会章》，《林学》1936年第5期，第122-123页。
② 《中华林学会会章》，《教育部公报》1929年第1期，第129页。
③ 《中华林学会会章》，《林学》1936年第5期，第122页。

各种委员会设正副主任 1 人，负责办理各该部事务，均由理事互选之①。"中华林学会历任理事长（即会长）姚传法、凌道扬均为留美生，历届理事会其他成员也大多由归国留学生构成。其具体可参见表 4-17。而且在姚传法、凌道扬等几位归国林学留学生的主持下，学会不断发展壮大。这里仅以会员增加为例。中华林学会会员分为五种，"（一）名誉会员：凡国内外林学界卓著声誉，能协助本会发展者，由理事提出，经大会出席会员过半数之通过得推为名誉会员。（二）赞助会员：凡捐助本会经费在一百元以上或于他方面赞助本会事业者得由理事会议决推为赞助会员。（三）机关会员：凡与林业有关系之机关，赞成本会宗旨，协助进行，经理事会议决者得认为机关会员。（四）基本会员：凡在国内外曾受林业教育，并愿为本会负经济及事业之责任者，由基本会员二人之介绍，经理事会通过者，得为基本会员。（五）普通会员：凡赞成本会宗旨，协助本会进行者，由会员二人之介绍，经理事会通过得为普通会员②。"会员人数在 1929 年为 88 人③；1936 年 150 人④；1941 年 327 人⑤。

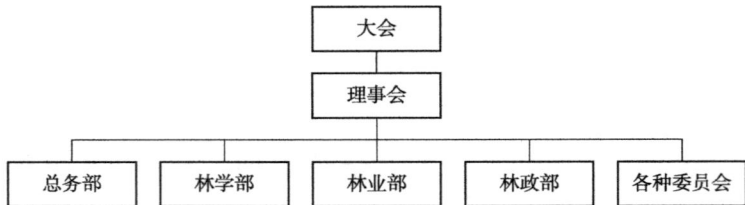

图 4-3　中华林学会最初之组织系统

资料来源：《中华林学会会章》，《教育部公报》1929 年第 1 期，第 128 页。

表 4-17　中华林学会历届理事会及成员一览

届次	任职	人员
第一届理事会 （1928 年 8 月—1929 年 12 月）	理事长	姚传法（留美）
	理事	陈嵘（留日、美、德）、凌道扬（留美）、梁希（留日、德）、黄希周（留日）、陈雪尘、陈植（留日）、邵均（留日）、康瀚、吴恒如（留日）、李寅恭（留英）、姚传法（留美）
第二届理事会 （1929 年 12 月—1931 年 1 月）	理事长	凌道扬（留美）
	理事	邵均（留日）、陈嵘（留日、美、德）、康瀚、陈雪尘、高秉坊、梁希（留日、德）、姚传法（留美）、林刚、凌道扬（留美）
第三届理事会 （1931 年 1 月—1936 年 2 月）	理事长	凌道扬（留美）
	理事	姚传法（留美）、陈雪尘、梁希（留日、德）、康瀚、陈嵘（留日、美、德）、黄希周（留日）、高秉坊、李蓉、凌道扬（留美）

---

① 《中华林学会会章》，《林学》1941 年第 7 期，第 118 页。

② 《中华林学会会章》，《教育部公报》1929 年第 1 期，第 128 页。

③ 《中华林学会会员录》，《林学》1929 年第 1 期。

④ 《中华林学会会员录》，《林学》1936 年第 5 期。

⑤ 《中华林学会会员通讯录》，《林学》1941 年第 7 期。

（续）

届次	任职	人员
第四届理事会 （1936年2月—1941年）	理事长	凌道扬（留美）
	理事	李寅恭（留英）、胡铎、高秉坊、陈嵘（留日、美、德）、林刚、梁希（留日、德）、蒋蕙荪、康瀚、凌道扬（留美）
第五届理事会 （1941—1951年）	理事长	姚传法（留美）
	常务理事	梁希（留日、德）、凌道扬（留美）、李顺卿（留美）、朱惠方（留美）、姚传法（留美）
	理事	傅焕光（留美）、康瀚、白荫元、郑万钧（留美）、程复新（留美）、程跻云（留日）、李德毅（留美）、林祜光（留日）、李寅恭（留英）、唐燿（留美）、皮作琼（留法）、张楚宝（留美）
	理事会干事	杨衔晋（留美）
	监事	陈嵘（留日、美、德）、张海秋（留日）、鲁佩璋（留美）、曾济宽（留日）、高秉坊、贾成章（留德）、陈植（留日）

资料来源：中国林学会编著：《中国林学会史》，上海交通大学出版社2008年版，第223-224页。2. 周棉主编：《中国留学生大辞典》，南京大学出版社1999年版。

中华林学会的宗旨为"集合同志，研究林学，建议林政，促进林业"[1]。但是"学会没有可靠的经济来源，政府也没有任何拨款补助，会员会费收入更微不足道。出版刊物的费用靠四人捐赠，或是请少数企事业单位以刊登广告付费的形式给予资助，处境是十分困窘的[2]。"尽管如此，中华林学会为了实现学会宗旨，在二位理事长姚传法、凌道扬的主持之下开展学会活动，并取得了不少成效。

1. 召开理事会及年会

据统计，"中华林学会只在1930年单独举行过一次年会，再没有过其他学术讨论或宣读论文之类的集会，理事会也难定期召开[3]。"这其实从侧面反映出了中华林学会缺乏固定的年会及理事会机制，也表明了中华林学会的年会并非一般性的学术年会。中华林学会召开理事会及年会除了讨论和决议本会的具体事务外，更是立足于学术特长，针对现实需要，通过召开理事会及年会群策群力，建言献策，答复各项林业问题，提议并建议各项林政。这无疑有利于专门人才的培养，而且很大程度上推动了当时国家的林政、林业建设。

一是，答复各项林业问题。譬如，中央民国经济计划委员会曾函嘱中华林学会制定《复兴中国林业计划草案》，以供采择施行。基于此，中华林学会于1937年6月19日召开的理事会上专门讨论如何制订这一计划，经决议，提出复兴中国林业计划草案，应遵照下列各纲要起草："（一）应请中央切实推行林业行政系统办法。（二）应请中央增加并确定全国林业经费。A 中央方面至少须增至国家支出总预算之千分之五至千分之十，B 地方方面由中央斟酌各省情形，分别规定，但每省至少须达五万元以上。（三）应由中央设立林业专

---

[1] 《中华林学会会章》，《教育部公报》1929年第1期，第127页。
[2] 中国林学会：《中国林学会成立六十五周年纪念 1917—1982》，中国林学会1982年版，第48页。
[3] 中国林学会：《中国林学会成立六十五周年纪念 1917—1982》，中国林学会1982年版，第48页。

科学校。（四）设立中央林业试验场。（五）设立模范造林县。（六）设定林业技术员任用办法①。"

二是，提议并建议各项林政。譬如，1930 年中华林学会第二届理事会具体通过："（一）募集基金规则；（二）与中央党部农矿部合办造林运动；（三）呈请考试院增加林学组，以实现本党森林政策②。"其中的呈请考试院增加林学组是由于教育部通令各省市选送留学生，其规定考试科目，缺列森林一科。中华林学会鉴于当时国家荒山罗布，林业正谋求复兴之际，而林业专才之培育，尤为当时的急务，因而特呈请考试院增加林学组，以免出现育才偏枯的情况。再如，于 1931 年的年会上，中华林学会通过了五条重要的决议："（一）请实业部迅予成立林垦署案；（二）呈请国府迅予公布森林法及狩猎法案；（三）请实业部对于中央农业实验所设施，应注重林业实验，并慎选专门人才案；（四）函请首都建委会，市政府，及中央模范林区管理局，积极造林，以增进首都风景案；（五）通知会员投函选理事案③。"另外，1944 年 12 月中华林学会召开了年会，制定了《中国林业建设计划纲要草案》。《中国林业建设计划纲要草案》的具体内容如下：

（1）我国政府应恪遵国父遗教，实行大规模森林国营，以便提供国防用材，民生需要，国际贸易，及推行水土保持、防风、防沙、环境优美计，确定林业建设政策，施行全国，以求国家近代化。

（2）中央设林务署，隶属农林部，统办全国林务事宜，各省设林务处，隶属省政府，统帅全国林务事宜，各县得设林务所，附设林场苗圃，办理全国林务事宜。

（3）根据全国森林分布，筹设若干国有林区，每区应征购大段森林地亩，以实经营，区设管理局，直属农林部。

（4）促进林业工业化，筹设伐木工厂，锯木所，纸浆厂，及其他森林工业林产制造等工厂。

（5）中央林业实验所之组织、设备、经费等，亟宜贷款扩充，俾能切实研究全国林木，建设森林工程，树立森林工业，发展国家林业经济，以期堪负责美国林业研究所（U. S. Forest Product Laboratory, Madison, Wisconsin）相同之责任。

（6）官费派遣林业人才，分往外国学习林业行政，林产制造，造林推广，林业工程等等。每年应在五十名以上，至少继续十年。关于全国高等林业教育，政府应即筹设规模完善之林科大学或学院，至少一所，十年之内，达三五所，以研究高深林学，培养高等林业专才，为应各自然地区之需要起见，函宜加强各大学之森林系，并由政府津贴优秀之林学生，以便多造就林业专门人才，各林学院，及大学森林系，附设林学专修科，培养实地育苗造林保护推广各项人员。

（7）全国积极推行水土保持，厉行水源及堤岸造林，并在西北诸省，普遍推行防风防沙林之工作。

---

① 参见《中华林学会定期在京开年会》（《科学》1937 年第 8 期，第 658 页）以及《中华林学会拟就复兴林业计划》（《中国建设》1937 年第 6 期，第 244 页）。

② 《中华林学会开理事会》，《农业周报》1930 年第 15 期，第 402 页。

③ 《中华林学会年会记》，《农业周报》1931 年第 34 期，第 1352 页。

（8）积极研究全国林木种属，及其分布与生长状况，尤应着重各项森林特产，如茶叶、药材、禽兽等之增产。

（9）林业经费，在中央应占农林全额 15%，在省应占建设费 10%，地方 5%，并应大量利用外资，优礼延聘客卿，尤其美国方面，俾林业得以切实推动发展。

（10）就国有林区内之著名大山，如黄山、华山、雁荡山、庐山、泰山、鼎湖山、峨嵋山及贵州黄果树大瀑布等处，创设森林公园，以资游览，而增国际声誉。

（11）厉行森林保护政策，切实施行森林法，严禁盗伐、滥伐或火烧林木等，违者概由主管机关依法严办，绝不宽待，以保森林，而维林业。

（12）农林部应组织森林测量队，勘查全国森林资源，分五年完成之，以后继续作详细之调查①。

2. 发行《林学》杂志

据著名林学家范济洲回忆，中华林学会的"活动方式主要是编辑会报或林学杂志而已②。"我们不难看出中华林学会活动的匮乏，也表明了编辑《林学》杂志是学会的核心会务。《林学》创刊号于 1929 年 10 月出版，其后断断续续地在 1929—1931 年、1936 年、1941—1944 年发行，共计 11 号。从 1930 年 2 月出版的第 2 号开始，《林学》设置了论说、研究、计划、译述、专著、调查、杂俎、国内森林消息、国外森林消息、附录等栏目。这些栏目在此后各期都沿用。"九一八"事变爆发，学会的活动陷入困境，《林学》杂志亦受到影响，在出完第 4 期之后便暂时停止出刊。停刊期间，中华林学会的会员们只好在《中华农学会报》上发表相关文章。1936 年，在理事长凌道扬的领导下，《林学》得以复刊。在 1936 年的 7 月和 12 月分别出了《林学》的第 5、6 号。1937 年全面抗战爆发，学会处于瘫痪状态，《林学》杂志又被迫停刊。1941 年，由姚传法召集中华林学会的会员集会，经商讨，推选李寅恭、郝景盛二人担任编辑部正、副主任；程复新、朱惠方、邓叔群、郑万钧、展瀚、徐盈、李德毅、贾成章、李鲁航、白荫元、傅焕光、邵均、乔荣升、张楚宝、杨靖孚、林祜光 16 人担任编辑委员会委员，并于 1941 年 10 月，出版了《林学》第 7 号③。1942 年 8 月出版了《林学》第 8 号，1943 年 4 月和 10 月出版了《林学》第 9、10 号。1944 年 11 月出版了《林学》第 11 号。此后，《林学》便再无出版。鉴于编辑《林学》是中华林学会的核心会务，因而《林学》的停刊，象征中华林学会的出版事业已画上句点，也意味着中华林学会在民国时期的所有活动宣告终结④。

中华林学会"发行《林学》，以为《森林》之继⑤。"正如《中华林学会三十年史略》中所说："刊布会员研究论文，发扬学术，有助于林业之发达，技术之改进，贡献尤多。故有

---

① 《中华林学会制定〈中国林业建设计划纲要草案〉》，《林讯》1945 年第 3 期，第 27-28 页。
② 范济洲：《展望学会的未来》，中国林学会主编：《中国林学会成立 70 周年纪念专集 1917—1987》，中国林业出版社 1987 年版，第 13 页。
③ 参见《中华林学会职员录》，《林学》1942 年第 7 期。
④ 参见林志晟：《农林部中央林业实验所位设置与发展（1940—1949）》，台湾政治大学历史学系 2011 年版，第 48 页。
⑤ 《中华林学会三十年史略》，《中华农学会通讯》1947 年第 79-80 期，第 20 页。

辛亥之革命，即有《森林》问世，有北伐之完成，乃见《林学》为继①。"譬如，在《林学》创刊号上，有中华林学会首任理事长的姚传法所作的《序》，另外还刊登有 19 篇文章。分别为姚传法的《森林更新法总论》，梁希的《民生问题与森林》，凌道扬的《水灾根本治救方法》，姚传法的《江苏省立造林场计划》，陈嵘的《发展首都附近各县林业意见书》，黄希周的《整顿苏省林业意见书》，姚传法的《兵工植树计划》，陈雪尘的《中山先生之森林政策》，任承统的《中国森林界之革命方略》，陈植的《对于兵工林业之管窥》，安事农的《关于训政时期森林政策之意见》，胡韶的《森林经营上预防火患之适当方法》，李代芳的《中国森林史考略》，黄瑞采的《森林教育与森林建设》，唐梦友的《中国松杉科树木植物学上之位置及造林法》，谢先进的《鸭绿左岸之林业》，邵均的《日本森林组合之一般》，陈雪尘的《牛首山森林概况》，姚传法的《查勘句容小九华山森林感想》。关于《林学》杂志撰稿人的基本情况可参见表4-18。《林学》杂志上发表林学研究的最新成果，搭建学术交流平台，成为林学学术研究和信息传播的重要载体。我们固然应肯定《林学》杂志的积极意义。但与此同时，我们也不能高估《林学》杂志的实际价值。正如林学家范济洲所说："在那个军阀混战、内忧外患的年代，全国根本没有完整的林业体制和大规模的林业建设。学会出版的会报或杂志，也多是纸上谈兵，一些有价值的学术见解也无用武之地②。"

表 4-18　《林学》撰稿人基本情况一览

姓名	论文数量/篇	姓名	论文数量/篇	姓名	论文数量/篇	姓名	论文数量/篇	姓名	论文数量/篇
姚传法	11	梁希	2	凌道扬	5	陈嵘	2	黄希周	1
陈雪尘	3	任承统	3	陈植	4	安事农	1	胡韶	1
李代芳	1	黄瑞采	1	唐梦友	1	谢先进	1	邵均	1
李寅恭	7	孙章鼎	1	叶培忠	1	鲁慕胜	2	陶玉田	3
高秉坊	4	曾济宽	3	林刚	4	蒋英	1	肖诚	1
张海秋	1	乔荣升	1	李蓉	1	何庆云	1	姚光虞	1
康瀚	1	吴清泉	3	张问政	1	王相骥	1	朱源林	1
秦仁昌	1	严宙耕	2	李顺卿	2	蒋蕙荪	2	李彦松	1
林伟民	1	鲁昭祎	3	邵维坤	2	李贡知	1	唐燿	4
程复新	3	郑万钧	2	黄中立	3	熊文愈	1	李荫桢	2
吕福和	1	王安定	1	马大浦	2	贾成章	1	钟国松	1
徐永椿	1	俞德浚	1	何知行	1	张小留	2	程跻云	2
严为椿	1	戴渊	1	苗久佣	3	张楚宝	1	韩安	1
赵宗哲	2	赵子孝	1	姚开元	1	干铎	1	苏甲熏	1
郝景盛	1	朱惠芳	1	柯病凡	1	周光荣	1		

资料来源：《林学》1929 年第 1 期至 1944 年第 11 期。

---

① 《中华林学会三十年史略》，《中华农学会通讯》1947 年第 79-80 期，第 20 页。

② 范济洲：《展望学会的未来》，中国林学会：《中国林学会成立 70 周年纪念专集 1917—1987》，中国林业出版社 1987 年版，第 13 页。

3. 参与首都造林运动宣传周

1930 年 3 月，中华林学会作为当时最为重要的林学学术团体受邀参加了首都造林运动宣传周的活动。而相关论著在回顾中华林学会的发展史时，要么直接跳过这一段历史，要么只是简单提及，甚至出现史实错误。作为中华林学会重要的学会活动，实有必要加以考述。本书依据的核心史料是首都造林运动委员会编辑的《首都造林运动宣传周报告书》[1]。

1930 年 2 月 7 日，农矿部致函，内政部、教育部、铁道部、建设委员会、南京特别市党部、中央大学农学院、金陵大学农林科、中山陵园、中华林学会派代表来部会商组织首都造林运动临时委员会办法。其信函的具体内容如下：

> 迳启者本部前以总理逝世纪念周植树式之举行，为期以近，亟应筹备。特向行政院提议，拟自三月十一日起以一星期为造林宣传周，于首都及各省县市政府所在地举行大规模之造林运动。务使造林常识能于最短期内普及于全国人民，其举行办法在首都拟由本部约集内政教育、铁道各部建设委员会及南京特别市党部、市政府、中央大学农学院、金陵大学农林科等处代表组织首都造林运动临时委员会。酌定施行，当经决议照办并转呈国府复经第六十一次国务会议决议照办并令切实遵照办理各等。因奉此相应函请贵会查照派定代表于本月十三日午前十时至本部会商组织首都造林运动临时委员会办法以利进行，至纫公谊。此致[2]。

中华林学会接到函件后，决定由理事长凌道扬及理事康瀚代表学会出席，具体商讨组织首都造林运动临时委员会办法。其回复农矿部信函的内容如下：

> 迳复者接准大函以总理逝世纪念周举行植树宣传，亟应先时筹备。嘱派代表于本月十三日午前十时至贵部会商组织首都造林运动临时委员会办法以利进行等，因准此查造林运动事关重要，敝会特派凌道扬、康瀚为代表，除请凌道扬、康瀚届时出席外，相应函复。即希查照为荷。比致[3]。

经集体商议，制定了《首都造林运动委员会组织章程》，规定由农矿部、中华林学会等 15 个机关单位派代表为委员组织成立首都造林运动委员会。委员会设总务、宣传、植树三部，每部各设主任 1 人，副主任 2 人，由委员会公推之；委员会办公地址附设农矿部内，于办理造林运动宣传周完毕之日撤销之。

首都造林运动委员会组织章程[4]

第一条　本会由下列各机关指派代表为委员组织：

农矿部、内政部、教育部、铁道部、工商部、交通部、卫生部、建设委员会、南

---

① 首都造林运动委员会：《首都造林运动宣传周报告书》，1930 年印行。
② 首都造林运动委员会：《首都造林运动宣传周报告书》，1930 年印行，第 8 页。
③ 首都造林运动委员会：《首都造林运动宣传周报告书》，1930 年印行，第 10 页。
④ 首都造林运动委员会：《首都造林运动宣传周报告书》，1930 年印行，第 1~2 页。

京特别市政府、中山陵园、中央大学农学院、金陵大学农林科、中央模范林区委员会、中华林学会、江苏省教育林。

第二条　本会设下列三部：

（一）总务部　凡文书、庶务、会计、交际及其他不属下列各部事属之。

（二）宣传部　凡撰拟宣传品、标语、组织宣传队及讲演会等事属之。

（三）植树部　凡采定林场预备苗木及指导栽植树木等事属之。

第三条　本会设常务委员一人，每部各设主任一人，副主任二人，由委员会公推之。

第四条　本会委员须担任一部或二部之工作。

第五条　各部得酌量情势分组办事。

第六条　本会定每星期三下午二时开常会一次，如遇紧急事件得由常务委员召集临时会议。

第七条　本会办公地址附设农矿部内。

第八条　本会于办理造林运动宣传周完毕之日撤销之。

中华林学会全程参与了首都造林运动委员会的成立过程。此外，中华林学会的会员也在其中担任了重要角色。例如，皮作琼担任常务委员；鲁佩章担任委员兼总务部副主任；傅焕光担任委员兼植树部主任；陈雪尘担任委员兼植树部副主任；陈嵘担任委员兼植树部副主任；凌道扬担任委员兼宣传部副主任；林刚担任委员；张福延担任委员；李寅恭担任委员；康瀚担任委员；陈植担任筹备员；安事农担任筹备员；姚传法担任招待员兼筹备员①。由《首都造林运动委员会组织章程》第二条及第四条可知，总务部主要负责文书、庶务、会计、交际及其他事宜。宣传部主要负责撰拟宣传品、标语、组织宣传队及讲演会等事宜。植树部主要负责采定林场预备苗木及指导栽植树木等事宜。委员则须担任一部或二部之工作。故而，中华林学会为首都造林运动委员会的有效运转提供了人力资源和智力支持(图4-4)。

图4-4　首都造林运动委员会全体职员摄影

资料来源：首都造林运动委员会编辑：《首都造林运动宣传周报告书》，1930年印行。

---

① 首都造林运动委员会：《首都造林运动宣传周报告书》，1930年印行，第19—30页。

中华林学会还充分发挥自身学术特长，直接参与首都造林运动宣传周的活动。首都造林运动委员会定于 1930 年 3 月 12 日在中山陵举行孙文逝世纪念植树式，为扩大运动，自 3 月 11 日起以一星期为造林宣传周，于首都及各省县市政府所在地举行。关于首都造林运动宣传周每日工作的具体分配情况，如表 4-19 所示：

表 4-19　首都造林运动宣传周每日工作分配表

次第	月、日	星期	工作
第 1 日	3 月 11 日	星期二	中央大学农学院宣传队全体共十组及金陵大学农林科宣传队特别组织四队出发宣传
第 2 日	3 月 12 日	星期三	在总理墓前举行植树典礼，并在总理墓前东首山头植树 5000 余株
第 3 日	3 月 13 日	星期四	假首都青年会举行第一次讲演会，并演放中外各种影片
第 4 日	3 月 14 日	星期五	假金陵大学礼堂举行第二次讲演会，并演放中外各种造林影片
第 5 日	3 月 15 日	星期六	金陵大学农林科宣传队十七队出发宣传并假该校大礼堂举行第三次讲演会并演藏电影
第 6 日	3 月 16 日	星期日	金陵大学农林科宣传队十八队出发宣传并假江苏民众教育馆举行第四次讲演会并演放电影

资料来源：首都造林运动委员会编辑：《首都造林运动宣传周报告书》，1930 年印行，第 32 页。

中华林学会参与首都造林运动宣传周的方式主要有如下两种：

一方面，中华林学会的会员们以演讲会的形式直接传播林业科学知识。例如，凌道扬讲演的题目是《森林之利益》，康瀚讲演的题目是《提倡造林之必要》，张福延讲演的题目是《造林的方法》，皮作琼讲演的题目是《应该怎样发展中国的林业》，高秉坊讲演的题目是《中国森林概况》等（表 4-20）。这些讲演者大多是知名的林学专家。在不同的时间、地点面对几千听众进行演讲，无疑有利于知识的传播。

表 4-20　首都造林运动宣传周演讲会一览

次数	时间	地点	演讲题目	演讲者	听讲者/人
第 1 次	3 月 13 日午后 2 时至 5 时	青年会	《森林之利益》《造林运动的意义及其工作》	凌道扬 黄德安	2000 余
第 2 次	3 月 14 日午后 2 时至 5 时	金陵大学大礼堂	《提倡造林之必要》《造林的方法》	康瀚 张福延	2050 余
第 3 次	3 月 15 日午后 2 时至 5 时	金陵大学大礼堂	《森林与建国》	任中敏（胡汉民代表）	4000 余
			《应该怎样发展中国的林业》	皮作琼	
第 4 次	3 月 16 日午后 2 时至 5 时	浙江民众教育馆	《造林运动宣传周的利益》《中国森林概况》	陈郁 高秉坊	2000 余

资料来源：首都造林运动委员会编辑：《首都造林运动宣传周报告书》，1930 年印行，第 45-46 页。

另一方面，中华林学会的会员们以编写宣传小册子的形式直接传播林业科学知识。总计编写宣传小册子 14 种，每册印发 5000 份。它们分别是皮作琼、黄德安的《首都造林运动宣传周宣传纲要》，陈植的《造林须知》，林刚的《森林保护常识》，张福延的《森林经理常识》，陈嵘的《世界林业之沿革及其趋势》《中国十种重要树木之性质及造林法》，凌道扬的《造林防旱》《造林防水》，皮作琼的《关于中国林业问题的商榷》，姚传法的《造林救国办法之商榷》，高秉坊的《抵制外材与造林运动》，安事农的《都市之造林运动》，皮作琼的《森林与治水问题》，姚传法的《林业教育刍议》。关于 1930 年首都造林运动委员会宣传品可参见表 4-21。

表 4-21 首都造林运动委员会宣传品一览

种类	名称	编著者	约计字数	印发份数
小册	《首都造林运动宣传周宣传纲要》	皮作琼 黄德安	14700	5000
	《造林须知》	陈植	4900	5000
	《森林保护常识》	林刚	4500	5000
	《森林经理常识》	张福延	9400	5000
	《世界林业之沿革及其趋势》	陈嵘	3200	5000
	《中国十种重要树木之性质及造林法》	陈嵘	40800	5000
	《造林防旱》	凌道扬	4900	5000
	《造林防水》	凌道扬	4100	5000
	《关于中国林业问题的商榷》	皮作琼	9000	5000
	《造林救国办法之商榷》	姚传法	2400	5000
	《抵制外材与造林运动》	高秉坊	10600	5000
	《都市之造林运动》	安事农	13000	5000
	《森林与治水问题》	皮作琼	8900	5000
	《林业教育刍议》	姚传法	2500	5000
表解	《森林的利益》	—	—	5000
传单	一种	—	—	20000
标语	共二十种	—	—	每种 1000

资料来源：首都造林运动委员会编辑：《首都造林运动宣传周报告书》，1930 年印行，第 46-47 页。

这些小册子均出自名家之手，以通俗易懂的语言传播科学的林业知识，对于民众参与到造林运动之中也具有极大的鼓励作用，也是近代通俗林学的典型代表，很值得我们关注。但目前鲜有论著提及这些小册子。这里仅就其中重要几本予以简单介绍。其一，皮作琼、黄德安的《首都造林运动宣传周宣传纲要》①共分为九个部分，介绍了造林运动的意义，造林运动的历史，造林运动的方法，森林的利益，造林的常识，全国造林计划，首都造林的方法，民众对造林运动应有的认识，首都造林宣传周的标语。这本书也可视为首都造林运动宣传周的纲领性文件，具有指导意义。其二，姚传法的《林业教育刍议》②介绍了

① 参见皮作琼、黄德安：《首都造林运动宣传周宣传纲要》，首都造林运动委员会 1930 年印行。
② 参见姚传法：《林业教育刍议》，首都造林运动委员会 1930 年印行。

东西各国林业教育之概况，分析了我国林业教育失败之原因，并指明了林业教育应有之方针。其中很多观点对于当下的林业教育仍具有参考意义，它也是人们研究中国近代林业教育史的重要文献。其三，安事农的《都市之造林运动》包括五个部分：都市与防烟林、都市与防火林、都市与宅旁林、都市与行道树、都市与庭园树木。它揭示了都市与森林之间的重要关系，强调了都市造林运动的重要意义。它的写作更具现实意义，对 1930 年的首都造林运动有着一定的指导作用。其四，高秉坊的《抵制外材与造林运动》①包括三个部分：造林运动之价值、造林为抵制外材之准备、抵制外材准备之方法。这无疑有利于鼓励民众参与到造林运动之中。其五，陈嵘的《世界林业之沿革及其趋势》②将世界林业的沿革分为四个时期，介绍了林业在先进各国今后的趋势（包括森林之用为水电发动场也，森林之为民众游乐场也），并分析了森林之于农业化及工业化的作用和意义。陈嵘的相关论著主要涉及中国林业史，而这本小册子则是陈嵘关于世界林业史的重要文献。

第三节　地方性林学社团之创建

地方性林学社团的创建，可以视作全国性林学社团的重要补充。因为它们具有规模较小、成员较少、便于组织等特点，在很大程度上弥补了中华森林会、中华林学会等林学社团组织上的缺憾，极大地推动了局部林学事业的发展。在民国时期的地方性林学社团之中，又以四川林学会以及台湾林学会影响最大。台湾林学会创建于 1948 年，而四川林学会创建于 1936 年 11 月，存在的时间更早，存在的时间更长。因而四川林学会也被视为"抗战期间较有影响的省级林学会组织③。"但令人遗憾的是，相关论著只对四川林学会予以简单介绍，尚未见专文展开过讨论。这与其贡献极不相称，同样也限制了人们对于四川林学会的认识。有鉴于此，本节以四川林学会为个案，并以相关档案资料为核心史料展开论述。

四川林学会的创建离不开余耀彤等归国林学留学生的发起和主持。关于四川林学会的创建过程实有必要进行较为详细的考述。因为就目前所见的绝大部分资料，都记载得十分笼统，这就致使人们对四川林学会的筹备过程缺乏清楚的了解。其中，《四川月报》于 1936 年第 8 卷第 3 期上面的《川大农院教授余季可发起四川林学会》一文对四川林学会筹备过程进行了记载。其具体内容如下：

> 四川森林事业，向极幼稚，而森林之于农业国家，不特经济上有重大之地位，且关于气温之调节，雨量之含蓄，旱灾之减免至巨，足见森林于地方社会，均极有影响。四川大学农学院，森林教授余季可等，有鉴于此，为谋四川森林事业之进展，杭学理论之发扬，唤起全川人士，对森林之重视，与森林事业之推行，爰约集林学界同志，发起四川林学会，业于三日下午一时，假省农会开第一次座谈会，到三十余人，旋即决定组织筹备委员会，内分总务、文书、宣传、交际四部，并当众推出余季可，

---

① 参见高秉坊：《抵制外材与造林运动》，首都造林运动委员会 1930 年印行。
② 参见陈嵘：《世界林业之沿革及其趋势》，首都造林运动委员会 1930 年印行。
③ 中国林学会：《中国林学会史》，上海交通大学出版社 2008 年版，第 14 页。

陈全汉，刁庆鹤，何知行，谢未半，周清辉等十余人，为筹备委员，负责计划一切，将于最近召开成立大会，并向党政各方备案，以利进行云①。

根据记载可知，为"谋四川森林事业之进展，林学理论之发扬，唤起全川人士，对森林之重视，与森林事业之推行"，余耀彤（即余季可）组织林学界同志于1936年3月在省农会开第一次座谈会，到会30余人，成立筹备委员会。

另外，邬不染《本会筹备经过及其成立情形》也记载了四川林学会的筹备过程：

> 吾川近年以来，天干水旱，叠见严重，山童木荒，民生堪虞，不独蜀地为然，即全国各省，俱有同样事实之感觉。志在救灾救荒者，莫不曰："森林救国！"同人等原习林学，不敢坐忘建设要政，自弃匹夫之责。尝约林界同志，研讨林业学术。当二十五年三月三日也，本会发起人余耀彤，刁本立等，曾假四川省农会地点开首次座谈会。计到会者，有谢开明、鄢致荣、丁翰忠、但懋荣、曾绍谦、晋大铭、邬仪、秦齐三、刁群鹤、何知行、杨文龙、伍为先、蒋君堤、余季可、刘有栋、陈德铨、周灿然、陈全汉、朱志仁、何文彩、周清辉、艾长岑、曹伟、谭万烈、王绍尊、王坦、丁永乐、蔡卓、杜苞九、晋运春、杨靖孚、林世伟、陈声六、杨为宪、叶孟壬、许防未等三十六人，由余季可主席，邬仪记录，讨论之重要议案，即本会名称之决定，宗旨之商酌，并推刁本立，曾昭文等九人为筹备员，负起责任，筹备本会一切进行事宜②。

对比二者，我们可以知道四川林学会的核心发起人为川大农院的余耀彤教授，参加首次座谈会的人员有36人，筹备委员负责一切事宜，责任重大。但两篇文献关于筹备委员会委员的人数却并不一致。《川大农院教授余季可发起四川林学会》的记载为"推出余季可，陈全汉，刁庆鹤，何知行，谢未半，周清辉等十余人，为筹备委员"，而《本会筹备经过及其成立情形》的记载为"推刁本立，曾昭文等九人为筹备员"。关于筹备委员的具体人数，后一种观点更为可靠。因为在相关档案中也记录了四川林学会筹备会筹备员的名字，他们分别为余耀彤、刁本立、谢开明、曾昭文、陈全汉、邬不染、晋大铭、何知行、丁翰忠9人③。

为组织学会，余耀彤联合其他筹备委员于1936年3月将组织四川林学会经过情形，并《简章》及摹印图记呈请成都市市政府、四川省政府、中国国民党成都市人民团体指导委员会鉴核备案。而该《鉴核备案》的具体内容如下：

---

① 《川大农院教授余季可发起四川林学会》，《四川月报》1936年第3期，第144—145页。
② 邬不染：《本会筹备经过及其成立情形》，《四川林学会会刊》1937年第1期，第84页。
③ 参见《四川林学会呈报筹组成立情形附具简章、印摹、职员名册履历，推进林业建议书并请设森林管理机构及省府建设厅批复》，四川省档案馆藏，档号：民115-03-4639。

呈为组织四川林学会附具简章暨摹印图记肯予鉴核备案事①

窃提倡林业乃建设国民经济之要务，供献学理系学术团体之职责。吾国林政失修，林学不振，山林荒废已达极点。影响所及直接则取材无出仰给外人，间接则气候失调，水旱迭见。当局疲于救灾、救荒，人民苦于转徙流离。长此以往，复患何堪，政府有鉴于此，以为治标或宜治本，乃积极提倡造林以救木荒，消灭隐患。吾川位长江上游，人稠地广，尤感森林之需要。方今省政府对造林一端，已先后推行倡导。耀形等学习林学，何感或忘建设要政，自弃匹夫之责，爰步中华林学会之后尘，约集在省林学界同志于本月三日就四川省农会地点座谈发起四川林学会，并推定耀形等几人为筹备员。兹以筹备就绪，拟具简章、摹印图记呈请备案成立四川林学会。在学者有互相改错之组合，政府得辅助推行之团体。匪特川中学者之便，即国家推行行政复兴林业，亦收事半功倍之效，为此谨将组织四川林学会经过情形，检呈简章暨摹印图记呈请钧府鉴核备案指祗遵。分呈成都市市政府暨中国国民党成都市人民团体指导委员会外，谨呈四川省政府公鉴。计呈四川林学会简章一份、摹印图记一纸。

四川林学会筹备会筹备员：余耀形、习本立、谢开明、曾昭文、陈全汉、邬不染、晋大铭、何知行、丁翰忠

在收到四川林学会筹备会筹备员的呈报之后，四川省政府、成都市市政府、中国国民党成都市人民团体指导委员会、四川省党部均对《四川林学会简章》（修订前）（表4-22）内容予以了审核备查，并且很有针对性地提出了建议。譬如，四川省政府很快就给出了批示，认为"查核所赍简章第二条内，建设林政四字，应予删除，仰即遵照改正。其余尚无不合，姑准备查②。"而各部门所提出的审核建议也给《四川林学会简章》的最终修订打下了基础。

表4-22　修订前后之《四川林学会简章》

《四川林学会简章》（修订前）	《四川林学会简章》（修订后）
第一章　总则	第一章　总则
第一条　本会定名为四川林学会。	第一条　本会定名为四川林学会。
第二条　本会以集合同志，研究林学，建设林政，促进林业发展，国民经济完成三民主义之建设为宗旨。	第二条　本会以集合同志，研究林学，促进林业发展，国民经济完成三民主义之建设为宗旨。
第三条　本会会所暂设成都潘库街四川省农会内。	第三条　本会会所暂设成都潘库街四川省农会内。
第四条　本会刊木质图记一颗，文曰四川林学会之图记以昭信守。	第四条　本会刊木质图记一颗，文曰四川林学会之图记以昭信守。
第二章　会员	第二章　会员
第五条　本会会员分下列四种：	第五条　本会会员分下列四种：
（一）基本会员　凡国内外曾受林学教育并愿负本会经	（一）基本会员　凡国内外曾受林学教育并愿负本会经济及

① 《四川林学会呈报筹组成立情形附具简章、印摹、职员名册履历，推进林业建议书并请设森林管理机构及省府建设厅批复》，四川省档案馆藏，档号：民115-03-4639。
② 《四川林学会呈报筹组成立情形附具简章、印摹、职员名册履历，推进林业建议书并请设森林管理机构及省府建设厅批复》，四川省档案馆藏，档号：民115-03-4639。

（续）

《四川林学会简章》（修订前）	《四川林学会简章》（修订后）
济及事业之责任，经会员二人之介绍，完备入会手续者得为基本会员。	事业之责任，经会员二人之介绍，完备入会手续者得为基本会员。
（二）赞助会员　凡实业人士同情本会宗旨，赞助本会进行，经会员二人之提议，由理监联席会议通过完备入会手续者得为赞助会员。	（二）赞助会员　凡实业人士同情本会宗旨，赞助本会进行，经会员二人之提议，由理监联席会议通过完备入会手续者得为赞助会员。
（三）机关会员　凡与林业有关系之机关及学术团体赞成本会宗旨协助进行者经执监联席会议决得为机关会员。	（三）名誉会员　凡同情本会宗旨，协助进行之各界硕士名流，声誉卓著者，经理监联席会提出通过后，聘为名誉会员。
（四）名誉会员　凡同情本会宗旨，协助进行之各界硕士名流，声誉卓著者，经理监联席会提出通过后，聘为名誉会员。	第六条　本会会员有选举权和被选举权。
	第七条　本会会员有服从本会决议及按期缴纳会费之义务。
第三章　组织	第三章　组织及职权
第六条　本会设执行委员会及监察委员会以进行会务。	第八条　本会设理事会以进行会务。
第七条　执行委员会以九人组织之，监察委员会以五人组织之。	第九条　理事会设理事九人，候补理事三人，监事会设监事五人，候补监事二人，由会员大会选举之。
第八条　执监委员之任期均为一年，采用票选法连选得连任，但不得过三次。	第十条　理监事之任期均为一年，采用票选方法连选得连任，但不得过三次。
第九条　执行委员会及监察委员会各互选一人为主席，总揽该会一切事宜。	第十一条　理事会及监事会各互选一人为常务，总揽该会一切事宜。
第十条　执行委员会之职权如下：	第十二条　理事会之职权如下：
（一）拟定本会一切进行计划。	（一）拟定本会一切进行计划。
（二）代表本会执行本会章则及大会议决案。	（二）代表本会执行本会章则及大会议决案。
（三）管理本会金钱出纳并编造预算、决算及保管本会财产。	（三）管理本会金钱出纳并编造预算、决算及保管本会财产。
（四）编印本会各种刊物。	（四）编印本会各种刊物。
（五）参加国内外林学研究。	（五）参加国内外林学研究。
（六）调查省内外林业实况，并计划振兴林业方案，建议政府。	（六）调查省内外林业实况，并计划振兴林业方案，建议政府。
（七）解答各地函询之林业问题。	（七）解答各地函询之林业问题。
第十一条　监察委员会之职权有监察本会会务及会员之一切不法行为。	第十三条　监事会之职权有监察本会会务及会员之一切不法行为。
第十二条　执行委员会每月开例会一次，开会日期、地点由常务理事决定，遇有临时重要事件得召集临时会议。	第十四条　理事会每月开例会一次，开会日期、地点由常务理事决定，遇有临时重要事件得召集临时会议。
第十三条　监察委员会每半年开会一次，由监委会主席召集之，但遇有临时重要事件得召集临时会议。	第十五条　监事会每半年开会一次，由常务监事召集之，但遇有临时重要事件得召集临时会议。
第十四条　执监两会各种办事细则，由执监两会另订之。	第十六条　理监两会各种办事细则，由理监两会另订之。
第十五条　执监联席会议之职权如下：	第十七条　理监联席会议之职权如下：
（一）推选特种委员会委员。	（一）推选特种委员会委员。
（二）决定常年会之日期及地点。	（二）决定常年会之日期及地点。
（三）决定会员之入会及退会。	（三）决定会员之入会及退会。
（四）拟具大会提案。	（四）拟具大会提案。
（五）凡执监两会不能单独解决之其他事物。	（五）凡理监两会不能单独解决之其他事物。

（续）

《四川林学会简章》（修订前）	《四川林学会简章》（修订后）
第四章　会费 第十六条　本会会费分下列三种： （一）基本金　1. 基本会员入会时每人应缴基本金一元。2. 赞助会员入会时每人应缴基本金五元以上。3. 机关会员入会时应缴基本金十元以上。4. 名誉会员入会自动乐捐基本金二十元以上。 （二）常年金　基本会员每年于常年会时缴纳常年金一元，但在校求学者得缴半数。 （三）所得金　凡基本会员之服务社会者，每月应缴俸所得百分之三。 第五章　会议 第十七条　本会会议分常会与临时会两种： （一）常年会　每年一次，日期、地点由执监联席会议另订之，但须于一月前通知会员以便出席会议。 （二）临时会　遇有重要事件，执监联席会议不能负责，须全体会员公决时由执监联席会议定期召集之。 第十八条　常年会之职权如下： （一）决议执监委员会交议事项。 （二）讨论及决议一切重要职务。 （三）修订会章。 （四）推举查账员三人会同监察委员，查核本会一切出纳账项报告大会。 （五）关于本会其他重大事项。 第六章　会规 第十九条　凡本会基本会员不遵守章缴纳会费在一年以上者，或滥用本会名义损坏本会名誉者，经会员五人以上之指正，得由执监联席会议予以除名之宣告。 第二十条　本会基本会员有下列之权利及义务： （一）有选举权和被选举权。 （二）有服从本会决议案之义务。 （三）有接受本会指派任务之义务。 （四）有按期照章缴纳本会会金之义务。 第二十一条　本会会员均有享受本会各种刊物之权利。 第七章　附则 第二十二条　本会简章如有未尽事，宜得由会员五人以上之提议，经会员大会出席会员过半数之通过修正之。 第二十三条　本会简章经大会通过呈准党政机关备案后发生效力。	第四章　会费 第十八条　本会会费分下列三种： （一）基本金　1. 基本会员入会时每人应缴基本金一元。2. 赞助会员入会时每人应缴基本金五元以上。3. 名誉会员入会自动乐捐基本金二十元以上。 （二）常年金　基本会员每年于常年会时缴纳常年金一元，但在校求学者得缴半数。 （三）所得金　凡基本会员之服务社会者，每月应缴俸所得百分之三。 第五章　会议 第十九条　本会会议分常会与临时会两种： （一）常年会　每年一次，日期、地点由理监联席会议另订之，但须于一月前通知会员以便出席会议。 （二）临时会　遇有重要事件，理监联席会议不能负责，须全体会员公决时由理监联席会议定期召集之。 第二十条　常年会之职权如下： （一）决议理监委员会交议事项。 （二）讨论及决议一切重要职务。 （三）修订会章。 （四）推举查账员三人会同监事，查核本会一切出纳账项报告大会。 （五）关于本会其他重大事项。 第六章　会规 第二十一条　凡本会基本会员不遵守章缴纳会费在一年以上者，或滥用本会名义损坏本会名誉者，经会员五人以上之指正，得由理监联席会议予以除名之宣告。 第七章　附则 第二十二条　本会简章如有未尽事，宜得由会员五人以上之提议，经会员大会出席会员过半数之通过修正之。 第二十三条　本会简章经大会通过呈准党政机关备案后发生效力。

资料来源：1.《四川林学会呈报筹组成立情形附具简章、印摹、职员名册履历，推进林业建议书并请设森林管理机构及省府建设厅批复》，四川省档案馆藏，档号：民 115-03-4639。2.《四川林学会简章》，《四川林学会会刊》1938 年抗战建国周年纪念刊，第 87-89 页。

在 1936 年的 10 月连续筹备委员会召开了两次紧急临时会议，才将一切召开成立大会情形筹备完毕，并定于 11 月 8 日在成都青年会大礼堂召开成立大会。除先期柬请党政学界及有关事业机关莅临指导外，还分别通知各会员一律参加。譬如，余耀彤、刁本立、谢开明、陈全汉等 7 名筹备委员联名向四川省政府及四川省党部呈报召开成立大会的日期肯予备查并派员指导。四川省政府在收到筹备委员们的呈报之后，便回复道："据该会呈报召开成立大会日期，恳予备查，并派员指导。呈悉。准予备查，并派本府建设厅刘股长式民届时前往出席①。"

呈为呈报召开成立大会日期肯予备查并派员指导事②

窃耀彤等前发起组织四川林学会，早经筹备进行，拟具简章呈报在案。嗣奉钧府建字第 3885 号批开呈，暨附件均悉查核所赍简章第二条内，建设林政四字，应予删除，仰即遵照改正，其余尚无不合，姑准备查，此批附件存等。因奉此遵令将简章第二条内，建设林政四字删除外，兹已筹备完竣，定于十一月八日午前十钟假春熙路青年会大礼堂召开成立大会。除分呈四川省党部外，理合具文呈请钧府俯赐备查，并恳届期派员莅临指导以昭慎重实沾德便谨呈四川省政府。

四川林学会筹备会筹备员：余耀彤、刁本立、
谢开明、陈全汉、邬不染、晋大铭、何知行

成立大会如期召开，依照《四川林学会简章》，大会票选余耀彤、刁本立、程复新等 9 人为执行委员；陈德铨、丁文南等为候补委员；许防未、杜苞九等为监察委员；张月辉、刘有栋 2 人为候补委员。关于四川林学会职员履历可参见表 4-23。在 9 名执行委员中有 5 名是归国林学留学生，分别为余耀彤（留日）、刁本立（留日）、程复新（留美）、陈全汉（留日）、杨靖孚（留日）；5 名监察委员中有 2 名是归国林学留学生，分别为许防未（留日）、杜苞九（留日），以留日生为主体。

表 4-23　四川林学会职员履历表

姓名	年龄	籍贯	经历	备考
执行委员 9 名				
余耀彤	46	巴县	日本东京帝国大学农学部林科毕业，现任四川大学农院森林系教授	
刁本立	46	江津	日本东京帝国大学农学部林科毕业，现任四川省农场场长	
程复新	36	山东	美国康奈尔大学林科毕业，现任四川大学农院森林系主任教授	
陈全汉	32	彭山	日本东京农科大学林科毕业，现任四川省第一技场技正	

① 《四川林学会呈报筹组成立情形附具简章、印摹、职员名册履历，推进林业建议书并请设森林管理机构及省府建设厅批复》，四川省档案馆藏，档号：民 115-03-4639。
② 《四川林学会呈报筹组成立情形附具简章、印摹、职员名册履历，推进林业建议书并请设森林管理机构及省府建设厅批复》，四川省档案馆藏，档号：民 115-03-4639。

（续）

姓名	年龄	籍贯	经历	备考
杨靖孚	45	崇庆	日本鹿儿岛高等农林学校毕业，现任中央军分校教官	
秦齐三	38	忠县	四川公立农业专门学校林科毕业，现任四川省政府建厅三科科员	
邬仪	32	合江	四川公立农业专门学校林科毕业，现任四川省政府建厅三科科员	
谢开明	26	隆昌	公立四川大学农学院专门部毕业，现任中央军分校劝教	
何知行	25	营山	现肄业国立四川大学农学院	
候补委员 5 名				
陈德铨	24	资阳	现肄业国立四川大学农学院	
丁文南	36	荥阳	四川公立农业专门学校林科毕业，现任四川省政府建厅三科科员	
许绍楠	25	巴县	中央大学农学院林科毕业，现任四川大学农学院森林系助教	
杨为宪	22	华阳	现肄业国立四川大学农学院	
王绍傅	36	兴文	四川公立农业专门学校林科毕业，现任四川省政府保安处政训室秘书	
监察委员 5 名				
许防未	41	富顺	日本北海道帝国大学农业部林科毕业，现任中央军分校教官	
杜苞九	54	绵竹	日本东京帝国大学农学部林科毕业，现任四川省农学院教授	
何文彩	26	合江	现肄业国立四川大学农学院	
丁永乐		巴县	现肄业国立四川大学农学院	
林世伟	21	威远	现肄业国立四川大学农学院	
候补委员 2 名				
张月辉	19	南溪	现肄业国立四川大学农学院	
刘有栋	27	铜梁	四川省立农学院大学部毕业，现任四川大学农院森林系助教	

资料来源：《四川林学会呈报筹组成立情形附具简章、印摹、职员名册履历，推进林业建议书并请设森林管理机构及省府建设厅批复》，四川省档案馆藏，档号：民 115-03-4639。

　　1936 年 11 月 9 日，"就本市潘库街四川省农会地点开始办公，正式启用图文曰'四川林学会图记'，并于同时开执监联席会议，互选余耀彤为执行委员会主席，许防未为监察委员主席，并推出各组负责人员，分别推动各组事务①。"至此，四川林学会基本完成了组织建构。在 1937 年 2 月四川林学会执行委员会主席余耀彤向四川省政府及四川省党部呈报了四川林学会召开成立大会情形及启用图记日期办公地点连同选出之职员履历表、会员名册、章程、印摹等文件。

---

　　① 《四川林学会呈报筹组成立情形附具简章、印摹、职员名册履历，推进林业建议书并请设森林管理机构及省府建设厅批复》，四川省档案馆藏，档号：民 115-03-4639。

呈为呈报本会召开成立大会情形暨启用图记日期及办公地点连同选出之
职员履历表会员名册章程印摹等件随文赍呈肯予察核①

察核本遵事，窃本会于廿五年十一月八日假本市青年会召开成立大会，业经呈奉
钧府建字第 1917 号指令开呈悉，准予备查并派本府建设厅刘股长式民届时前往出席，
并仰即遵照此令等同于是日到会人员除党政机关代表暨各界来宾，外宾到会员三十
余人。依照章程，当场投票选出余耀彤等九人为执行委员，陆德铨等五人为候补，许
防未等五人为监察委员，张月辉等二人为候补。即于次日就本市潘库街四川省农会地
点开始办公，正式启用图文曰"四川林学会图记"，并于同时开执监联席会议，互选余
耀彤为执行委员会主席，许防未为监察委员主席，并推出各组负责人员，分别推动各
组事务。所有以上各队由除分呈四川省党部外，理合具文连同职员履历表，会员名
册，章程，印摹等件一并赍呈钧府备予察核指令祗遵谨呈四川省政府。

四川林学会执行委员会主席余耀彤
计赍呈职员履历表、会员名册、章程、印摹各二份
民国二十六年二月

《四川林学会简章》规定了学会执行委员会之职权包括："（一）拟定本会一切进行计
划。（二）代表本会执行本会章则及大会议决案。（三）管理本会金钱出纳并编造预算、决
算及保管本会财产。（四）编印本会各种刊物。（五）参加国内外林学研究。（六）调查省内
外林业实况，并计划振兴林业方案，建议政府。（七）解答各地函询之林业问题。"而执行
委员会主席又总揽该委员会一切事宜。

为了实现学会的宗旨，在执行委员会主席余耀彤的努力之下，开展了一些学会活动。

（1）发行《四川林学会会刊》。发行会刊是四川林学会的核心工作之一。就目前所见，
《四川林学会会刊》共计两期，分别为 1937 年 3 月出版的《四川林学会会刊·成立纪念专
号》以及 1938 年 7 月出版的《四川林学会会刊·抗战建国周年纪念刊》。关于这两个专号中
的具体文章名、文章作者、文章内容可参见表 4-24、表 4-25。杨靖孚曾在《发刊词》中这
样写道："本刊为'纯林学'刊物，内容旨趣，一方面即在举四川林业上诸般问题，加以分
析，解剖，证以学理，提供政府参考，以期由理论而见诸实际；另一方面则纯粹本于林学
立场，从事于调查，研究或试验，企求获得新效果，新发现，以为推进林业之基准，并藉
此以为同人相互切磋之助。区区本刊之意，即在于斯。方今水旱灾荒，日趋严重，木荒之
象，日益深刻，倘因本刊之行，而引起各界读者之注意，许其宗旨之纯正，匡助扶持，并
乐为宣传森林直接、间接之利益，俾一般民众，对于森林有相当认识，一致努力于造林，
保护诸务，林业日趋振兴而繁荣，斯则尤为本刊同人馨香祷祝者也②。"可见，《四川林学
会会刊》具有鲜明的地方特色，一方面是针对四川林业上的问题，进行分析、解剖，提供
给四川省政府参考，以期由理论而见诸实际；另一方面则是本于林学立场，从事于调查、
研究或试验，获得新效果、新发现，以为推进林业之基准，并借此以为同人相互切磋之

① 《四川林学会呈报筹组成立情形附具简章、印摹、职员名册履历，推进林业建议书并请设森林管理机构及省府
建设厅批复》，四川省档案馆藏，档号：民 115-03-4639。
② 杨靖孚：《发刊词》，《四川林学会会刊·成立纪念专号》1937 年，第 4 页。

助。《四川林学会会刊》是联络四川林学界同志的渠道，也是成果展示以及交流的平台，有利于传播林业科学知识及提升科研水平，也为现今林业发展提供了参考和借鉴。

表4-24 《四川林学会会刊·成立纪念专号》文章目录

编号	作者	文章名	所在页码	文章内容
1	杨靖孚	《发刊词》	第1-4页	
2	余季可	《四川林业目前应主意之问题》	第5-10页	文章作者立足于当时四川林业的开发现状，认为应特别注重森林开发问题、荒山造林问题、森林保护问题
3	齐三	《四川之林业政策及其实施办法》	第1C-13页	文章作者参照四川自然环境，拟具了四川林业之七项政策：（一）设置保安林以防灾害；（二）集中力量营造公有林以为人民之模范；（三）提倡林业合作社督促人民共同造林；（四）奖励最有价值之经济林以恢复农村；（五）利用天然更新以恢复旧有林况；（六）利用保甲制度严密保护森林；（七）采用科学方法开发和整理天然森林
4	曾省之	《发展林业之先决问题》	第13-15页	文章作者指出了当时中国发展森林事业所面临的六个困难问题（交通问题、开垦问题、燃料问题、苗木问题、方法问题、人才问题）
5	许防未	《对开发森林问题之管见》	第15-17页	文章认为森林利益不仅直接使用木材而已也，其有间接关系国土保安及维持公益者不少，若只顾眼前之利益，而不计将来之损失，则大失森林合理之利用，故未开发之先，须区别为保安林与采伐林二种，充分调查，权其利害轻重
6	谢开明	《马边森林荒废的原因与救济方策》	17-21页	文章认为烧垦、夷乱、冶矿、种烟等原因是导致马边县森林荒废的主要原因，并根据这些原因提出了消极和积极两方面的救济办法。其中消极的救济法有限制烧垦、严禁滥伐、抛弃烧杀政策、取缔放牧挖瓢；积极的救济法有抚育天然生苗、速设森林苗圃、成立林业合作社
7	丁永乐	《四川荒山造林问题》	第21-29页	文章主要介绍了四川荒山造林的重要性、四川荒山荒废之程度、四川荒山造林之实施、四川荒山造林树种及造林法
8	何文彩	《四川森林之保护问题》	第29-34页	文章主要介绍了四川森林之现状、四川森林危害情况、四川森林保护之切要、四川森林保护之方法、四川森林保护之设施
9	何知行	《四川之桐油改良问题》	第34-43页	文章认为四川桐油为出口货物之大宗，且居国际贸易之重要位置，但由于当时的中国科学幼稚，民智落后，沿袭旧法、不求精进，以致此大好上产事业渐呈凋敝垂危之迹象。为了改变这种现状，文章指出了从生产方面、加工方面、运销方面、倡革方面进行改良的具体建议及方法

（续）

编号	作者	文章名	所在页码	文章内容
10	陈德铨	《四川白蜡业之现状及今后之改进方针》	第43-51页	文章认为四川为产白蜡之中心区域，质美量多，莫可比伦，但由于千百年来，默守陈法，故步自封，加以军匪摧残，苛杂繁复，遂致此生产事业，亦若丝茶业之一蹶不振。有鉴于此，文章具体介绍了蜡虫之来源及分布、放蜡之树种及繁殖、挂虫之准备及拴虫之方法、白蜡之摘取及熬制、白蜡之产区及产量、市场之组织及运销，并在此基础上提出了改进四川白蜡业应采取之方针（推广种植、虫种之培育、技术之改良、公共制蜡厂之设立、政府之提倡与保护）
11	许绍楠	《开发川省森林刍议》	第52-59页	文章介绍了四川省森林之现况，列举了开发四川省森林之理由，组织四川省林务机关之计划，开发四川省森林之工作方针
12	刘有栋	《理番之伐木运搬概况》	第60-67页	文章介绍了理番一带的伐木沿革以及理番之伐木运搬及经营方法
13	刁群鹤	《最近德国林业行政系统》	第68-72页	文章对德国各联邦（普鲁士、拜仁、撒克逊、卫登堡、巴登）之林业行政系统，以期给当时的中国林政建设提供参考
14	程复新	《林学的过去与将来》	第72-83页	文章作者回顾世界林学过去的历史，认为可以分为三个时期：第一期（公元前1000年至公元后1400年），第二期（公元1400年至公元1900年），第三期（公元1900年以后）。文章对这三个时期的中国和西方的林学发展情况予以了宏观性的概述
15	邬不染	《本会成立经过及其成立情形》	第84-87页	文章介绍了四川林学会的成立经过及其成立情形

资料来源：《四川林学会会刊·成立纪念专号》1937年。

表4-25 《四川林学会会刊·抗战建国周年纪念刊》文章目录

编号	作者	文章名	所在页码	文章内容
1	杨靖孚	《抗战建国周年纪念感言》	第1-4页	文章认为林业为产业部门之一，关系着国计民生条件与国防资源，在"抗战建国"期间中所占之位置及其重要性又要有三点：（一）性质特殊，（二）需要增大，（三）农工根本
2	余季可	《四川林业的现状和今后的动向》	第4-11页	文章认为四川居长江上游，森林的兴废，与下游各省的水旱灾害，也有密切的关联，故四川森林问题，不仅关系四川一隅，而实对整个中国的木料供给和防灾问题，有重大的影响。文章主要介绍了四川林业的现状，并分析了四川林业今后的动向

（续）

编号	作者	文章名	所在页码	文章内容
3	朱惠芳	《四川森林问题之重要及发展》	第11-19页	文章认为森林问题，为中国整个民族生存上重要问题之一，而四川森林问题，在抗战期中，尤为切须解决之要政。因而，文章重点介绍了四川森林在中国森林现有之地位，四川林产物之价值与其利用，四川林业之展望与其对策，四川林业行政之机构
4	傅志强	《非常时期之森林与抗战》	第19-26页	文章主要介绍了非常时期之森林于抗战之重要，以及非常时期之森林于抗战之功能
5	艾长岑	《战时川省林业应走之途径》	第26-30页	文章提出了战时四川省林业应走的路径，具体应包括：(一)要塞区及都市附近营造防空林，以蔽空袭。(二)沿河荒山营造保安林，以防灾害，而增农业生产，加强抗战力量。(三)树立经济原则之林业政策，提倡公路植树。(四)保育天然林，节省公帑，而收事半功倍之效。(五)提倡及奖励民营林业，增进国民财富。(六)创设木材废物利用工厂，制造工业原料品，以供战时需要。(七)创设省立苗圃，供给优良苗木，以利造林事业。(八)创办中级林科学校，培林业人才。(九)政府利用保甲制度，指导民众组织保林团林，切实保护森林
6	程复新	《森林何以能防治水旱灾》	第31-36页	文章认为森林能增加雨量，并具体介绍了森林何以增加雨量，森林何以能防治水灾，雨水冲刷之患以及治水之道
7	徐善根	《森林与土壤冲刷》	第37-40页	文章是作者整理罗德民所著《森林经理与水源之关系》一文而得。作者认为罗德民一文中所叙述的美国加利福尼亚之森林与土壤冲刷情形，与四川颇为相似
8	邵均	《木炭问题》	第41-50页	文章集中介绍了制炭之史略、木材炭化之理论、木炭之性质与用途、木炭制造之方法
9	陈全汉	《四川省木炭业之现在及将来》	第51-56页	文章从区域、制炭者、制炭法、包装、运输、产销、炭质等方面着手，全面地分析了四川省木炭业之现在及将来的情形
10	李荫桢	《设立完全森林试验场之计划大纲》	第57-52页	文章回答了森林试验场的具体功能，通常林事机关之区别，设立"完全"森林试验之原则，"完全"森林试验场之工作提要，"完全"森林试验场之结构，"完全"森林试验场工作进行之步骤、经费等问题
11	刘轸	《四川茶叶生产概况》	第63-56页	文章介绍了四川省茶叶的主要产地及产量
12	谢开明	《北川之木业》	第67-75页	文章主要介绍了北川的区域位置及经济情况，并重点分析了北川的森林及木业情况

（续）

编号	作者	文章名	所在页码	文章内容
13	特载	《推进四川林业实施纲要建议书》	第77-79页	
		《请求独立森林管理机构建议书》	第81-82页	
		《请将森林园艺各别设置建议书》	第83-84页	
14	附录	《重要会务纪略》	第85-86页	
		《四川林学会简章》	第87-89页	
		《四川林学会会员名录》	第91-98页	

资料来源：《四川林学会会刊·抗战建国周年纪念刊》1938年。

（2）向政府建议振兴林业方案。为了促进四川林业的发展，四川林学会充分发挥自身的学术优势，向四川省政府建言献策，提出了许多振兴林业的建议。

一是，四川林学会面对"川省近年以来，森林荒废，气候失调，水旱灾害层见迭出，至于今春旱象尤为严重，受灾区域几遍全川，灾民之众，竟达全川人口半数以上"的现状，召开大会予以讨论，并于1937年4月19日由执行委员会主席余耀彤代表四川林学会向四川省政府呈报了《推进四川林业建议书》。

<blockquote>

呈报拟推进四川林业建议书令候采择办理①

窃查川省近年以来，森林荒废，气候失调，水旱灾害层见迭出，至于今春旱象尤为严重，受灾区域几遍全川，灾民之众，竟达全川人口半数以上。本会目击现状，忧心如揭。爰于日前召开会员大会，提出讨论，金以一般赈灾办法均非治本之图而长治久安之策，非振兴林政，发展林业不为功当经议决，拟具推进四川林业实施纲要建议。钧府用备采择等语，记录在卷，理合具文连同建议书赍呈钧府恳予鉴核指令祗遵谨呈四川省政府。附呈推进四川林业建议书一件。

四川林学会执行委员会主席余耀彤

中华民国廿六年四月

</blockquote>

《推进四川林业建议书》②内含十六条原则及三项步骤。其核心内容如下：

<blockquote>

吾川近年以来，水旱灾荒，逐年加多，迄于今春，旱灾区域，竟达128县，灾民

</blockquote>

---

① 《四川林学会呈报筹组成立情形附具简章、印摹、职员名册履历，推进林业建议书并请设森林管理机构及省府建设厅批复》，四川省档案馆藏，档号：民115-03-4639。

② 参见《四川林学会呈报筹组成立情形附具简章、印摹、职员名册履历，推进林业建议书并请设森林管理机构及省府建设厅批复》，四川省档案馆藏，档号：民115-03-4639。

达35000000人，灾情严重，为空前所未有。推厥原因，虽不祗一端，而森林荒废，实居重要原因之一，本会有鉴于此，爰斟酌现况，条列《推进四川林业实施纲要》，用备采择！果能一一见诸实行，即可增进生产，复可减轻灾患，国利民福，实利赖之。

一、遵照森林法编订保安林区域状况，分别造林，限期完竣。

二、举办荒山调查，确切统计本省荒山面积及地质状况，分别造林，限期完竣。

三、颁发伐木规则：凡森林未达成年时期，不得任意砍伐。至伐采迹地，尤须限令于采伐后一年内，从速造林。

四、限制山地滥垦，凡靠近河身，倾斜竣急区域，不得随意开垦。

五、责成各县认真保护各地名胜古迹，并整理天然风景。

六、普设县立苗圃，规定育苗标准，大量育成适于该地风土之优良树苗，无价或廉价发放人民领种，以期达到"造林民众化"之目的的。

七、现在成渝铁路行将开工，各公路线，递年增筑，加以风景林之整理，公园林之创建，将来苗木需要，势必大量激增，应先就成渝两地，设立大规模省立苗圃，专司培育行道树，风景树，及其他造林用苗木，并推行苗圃上各种试验，以供社会之需要。

八、选择本省境内之名胜地点：如青城、峨嵋，利用其天然优越地势，建设现代科学化之森林，树立全省林业之模范。

九、提倡纪念植树，养成善支风俗。

十、厉行保护合作，或于保甲公约中，规定保护森林条款：如因事实急切之需要，各县得将公安局警士，酌拨一部分，作为森林警察专负保护森林之责任。

十一、公路两旁，遍植行道树，其公路通过附近山荒，由各该县督促业主先期领苗造林，既可增进生产，并可增添沿路风景。

十二、厉行整理民荒，按期分配苗木，强迫造林，如期造林完竣者，准予保证业权，逾期不造者，由官家代行造林，人民出力保护，倘有损害，责令业主负责赔偿。

十三、各县城镇，所有义冢荒坟，统计全川面积，不在少数，应切实施行种树，以重观瞻，而尽地力。

十四、征求地方士绅，组织林业促进委员会，宣传森林直接、间接利益。凡与国际货易及国防上有关之树种，尽量推广种植，以应将来之需要，此种促进会，可由一乡区，或联合数乡区组织之。

十五、本省现存之天然林，如不在保安区域范围者，应即详订砍伐造林计划方案，尽量开发利用，以应社会之需求。

十六、选择适当地点，设立制材木厂，官办或官商合办，按照社会需要木材种类尺寸，定制成品出售市场。

上列各项，本会认为在吾川今日讲求生产建设，并水旱灾荒严重状况之下，均有积极推进之必要。惟是森林学业，系一种迟缓性的经济事业，且内容包含甚广，欲其经营之有效，应归纳为下列三项三张：

一、从速设立林务专管机关 森林须大规模地经营，并须有组织有计划地经营，而后可以收效。应请政府于二十六年度设立林务专管机关，办理全川林政林业事务。

所有关于调查、试验、指导、推广，悉由该专管机关统辖管理，以谋林业技术之统一，而增工作之效率。

二、从速设立高级农业职业学校，分设林科。森林之经营设施，一一求其合理化，必须有赖于专门之技术。查本省高级职业学校，只有工科，而农林科，均付阙如，诚属遗憾。应请政府于二十六年从速设立高级农业学校，分设林科，造就林业技术专材，以资利用。

三、从速厘订林业技术人员任用规程。林业系专门事业，凡调查、试验、管理、指导诸务，均须应用专门技术。应请政府从速厘订林业技术人员任期规程，严定资格。凡服务林业人员，均限由林科出身，具有林学专长者任之，以重林政，而收实效。

四川省政府在收到《推进四川林业建议书》后，给出的批示为："呈书均悉。查核建议各款，对于推进四川林业，不无相当见地，除设立高级农业职业学校林科应待廿六年度斟酌经费情形，计划办理外，其余仰候采择办理①。"

二是，四川林学会面对四川省农业改进所组织规程第三条将森林果木分为一组的现状，认为该方案"将林业附庸于农，并与园艺中极小部门之果木，合并为一组，组织既嫌散漫，权限亦滋混淆"，1938 年 6 月 23 日，由执行委员会主席余耀彤代表四川林学会向四川省政府呈报了《呈为建议独立设置森林管理机关》，请求独立设置森林管理机构。四川省政府在收到《呈为建议独立设置森林管理机关》后，于 1938 年 7 月 2 日，给出的批示为："所呈各节，留备采择可也②。"

呈为建议独立设置森林管理机关③

呈为建议事：窃查本月十八日，华西日报登载：四川省农业改进所组织规程各条文，回环循诵，仰见钧府为增加生产，调整农业机构，以期对于全川农业，有所改进，鸿筹硕划，敬佩莫名，惟细译其组织内容，则有不能已于言者，兹谨为钧府陈之：查组织规程第三条内分森林果木一组，窃以森林与果木，虽同属树木，而性质则迥不相同，概一则以生产果实为主，目的既异，则经营及处理方法，亦自大相悬殊，且森林不仅在直接方面，供给林产物，以资吾人住行之需，而于间接方面，尤有涵养水源，预防洪水之伟大效能，故森林不仅适于私人经营，更适于国家及公共团体所有，范围既广，则管理上亦不能与果木事业同日而语。考之欧美各先进国家，数十年来，林业早已脱离农之范围，农林两业，各成系统，并各有其适当利用土地之界限，靡不特设独立机构以管理之，诚以其性质特殊，不能与其他土地生产事业强为混同

① 《四川林学会呈报筹组成立情形附具简章、印摹、职员名册履历，推进林业建议书并请设森林管理机构及省府建设厅批复》，四川省档案馆藏，档号：民 115-03-4639。
② 《四川林学会呈报筹组成立情形附具简章、印摹、职员名册履历，推进林业建议书并请设森林管理机构及省府建设厅批复》，四川省档案馆藏，档号：民 115-03-4639。
③ 《四川林学会呈报筹组成立情形附具简章、印摹、职员名册履历，推进林业建议书并请设森林管理机构及省府建设厅批复》，四川省档案馆藏，档号：民 115-03-4639。

也。再就四川情形而言，自东三省沦陷以后，四川实为中国仅存之天然林区，森林蕴藏，极称丰饶，值此长期抗战，海口被敌人封锁，舶来材不能进口之际，关于军事交通之枕木用材，木炭汽车之燃料，制纸原料之木浆，及其他关于军用之木材，皆不能不谋所以自给之法，故开发四川森林，编订砍伐造林方案，实为抗战期中当务之急。又四川居长江上游，森林荒废，与下游之水旱灾害，均有密切关联，而四川宜林山地，所在皆是，荒山造林，亦为建国切要之工作，概"一面抗战，一面建国"既为中国国民党临代大会宣言所昭示于吾人，故抗战期中之四川林业问题，亦应本此旨，一面开发森林，以谋军需资源之供给。同时尤应策动大规模之荒山造林，以期建国工作之速成，基于以上之理由，为加紧推进四川林业计，自非有独立之林业管理机构不可。且钧府曾于上年，因应四川林业特殊情形，划全川为四大林区，每区设立专局，负责推进该区林务，同时复厘定森林规则五种资准前实业部备案，并经钧府颁布施行。现在国难严重，财政支绌，上列方案，固未能一时期全部实现，然亦宜顺应环境，因势利导，就现设林业机关举其经费原额，参酌颁定林务局组织，或改组或合并，加以适当调整，俾乃成为独立之机构，以期于既颁法令，无抵触之弊，于全省林业，有积极推进之效，况经费无所增损，而于钧府财政紧缩之旨，亦不相背驰。今乃变更原定方案，将林业附庸于农，并与园艺中极小部门之果木，合并为一组，组织既嫌散漫，权限亦滋混淆，其于林务之推动，得无发生捍格牵制之虞，故本会认为林之兴农，与其强使之合，仍不如顺应林业特殊情形，分而各行其是之为愈也。明知管窥之见，无裨高深，惟本会素以研究林学，促进林业发展为职志，既有所知，不敢缄默，所有呈请调整林业机关，单独设置林业管理机构缘由，是否有当，理合具文呈请鉴核，指令祗遵。谨呈四川省政府主席。

四川林学会常务理事余耀彤
民国二十七年六月二十三日

针对此事，四川林学会还联同四川园艺界的同人于 1938 年 7 月 28 日向四川省政府呈报了《请将森林园艺各别设置建议书》。四川省政府在收到了《呈为建议独立设置森林管理机关》之后，于 1938 年 7 月 20 日，给出的批示为："所陈各节，不无见地，留备参考，待将来修改规程时，再行修改可也①。"

请将森林园艺各别设置建议书②

呈为建议事：窃查近日成都各报登载，关于钧府为增加生产调整农业机构，以期对于全川农业，有所改进，鸿筹硕划，敬佩莫名。惟查本月十八日华西日报登载四川省农业改进所组织规程之第三条内将森林与果木，列为一组，则有不能已于言者。兹谨为钧府陈之，窃以森林与果木，虽同属树木，而其生长之性质与栽培之目的，既均

---

① 《四川林学会呈报筹组成立情形附具简章、印摹、职员名册履历，推进林业建议书并请设森林管理机构及省府建设厅批复》，四川省档案馆藏，档号：民 115-03-4639。
② 《四川林学会呈报筹组成立情形附具简章、印摹、职员名册履历，推进林业建议书并请设森林管理机构及省府建设厅批复》，四川省档案馆藏，档号：民 115-03-4639。

不同，种植技术与管理方法，亦复有异，故改进生产之途径，与夫研究推广之方策，完全迥殊。倘各将此二者，合为一组，则于农林学科进步之今日，既嫌混淆迁就，恐亦无森林与园艺兼长之才，难收齐头并进之效，势必侧重偏废，终至于两无裨益，有负钧府改进农业之初意也。就森林言，直接效能，惟对于军需资源及日常生活用品之供给，间接效能，如对于水旱灾害之防除等，皆为识者所共知，故无待于赘述。况在中枢既定国策，所谓"一面抗战，一面建设"之今日，实不让于其他生产建设事业，尤其四川为我国仅存之林区，关于现有森林之保育开发，□夫荒废山野之加紧植林，更有设置独立林业机关掌管之必要，今将果木与混，则组织名义之欠善事小，而影响于整个四川林务之前途实大。再就园艺言，果木仅为园艺部门之一，况就重要性而论，园艺产物之蔬菜，似尤在果木之上，无论贫富，每食必须，其价值亦堪与其他作物相埒，均可生长，栽培之种类既多，分布之面积亦大，其影响于四川之经济与民生至巨，尤以值兹全面抗战之中，前线后方，关系园艺之需要，更为迫切，近据报载前方将士，要求慰劳团体，能多供给咸菜罐头，各处难民，亦多有因缺乏菜食而致死者，且中华半壁，沦为战区，转徙逃亡，田园荒废，他日战事结束，重新耕种，即种子一项，将成极大问题，不能不谋早为之备。综上所言，四川既为民族复兴根据地，无论森林与园艺，对于资源供给，皆负有重大责任，则森林之应振作，园艺之应改进，实为刻不容缓之图。故李驹等认为森林与园艺，应各别设置，应可分类并进，不致有捍格牵制之弊。李驹等悉习农林，关切事业改进，既有所知，不敢缄默。所有呈请将森林与果木分别设置缘由，是否有当！理合具文呈请　鉴核，批示祗遵！谨呈四川省政府主席。

四川林学界及园艺界同人李驹、傅志强、朱惠方、林世伟、胡昌炽、杨为宪、程复新、蒋重庆、曾宪朴、左景郁、徐善根、陈德铨、陈锡鑫、张小留、刘轸、郑明星、邵维坤、刘世铭、房仲髭、余恒星、刘有拣、刘海涛、余耀彤、白琦、沈待春

廿七年六月廿八日

第四节　小　结

中国近代林学社团的创建是林学发展到一定阶段的必然产物，更是林学发展日渐走向独立化、纵深化与规范化的重要表现及逻辑结果。林学社团的创建加强了科研工作者之间的合作与交流，也使得以往闭门造车、耳目闭塞的落后局面得到了根本性的扭转。就近代林学社团而言，全国性的林学社团要比地方性的林学社团发展得更为充分，更具影响力。而在中国近代林学社团的创建及发展中，归国林学留学生起到了主导作用。因为他们不仅是这些社团的核心创建者，更在社团中担任了重要职务。在他们的主持之下，这些林学社团确立了宗旨、制定了规章制度、发展了会员、举办了年会、发行了期刊、参与了林业宣传及政策制定，在推进中国近代林学体制化方面做了积极而有益的探索。譬如，专业林学期刊《森林》《林学》的创刊就是林学体制化的一个重要标志。它们对于知识生产的类型、

知识生产的过程与方法、知识表述的结构与形式，也起着"规训"作用。

中国近代林学社团的创建也表明林学家们开始组织起来，有效能的科研群体得以形成，无论是在形式上还是实质上，都推动了林业科学的发展。也正如学者段治文所说："科学发现不能只归结为一人一时的创举，而应是'科学共同体'在一个连续更替过程中努力研究的结果……科学造就了'科学共同体'，而'科学共同体'也造就了科学[1]。""科学共同体"往往以科学学会的形式而存在，由该领域学有所长的科学工作者组成，他们具有"共同的信念和共同的探索目标，采取共同的研究方法，使用共同的术语，接受共同的评定标准，其内部交流比较充分，专业看法比较一致[2]。"而伴随着近代林学社团的创建，通过召开学术会议、发行学术期刊等方式构建的"公共学术空间"对于科学共同体有着重要作用。基于此，林学共同体逐步形成，林学家的角色也日渐成熟。但需要明白的是，在那个军阀混战、内忧外患的年代，这些林学社团所能发挥的实际作用还是有限的。

---

① 段治文：《中国现代科学文化的兴起1919—1936》，上海人民出版社2001年版，第82页。
② 段治文：《中国现代科学文化的兴起1919—1936》，上海人民出版社2001年版，第82页。

第五章

归国留学生与林业研究机构的创建（上）

——以中山大学农林植物研究所为中心的考察

中国近代林业科研活动，起源于清末的农事试验。1902 年起，先后兴办了直隶农事试验场（1902）、山西农事试验场（1903）、山东农事试验场（1903）、奉天农事试验场（1906）、福建农事试验场等①。这些农事试验场，除进行农业试验外，也进行小规模的果树、林木的栽培和育苗试验。北洋政府农林部于 1912 年 8 月在北京天坛创设了林艺试验场②。这是我国近代最早的独立的林业研究机构。但这些林业研究机构基本上没有什么科研能力，也无什么科研成果，只从事育苗活动，并不进行林业试验研究，名不副实③。辛亥革命以后，伴随着一批留学生的学成归国，真正意义上的林业研究机构才陆续创立，他们默默进行着基础性研究，使得科研活动次第开展，并取得了一批研究成果④。而在当时的社会及学术环境之下，创建这些林业研究机构无疑昭示着人们对学术研究的尊重，树立起了一面学术研究的旗帜。前期主要集中体现在森林植物方面的研究，如北平静生生物调查所植物部（1928 年设立，主要创建人为归国留美生胡先骕）；北平研究院植物研究所（1929 年设立，主要创建人为归国留法生刘慎谔）；中山大学农林植物研究所（1930 年设立，主要创建人为归国留美生陈焕镛）；庐山森林植物园（1934 年设立，主要创建人为归国留美生胡先骕）等均是如此。这些机构不仅是林业研究机构，也都可视为生物研究机构，已经摆脱了早期林艺试验场的育苗和造林，开展了森林植物学、树木学等方面的试验研究。后期则是以中央工业试验所木材试验室（1939 年设立，主要创建人为归国留美生唐燿）及中央林业实验所（1941 年设立，主要创建人为归国留美生韩安）等中央政府主导下的、专门化的林业研究机构为代表。客观而言，伴随着近代林学学科及林学共同体的建立，西方林学的传播并未局限于横向层面，同时也呈现出深化的趋势。而林业研究机构的创建则是这一趋势的表征。正如学者张剑所说："科研机构的成立是科学体制化最为重要的条件和内容⑤。"林业研究机构的创建无疑是近代林学体制确立的重要标志。有鉴于林业研究机构的重要性，同时也为了使本书的篇幅更为合理、主线更加凸显，避免重复，本书的第五、六、七章依成立时间之先后，以三个不同类型的、重要的林业研究机构（中山大学农林植物研究所、中央林业实验所、中央工业试验所木材试验室）为考察对象。中山大学农林植物研究所为 20 世纪 20—30 年代林业研究机构的一个典型代表。它是近代森林植物研究机构的一个样板。但目前鲜有专文详细整理和讨论中山大学农林植物研究所的史实和贡献。因而本章以广东省档案馆所藏的档案以及中山大学农林植物研究所于 1934 年编印的《国立中山大学农林植物研究所概况——第一次五年报告》为核心资料，梳理归国林学留学生陈焕镛对中山大学农林植物研究所的创建之功。

第一节　陈焕镛与农林植物研究所之人才建设

陈焕镛（1890—1971），字文农，广东新会县人，是我国现代著名的植物分类学家。1919 年从美国哈佛大学树木系毕业，并获得了硕士学位，其硕士论文为《中国经济树木》（*Chinese*

---

① 参见穆祥桐：《中国农业史系年要录》，《中国科技史料》1988 年第 9 卷第 3 期。
② 参见本文附录：《农商部天坛林场林业试验报告·目录》（《林业试验报告》，农商部天坛林场 1924 年刊行）。
③ 参见熊大桐：《中国近代林业史》，中国林业出版社 1989 年版，第 500 页。
④ 参见中国农业博物馆编《中国农业科技史稿》，中国农业科技出版社 1996 年版，207–210 页。
⑤ 张剑：《中国近代科学与科学体制化》，四川人民出版社 2008 年版，第 192 页。

Economic Trees）。1920 年回国，先后任教于金陵大学、东南大学，讲授森林学。1926 年又应中山大学之聘，到该校理学院任教兼任植物学系主任。留学美国并获得林学硕士学位的沈鹏飞[①]于 1928 年担任中山大学农学院院长。沈鹏飞认为"欲调查广东植物分布状况，刊行《广东植物志》，俾国人对于本省植物有充分之认识，以为发展广东农林事业之基础"[②]。当时"适值理学院陈焕镛与生物系主任辛树帜，对教学措施上有不同意见，特改聘陈到林学系任树木分类学教授。为使教学与科学研究相结合，应陈建议组织农林植物研究室，以期充实教学内容和设备"[③]。在陈焕镛的一年努力经营下，"图书之搜罗，标本之采集日富，而其他仪器及种种设备，亦日臻完善，研究事业，亦渐呈蒸蒸日上之势"[④]。农学院当局鉴于该室事务日渐繁剧，发展可期，非将规模扩大，未足尽量发展，遂于 1929 年秋呈准校长将该室改组为植物研究所，并具体拟定了 20 条办事细则。此时植物研究所已初具规模。此后，经费、职员都有所增加，所务进行，乃更加顺利，1930 年 4 月，复奉命将该所名称更定为"农林植物研究所"，以求名实相符，吻合设立该所的宗旨。由 1936 编印的《国立中山大学农学院概览》中的农学院组织系统图[⑤]，或许更有利于我们认识该所所处的位置。

另外，植物研究所于 1929 年制定的 20 条细则，对于我们了解该研究所的内部组织结构及运作有较大帮助。现录入《本校植物研究所办事细则》[⑥]内容如表 5-1 所示：

表 5-1　中山大学植物研究所办事细则

条目	内容
第一条	本所主任，承农科主任之命，总理本所全部事务
第二条	本所全体人员，承主任之命，分别办理下列各事项： 一、研究员：襄助主任进行关于植物之研究，制备教材，训练采集员，并考核其工作成绩，必要时须兼任农科课程，并随时招待参观人员，及外来研究人员。 二、标本室管理员：专司本所标本室内一切事宜，如标本及参考图书之收发、整理、保管、登记、装订、及交换标本等。 三、事务员：专司收发本所往来文件，收发保管或购置本室仪器用品，办理本所对外之中文文件，保管本室图记，督促本所工人工作，并办理主任交办之其他事务。 四、采集员：受研究员之指导，进行本所规定之采集计划，专任各地采集植物标本，并调查所经各地之森林、地质、气候等状况，以及人情、风俗。（标本采集，及调查规则，另定之） 五、绘图员：受研究员之指导，专绘本所出版物，及所需一切图书，并绘制各种表格。 六、打字员：受管理员之指导，专任本所标本卡片目录记载及论文等之抄写，并主任所交录之西文文件。 七、标本室助理员：受管理员之指导，襄助管理员办理标本室一切事务

---

① 沈鹏飞（1893—1983），字云程，广东番禺人。他是我国著名林学家，教育家。早年毕业于清华大学，1917 年赴美留学，并获得耶鲁大学林学硕士学位，1923 年回国后，长期从事林业科学的教育和研究工作，曾在广东农业专门学校、北京农业专门学校、中山大学、广西大学等高校任教。

② 国立中山大学农林植物研究所：《国立中山大学农林植物研究所概况——第一次五年报告》，1934 年 5 月印行，第 1 页。

③ 沈鹏飞：《广东农林教育》，《农史研究》第 1 期，农业出版社 1981 年版。胡宗刚：《华南植物研究所早期史》，上海交通大学出版社 2013 年版，第 31 页。

④ 国立中山大学农林植物研究所：《国立中山大学农林植物研究所概况——第一次五年报告》，1934 年 5 月印行，第 1 页。

⑤ 参见《国立中山大学农学院概览》，国立中山大学农学院 1936 年编印于广州，第 4 页。

⑥ 参见《本校植物研究所办事细则》，《农声》1930 年第 130 期，第 39-40 页。

（续）

条目	内容
第三条	本所人员，除各司专职外，遇有特别事故，得随时由主任指导办理
第四条	本所人员，应于每月月终时，将其工作详细拟具报告，送请主任核阅
第五条	本所人员，须按照本所规定之办公时间，准时到室办公
第六条	本所人员，在办公时期，因事离职时，应将先缮具请假书，载明事由及时间，送请主任核准后，方得离职，请假次数及日期，依大学通则行之
第七条	凡因公外出者，须于缺席牌上，书明事由，及往返时间，以便查考
第八条	本所人员，在办公时间不得任意谈笑
第九条	本所人员，在办公时间，非经主任许可，不得私自接见宾客
第十条	本所外来文件，均须登记后，送请主任核办，对外文件，均须由主任签字或盖章后，方得登记发出
第十一条	凡本所研究员，非经主任特许，不得将其研究结果，在本所以外之刊物，任意发表
第十二条	凡本所发出之文件，均须另录底稿，以便存查
第十三条	本所来往文件，均须分类保存，以便查考
第十四条	凡外来人员，借用本所仪器用品、标本、图书等，均须先经主任许可，方可借出
第十五条	凡本所购置或向农科庶务处支取用品时，均须经主任批准
第十六条	凡来宾参观本所，须依照本所参观规定之规则办理。（参观规则另订之）
第十七条	凡外来人员，欲利用本所研究者，须依照本所规定之研究规则办理。（研究规则另订之）
第十八条	凡外来人员，欲阅览本所标本图书者，须依照本所规定之规则办理。（阅览规则另订之）
第十九条	本细则如有未尽事宜，得由本所主任，呈请农科主任修改之
第二十条	本细则，经本所主任呈请农科主任核准，公布施行

资料来源：《本校植物研究所办事细则》，《农声》1930 年第 130 期，第 39—40 页。

不难发现，研究所的运转是围绕主任陈焕镛而展开的。主任的权力显得过大，很多事情都需主任亲自参与。《本校植物研究所办事细则》充分反映了在经费、人员、设备都十分困难的情况下，陈焕镛毅然接受农林植物研究所的筹建工作，对研究所初期创建的贡献巨大。而农科主任沈鹏飞对于研究所的运作也起到了协助作用。

中山大学农林植物研究所创建的目标是"调查广东植物分布状况，刊行《广东植物志》，俾国人对于本省植物有充分之认识，以为发展广东农林事业之基础"①。而要实现这一目标，单凭陈焕镛一人是不可能的，需要投入较大的人力和物力。为了解决研究所工作人员缺乏的状况，维持研究所的运转，陈焕镛从多方面着手，以推动人员队伍的建设。根据《国立中山大学农林植物研究所概况——第一次五年报告》，可了解早期农林植物研究所职员的具体情况，详见表 5-2。

---

① 国立中山大学农林植物研究所：《国立中山大学农林植物研究所概况——第一次五年报告》，1934 年 5 月印行，第 1 页。

表 5-2　中山大学农林植物研究所早期职员一览

职别	姓名	职别	姓名
主任	陈焕镛	技师	王显智
技助	侯宽昭	技助	黄志
技助	张瑞麟	技助	高锡朋
技助	梁向日	技助	陈念劬
技助	林炳耀	技术员	陈淑珍
见习采集员	郭素白	标本室助理员	苏庆麟
学生助理	戴洁	学生助理	吴燕
学生助理	陈璐斯	学生助理	陆剑才
研究员	蒋英	研究员	左景烈

资料来源：国立中山大学农林植物研究所编：《国立中山大学农林植物研究所概况——第一次五年报告》，1934 年 5 月印行，第 2-3 页。

一是，注重研究人员的引入。由《本校植物研究所办事细则》可知，研究员主要负责："襄助主任进行关于植物之研究，制备教材，训练采集员，并考核其工作成绩，必要时须兼任农科课程，并随时招待参观人员，及外来研究人员①。"早期，研究所的研究员主要从南京聘请而来，大多为陈焕镛在金陵大学和东南大学的学生，如蒋英、左景烈。其中最具有代表性的研究员是蒋英，因为他在中山大学农林植物研究所任职时间最长，所做出的贡献也最大。蒋英（1898—1982），字菊川，江苏昆山人。1920 年考入南京金陵大学农学院森林系，为陈焕镛的学生。1925 年毕业后到安徽第一农业专门学校林学系任主任教员，1928 年到中山大学任教，他在两年内，广泛采集植物标本，足迹遍布西江、东江、北江流域的 30 多个县。1930 年，进入南京中央研究院自然历史博物馆任技师。1933 年 7 月，应陈焕镛的邀请，又回到中山大学，协助陈焕镛创办农林植物研究所，并长期从事森林植物研究，发表科研成果，并最终成为我国著名的植物分类学专家。

二是，公开聘请技师、技助、技术员、见习采集员、标本室管理员，协助研究工作的正常进行。其中技师主要负责处理所务及研究工作；技助主要负责出外采集，在所时整理标本及研究；技术员主要负责打标本标签及标本说明；采集员主要是专任各地采集植物标本；标本室管理员主要负责写标签及其他工作。这些人员中，除王显智、侯宽昭毕业于中山大学农科，具有一定的专业知识外，其余人员大多对森林植物学缺乏深入的了解，但是陈焕镛都根据实际工作需要，一律予以聘请。这些人员的加入，也使得农林植物研究所的各项工作得以进行，是研究所运转的重要前提和保障。同时，这些人员也正是在中山大学农林植物研究所任职期间，得到了相应的锻炼和积累，为其日后的科学研究打下了基础。根据《国立中山大学农林植物研究所职员工作报告表》（表 5-3），我们可以对他们的职别、年龄、籍贯、薪额、入职前的主要经历、日常工作及到校时期有大概的了解。

_____

① 《本校植物研究所办事细则》，《农声》1930 年第 130 期，第 39 页。

表 5-3　国立中山大学农林植物研究所职员工作报告表（1934 年 6 月 25 日）

职别	姓名	年龄/岁	籍贯	薪额/元	略历	日常工作	到校时期	通讯处
农林植物研究所技师	王显智	33	广东省潮安县	160	潮州苗圃之长；广东建设厅农林局技士；本校农科毕业	助理主任，处理所务及研究工作	1931 年 9 月	中山大学农林植物研究所
农林植物研究所技助	侯宽昭	27	广东省梅县	116	本校农科毕业	出外采集，在所时整理标本及研究	1932 年 8 月	中山大学农林植物研究所
农林植物研究所技助	黄志	28	广东省云浮县	100	浮云县立中学毕业	出外采集，在所时整理标本及研究	1931 年 4 月	中山大学农林植物研究所
农林植物研究所技助	张瑞麟	31	江苏省宜兴	110	上海美术专门学校毕业，江苏无锡镇江专科师范教授	绘集面谱及鲜花解剖	—	中山大学农林植物研究所
农林植物研究所技助	高锡朋	32	广东省南海县	80	广州西区模范第一高小毕业，厦门明生植牧公司干事	出外采集，在所时整理标本及研究	1929 年 11 月	中山大学农林植物研究所
农林植物研究所技助	梁向日	27	广东省中山县	80	澳门英文中学毕业	出外采集，在所时整理标本及研究	1930 年 6 月	中山大学农林植物研究所
农林植物研究所技助	林炳耀	27	广东省罗定县	80	岭南大学打字员	打标本标签及标本说明	1928 年 8 月	中山大学农林植物研究所
农林植物研究所技术员	陈淑珍	29	广东省新会县	大洋 60	香港神圣学校毕业	打标本标签及标本说明	1932 年 10 月	中山大学农林植物研究所
农林植物研究所见习采集员	郭素白	28	广东省潮安县	40	省立第四中学毕业	出外采集，在所时整理标本及研究	1933 年 6 月	中山大学农林植物研究所
农林植物研究所标本室助理员	苏庆麟	25	广东省番禺市	35	河南南武中学毕业，汕头潮桥盐务稽核支所会计录士	写标签及其他	1934 年 3 月 13 日	番禺河南天池耶稣仲衡医务所

资料来源：《国立中山大学农林植物研究所职员工作报告表》，广东省档案馆藏中山大学档案，档案号：020-003-85-191~196。

第二节　陈焕镛争取中华教育文化基金会之资助

中华教育文化基金会简称中基会，成立于 1924 年 9 月，是负责保管、分配使用美国第二次退还的庚子赔款的机构，以资助中国科学文化教育事业①。在中山大学农林植物研究所的创建初期，由于主任陈焕镛的积极争取，得到了中基会资助，有效地弥补了经费短缺的困境，使得各项事业得以顺利展开。

中山大学农林植物研究所的经费，在刚刚开办的时候，除了职员薪金是由中山大学支给以外，其他的应用物品，则于农学院额定经费下支拨，至于采集费，则由中基会植物讲座补助费项下支给。农林植物研究所主任陈焕镛教授受基金会的聘任，在中山大学设立植物学讲座，每年有大洋 1000 元设备费之补助，而陈焕镛在校所得薪金，亦全数拨充农林植物研究所采集设备等费。若是还有不足，则临时商准学校当局支给，这就导致农林植物研究所的经费初无定额。1931 年，农院当局与学校当局商准划定本所杂费每月毫洋 680 元，而职员薪金以及采集等费则一仍其旧②。1931 年夏，陈焕镛北上为农林植物研究所向中基会请款补助。最初，农林植物研究所因事业发展，而学校经费，限于预算，无以供长足的展拓，不得不申请校外的经费补助，由农林植物研究所主任陈焕镛作书面申请，详述研究所成立以来之概况，未来之计划以及请求补助费之数目，向中基会请求。此后又再商准中山大学当局，学校委派陈焕镛亲往陈请。中基会念在农林植物研究所缔造之艰难和已往所取得之成绩、辅助文化事业之热忱，答应了陈焕镛的请求。自 1931 年起由中基会每年补助农林植物研究所经费 10000 元，以三年为期。农林植物研究所在学校经费竭蹶万分中，而仍能继续进行原来计划者，得益于补助费之力，否则 1931 年以后事业之进展，恐未能顺利③。总而言之，中基会对中山大学农林植物研究所的早期发展至关重要（表 5-4）。而中山大学农林植物研究所能够得到中基会的补助，陈焕镛无疑功劳巨大。中基会的补助费除了支付陈焕镛的薪金外，还是农林植物研究所采集、设备等经费的主要来源。也是在 1931 年开始，农林植物研究所得到了中基会核准每年大洋 10000 元之补助，"经费得稍充裕，事业进行，亦更猛进"④。而农林植物研究所受益于中基会的补助，使得"采集费用，额有定款，故能处置裕如，不虞款竭，采集队在外工作无其他顾虑"⑤。

---

① 关于中华教育文化基金会的相关史实，可参见赵慧芝的《中基会和中国近现代科学》(《中国科技史料》1993 年第 3 期)；左玉河的《二三十年代"中基会"对中国学术研究之资助》(《扬州大学学报》2012 年第 3 期)以及曹育的《中华教育文化基金会与中国现代科学的早期发展》(《自然辩证法通讯》1991 年第 3 期)。

② 参见国立中山大学农林植物研究所：《国立中山大学农林植物研究所概况——第一次五年报告》，1934 年 5 月印行，第 3 页。

③ 参见国立中山大学农林植物研究所：《国立中山大学农林植物研究所概况——第一次五年报告》，1934 年 5 月印行，第 56 页。

④ 国立中山大学农林植物研究所：《国立中山大学农林植物研究所概况——第一次五年报告》，1934 年 5 月印行，第 3 页。

⑤ 国立中山大学农林植物研究所：《国立中山大学农林植物研究所概况——第一次五年报告》，1934 年 5 月印行，第 22-23 页。

表 5-4   中山大学农林植物研究所现时额定经费表

项别	月支额/元	年支额/元	备考
职员薪金	840.00	10080.00	依现实职员每月由学校所支薪金合计
杂费	680.00	8160.00	此系月定本所杂费技工工食等项属之
植物讲座补助费	510.40	6124.80	此款系中华教育文化基金董事会所设植物讲座，年助大洋1000元及本所陈焕镛主任在校所得薪金拨充之设备费合计所得
中华教育文化基金董事会补助费	1000.00	12000.00	此系1931年起基金会年补助本所大洋10000元，为期三年
合计	3030.40	36364.80	均广东毫洋计算

资料来源：国立中山大学农林植物研究所编：《国立中山大学农林植物研究所概况——第一次五年报告》，1934年5月印行，第4页。

第三节   陈焕镛与农林植物研究所之组织建设

由《国立中山大学农林植物研究所概况——第一次五年报告》可知，农林植物研究所的组织结构由标本室、图书室、采集队、植物标本园、实验室构成（图5-1）。在人员以及经费得到保证的前提下，经陈焕镛不懈努力与认真经营，农林植物研究所的组织结构不断完善，为各部门的事业取得发展打下了基础。

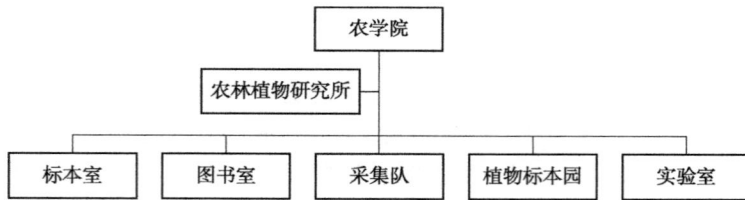

图 5-1   中山大学农林植物研究所组织结构
资料来源：国立中山大学农林植物研究所编：《国立中山大学农林植物研究所概况——第一次五年报告》，1934年5月印行，第2页。

1. 关于采集队的建设

采集队是农林植物研究所的重要组成部分。陈焕镛指出："本所之设立，即以调查广东植物分布状况为唯一之职志，故于本省植物种类之搜罗愈多，则将来刊行之《广东植物志》愈为完备，此本所所以重视采集队而不以之划入标本室范围中，特使之独立，蔚成本所之一重要部分也[1]。"通过采集植物标本，才能求得植物研究的材料。但由于广东省地处温带及热带之间，植物种类繁多，种类既多，分布复广，因而调查一事，若是没有一定的规划，其成效虽然可期，但不免有所遗漏。基于此，陈焕镛在农林植物研究所开办之初，即厘定了采集进行的程序。其具体程序为："特将本省本部诸地，依其山脉河流地势，划为四大区，组织采集队四，每队担任一区之工作，常年往来于其所担任之区域内作试探采

---

① 陈焕镛：《植物研究所报告》，《国立中山大学二十一年年报》1933年，第149页。

集，将各区内森林丰富之地，调查清楚，以作为采集中心地，然后于第二年开始详细采集，每区每一采集地点，一年中至少须经过两次，以求得完全之材料，除本部四区外，另一特别区，即海南岛，该岛地居热带，植物丰富，唯交通不便，故特拟于第三年全年于该岛作详细采集，全省各地，依此程序采集后，研究材料之搜罗，必甚完备，唯虑仍有遗漏，再于第四年补行缜密的全省各地小组式采集，就路途不便或因地方治安不宁而未经采集之地，或材料搜集尚未完全之地，分别补采，务求详尽，俾无挂漏①。"现将采集程序列表如下（表5-5）：

表5-5　中山大学农林植物研究所前四年采集规划表

第一年	全省各区域试探采集		
第二年	第一队	第一区	汕头沿海一带（一月至二月、七月至八月）
			连平一带（三月至四月、九月至十月）
			凤凰山一带（五月至六月、十一月至十二月）
	第二队	第二区	罗浮山一带（一月至二月、七月至八月）
			大北江流域（三月至四月、九月至十月）
			连江流域（五月至六月、十一月至十二月）
	第三队	第三区	高雷一带（一月至二月、七月至八月）
			钦廉一带（三月至四月、九月至十月）
			云浮山脉（五月至六月、十一月至十二月）
	第四队	第四区	省港澳一带（一月至二月、七月至八月）
			西江流域（三月至四月、九月至十月）
			大雾山脉（五月至六月、十一月至十二月）
第三年	联合队	特别区	海南岛
第四年	全省各地补充采集		

资料来源：陈焕镛：《植物研究所报告》，《国立中山大学二十一年年报》1933年，第150-152页。

尽管制定的采集程序较为完备，但采集队面对的现实环境却十分复杂，如"政局时起变化，经费既受影响而支绌，各地复治安不靖，交通梗阻"等。此外，采集队也需要面临恶劣自然环境的考验，队员在采集过程中患病，甚至是丧命的情况也时有发生，有较大的精神压力。据陈焕镛回忆："本所自决定海南岛长期采集计划后，即自去年至今，未曾间歇，初第一队于去年二月开始工作，因队员均罹疾病，且死一雇员，迫不得已回所调养；而第二队遂于七月继续前队工作，连续九月，复死一雇员，故由所另行派员替代，该队员回所调养；而第三队亦经整装待发，一待有船，即行出发替代第二队工作②。"

因受制于种种因素，农林植物研究所未能完全照原定程序进行。但在陈焕镛的亲自参与和带领之下，采集队员们仍竭力设法，克服困难，使得采集工作不断进行，尽管未能够悉依照原定步骤，而在工作方面，亦有了相当结果。现将1927—1933年采集地点及所得标本记录，列表如下（表5-6）：

---

① 陈焕镛：《植物研究所报告》，《国立中山大学二十一年年报》1933年，第150页。
② 陈焕镛：《农林植物研究所最近之工作报告》，《农声》1932年第166-167期，第117页。

表 5-6　中山大学农林植物研究所 1927—1933 年采集地点及所得标本记录表

年度	时间	地点	采集人	采集日数/日	采集标本号数/号	备注
1927 年度（1927 年 4 月至 1928 年 6 月）	1927 年 4 月	香港	陈焕镛	10	247	本年度共出发 15 次，134 日，采集标本号数 2869 号。
		广州	陈焕镛	1	6	
	1927 年 6 月	香港	陈焕镛	2	294	
	1927 年 12 月	北江	陈焕镛	24	524	
		香港	陈焕镛	2	173	
	1928 年 1 月	云浮	黄季壮	20	289	
		英德	黄荣焜	5	70	
	1928 年 3 月	广州	蒋英	2	34	
		英德	蒋英	3	42	
	1928 年 4 月	香港	陈焕镛	23	200	
	1928 年 5 月	广州	蒋英	13	115	
		鼎湖山	陈焕镛	5	255	
		香港	陈焕镛	10	244	
		海南	吴瑞廷	1	49	
	1928 年 6 月	香港	蒋英	10	137	
1928 年度（1928 年 7 月至 1929 年 6 月）	1928 年 7 月	鼎湖山	蒋英	7	113	本年度共出发 17 次，187 日，采集标本号数 3583 号。
	1928 年 8 月	高州	蒋英	23	250	
	1928 年 9 月	广州	蒋英	2	49	
	1928 年 10 月	乐昌	蒋英	16	265	
	1928 年 11 月	鼎湖山	蒋英	5	93	
		广州	蒋英	1	38	
		罗浮山	蒋英	10	171	
	1928 年 12 月	香港	陈焕镛	10	224	
	1929 年 2 月	云浮	黄荣焜	12	100	
	1929 年 3 月	广州	蒋英	3	27	
		英德	蒋英	3	85	
		广州	陈焕镛	1	145	
	1929 年 4 月	新会	蒋英、左景烈	3	48	
		广州	左景烈	3	73	
		香港	左景烈	4	181	
	1929 年 5 月	高雷一带	蒋英	41	724	
		乐昌猺山	左景烈	43	978	

（续）

年度	时间	地点	采集人	采集日数/日	采集标本号数/号	备注
1929年度（1929年7月至1930年6月）	1929年7月	广州	蒋英	14	142	本年度共出发26次，359日，采集标本号数5142号。
		中山	唐有恒、陈焕镛	2	141	
	1929年8月	香港	蒋英、黄志	8	313	
	1929年9月	广州	陈焕镛	3	60	
		香港	陈焕镛	7	106	
	1929年10月	英德、清远	黄志	24	300	
		鼎湖山	左景烈	4	187	
	1929年11月	香港	陈焕镛	1	107	
		北江	王显智	5	152	
		南海	陈念劬	2	80	
	1929年12月	香港	陈念劬	22	374	
		香港	黄志	3	75	
	1930年1月	南海	高锡朋	2	43	
	1930年2月	罗浮山	陈念劬、高锡朋、何汉稻	20	578	
		鼎湖山	何汉稻	3	80	
	1930年3月	英德、清远	陈汝芬	9	143	
		北江	高锡朋	47	377	
	1930年4月	东江	左景烈	27	246	
		新会	陈汝芬	2	27	
		香港	陈念劬	12	137	
	1930年5月	罗浮山	陈念劬	116	945	
		香港	左景烈	9	172	
	1930年6月	广州	陈汝芬	5	51	
		清远	陈汝芬	10	231	
		鼎湖山	高锡朋	2	75	

（续）

年度	时间	地点	采集人	采集日数/日	采集标本号数/号	备注
1930 年度（1930 年 7 月至 1931 年 6 月）	1930 年 7 月	北江	高锡朋	6	203	本年度共出发 21 次，353 日，采集标本号数 3834 号。
		广州	梁向日	1	63	
	1930 年 8 月	英德	左景烈	7	306	
		台山	左景烈	6	330	
	1930 年 9 月	香港	左景烈	1	26	
		香港	陈念劬	36	201	
	1930 年 10 月	乐昌猺山	陈念劬	150	645	
		北海一带	王显智	2	67	
		北江	高锡朋	26	214	
	1930 年 11 月	连阳猺山	左景烈、高锡朋	34	353	
		北江	梁向日	1	9	
	1931 年 1 月	鼎湖山	梁向日	5	55	
	1931 年 2 月	乐昌	高锡朋	20	138	
		广州	左景烈	1	15	
	1931 年 3 月	凤凰山	陈念劬	29	266	
		信宜	高锡朋	32	334	
	1931 年 4 月	英德温塘山	梁向日	29	316	
	1931 年 5 月	香港	陈念劬	1	2	
	1931 年 6 月	鼎湖山	梁向日	7	143	
		西樵山	高锡朋	3	52	
1931 年度（1931 年 7 月至 1932 年 6 月）	1931 年 7 月	信宜	高锡朋、黄志	35	600	本年度共出发 8 次，253 日，采集标本号数 3187 号。
	1931 年 8 月	北江	梁向日	56	627	
	1931 年 11 月	滑水山	牛春山	6	141	
		乐昌	高锡朋	40	192	
		乐昌	陈念劬	40	200	
		乐昌	黄志、梁向日	40	258	
	1932 年 3 月	信宜	黄志	30	540	
	1932 年 4 月	海南	高锡朋	30	200	
		海南	梁向日	30	310	
		海南	罗宝生	4	36	
		罗浮山	李耀	2	35	
	1932 年 6 月	罗浮山	赖泰中	3	48	

（续）

年度	时间	地点	采集人	采集日数/日	采集标本号数/号	备注
1932 年度（1932 年 7 月至 1933 年 6 月）	1932 年 7 月	海南岛	左景烈、陈念劬	210	1465	本年度共出发 16 次，528 日，采集标本号数 4406 号。
		广西	梁润德、蒙浩	2	141	
		香港	陈焕镛	1	14	
		北海	邓良	2	32	
		广宁	梁向日	2	40	
	1932 年 10 月	鼎湖山	梁向日	2	40	
	1932 年 12 月	罗浮山	高锡朋	11	121	
	1933 年 1 月	海南岛	陈念劬、侯宽昭	30	300	
	1933 年 2 月	新会、顺德	张瑞麟	3	40	
	1933 年 3 月	海南岛	侯宽昭	90	846	
	1933 年 5 月	香港	黄志	5	100	
		乐昌、乳源	高锡朋	90	631	
	1933 年 6 月	清远	黄志	3	110	
		十万大山	左景烈	60	372	
		海南岛	罗泛鑑	2	30	
		高州	江一勳	15	124	
1933 年度（1933 年 7 月至 1934 年 2 月）	1933 年 7 月	海南岛	黄志	210	415	本年度共出发 6 次，433 日，采集标本号数 8930 号。
		海南岛	梁向日	270	4175	
	1933 年 10 月	乐昌、乳源	高锡朋	60	512	
	1933 年 11 月	龙眼洞	郭素白	1	52	
	1933 年 12 月	龙眼洞	郭素白	1	21	
	1934 年 2 月	龙眼洞	陈焕镛	1	20	

资料来源：国立中山大学农林植物研究所编：《国立中山大学农林植物研究所概况——第一次五年报告》，1934 年 5 月印行，第 8-21 页。

为了更好地了解标本采集情况，现将各年度采集标本情况列表如下（表 5-7）。

表 5-7　中山大学农林植物研究所 1927—1933 年采集标本情况表

年度/年	采集次数/次	采集地	采集标本号数/号
1927	15	广州、鼎湖山、香港、北江、海南、英德、云浮、海南	2869
1928	17	乐昌、香港、广州、新会、鼎湖山、罗浮山、高州、英德、高雷一带、云浮、乐昌猺山	3583

（续）

年度/年	采集次数/次	采集地	采集标本号数/号
1929	26	新会、中山、清远、南海、东江、香港、鼎湖山、广州、英德、罗浮山、清远、北江	5142
1930	21	香港、广州、乐昌猺山、北海一带、台山、连阳猺山、鼎湖山、英德、乐昌、凤凰山、信宜、英德温塘山、西樵山、北江	3834
1931	8	滑水山、信宜、海南、北江、罗浮山、乐昌	3187
1932	16	海南、高州、十万大山、顺德、广西、罗浮山、香港、北海、广宁、鼎湖山、新会、乐昌、乳源、清远	4406
1933	6	龙眼洞、乳源、乐昌、海南	8930
合计	109		31836

资料来源：国立中山大学农林植物研究所编：《国立中山大学农林植物研究所概况——第一次五年报告》，1934 年 5 月印行，第 21 页。

由上表可知，研究所自成立到 1934 年，共出发 109 次，采得标本总数为 31836 号。"采集队之足迹，已走遍全省面积五分之三，地点则以北江及省港为多，而南路及西江流域次之，东江流域则以年来治安不靖，除罗浮山曾采集外，其上流以及韩江凤凰山等地，仅作一次之试探采集，特别区之海南岛，四次之长期及三次之零碎采集[1]。"由《国立中山大学农林植物研究所概况——第一次五年报告》中的一幅插图或能够更为直观地了解到，研究所采集队在广东省的足迹。

另外，采集地点的选取也是经过慎重的考量的。陈焕镛曾解释道："广州为本所所在地，其近郊一带植物颇多，堪供采集，而白云山更可时往采集，且间发现有价值之标本，来往复便利，故数年间，曾出发十六次，惟次数虽多，然每次为期仅一、二日，盖以近在咫尺，毋需长期也。除广州外，采集工作，以出发香港为最多，数年之间，共二十次，其原因：（一）中国南部植物之标准标本大多采自香港，故香港允为原种标本最多之产地；（二）香港天然林木因得香港植物园林官之监督保护，生长良好，采集材料丰富，此本所采集队之所以出发香港独多也。中国南部标准植物发明地，以香港、罗浮山、鼎湖山，以及清远之飞来寺等地，最为重要。查我国植物之最初采集研究，大多为外国学者代庖，迨至标准标本，多存于国外著名植物研究机关中，致现在我国研究植物学者，苦于原种标本之难得，然若能于原种发明地采得同种植物，与原种说明，若合符节，是其价值与原种标本无异，此本所之所以数遣采集队前往上述诸地采集也[2]。"

植物标本是科学研究以及课堂教学的重要材料和依据。而标本的采集则是制作标本的前提。中山大学农林植物研究所在初期能够较好地落实采集工作，与陈焕镛的付出与努力密不

① 国立中山大学农林植物研究所：《国立中山大学农林植物研究所概况——第一次五年报告》，1934 年 5 月印行，第 22 页。
② 国立中山大学农林植物研究所：《国立中山大学农林植物研究所概况——第一次五年报告》，1934 年 5 月印行，第 24–25 页。

可分。除了在人员和经费方面的贡献外，陈焕镛身先士卒，亲自参与采集工作，并制定了宏观的采集规划。截至 1934 年 3 月，中山大学农林植物研究所除对于常见之植物极力搜罗外，同时亦发现新种及科、属、种之新于广东省者不少，极具科研价值："共得新种 236 种，其科、属、种之新于广东或中国者亦多，其经于本所专刊第一卷发表者计有新种 50，新亚种 2，科之新于广东省者 2，属之新于广东省者 56，种之新于广东省者 190①。"而且标本的大量采集也是推动农林植物研究所建设标本室和植物标本园的重要前提条件。

2. 关于标本室的建设

"就像美国人要到欧洲的标本室研究美国的植物一样，中国人要到美国和欧洲的研究机构来研究中国的植物，除非他们使用西方的标本室的研究材料，否则，中国的植物学家要开始研究自己国家的植物区系就像在黑暗中摸索一样②。"为了不再仰人鼻息，假手外邦，陈焕镛意识到必须建立自己的标本室。因此，创建标本室是中山大学农林植物研究所重要工作之一。

中山大学农林植物研究所标本室在创立之初即分为广东标本室、世界标本室两个部分。其中，凡由广东采得之标本，单独储存，以得研究广东植物参考时之便利；而其他各省以外及外国之标本，则另行储存，以为一般研究之参考。截至 1934 年 3 月底，标本室收藏的标本的数量和质量都位于全国同行之前列，其共储存经登记"干制标本 60250 号，约 15 万个，已登记之液浸标本 932 号，未登记者 477 号，此外，另有种子标本 415 号，又已装订未定名之干制标本约 10000 号，其重复标本供交换者约 200000 份"③。广东标本室中有标本柜 56 副，共储存广东省本部及海南岛标本共 24680 号。世界标本室中有标本柜 49 副，共藏有广东以外之中国各省及世界各地标本共 33560 号④。现依地域区别列表如下（表 5-8、表 5-9）：

表 5-8　中山大学农林植物研究所世界标本室所藏国外标本数量

地方区别	标本数量/号	百分比/%
North America 北亚美利加	1891	17.668
Philippine Islands 菲律宾群岛	1673	17.541
India 印度	1550	14.477
Borneo 婆罗洲	1153	10.769
Malay Peninsula 马来半岛	642	5.996
Formosa 台湾	445	5.156
Himalaya 喜马拉雅山	408	3.810
Cuba 古巴	406	3.792

---

①　国立中山大学农林植物研究所：《国立中山大学农林植物研究所概况——第一次五年报告》，1934 年 5 月印行，第 25 页。

②　Haas W J，许兆然，译：《陈焕镛和阿诺德树木园》，《植物学报》1993 年第 4 期。

③　《国立中山大学农林植物研究所志略》，《科学》1934 年第 18 卷第 8 期，第 105 页。

④　国立中山大学农林植物研究所：《国立中山大学农林植物研究所概况——第一次五年报告》，1934 年 5 月印行，第 29 页。

（续）

地方区别	标本数量/号	百分比/%
Sumatra 苏门答腊	283	2.643
Burma 缅甸	209	1.952
England 英格兰	181	1.600
New Caledonia 新克里多尼亚	165	1.541
New Guinea 新几内亚	150	1.401
Mexieo 墨西哥	144	1.345
Ireland 爱尔兰	135	1.262
Salvador 萨尔瓦多尔	103	0.962
Gzecho-Slovakia 捷克斯洛伐克	102	0.952
Indo-China 安南	102	0.952
Australia 澳大利亚洲	73	0.631
Greece 希腊	61	0.569
Java 爪哇	60	0.560
Guatomala 危地马拉	59	0.542
Austria 奥地利	57	0.532
Japan 日本	49	0.456
New Zealand 新西兰	48	0.446
Bolivia 玻利维亚	43	0.401
Geylon 锡金	35	0.354
Africa 非洲	33	0.303
Hawaii 夏威夷	31	0.289
Balkan Peninsnia 巴尔干半岛	23	0.215
Polynesia 波利尼西亚	21	0.196
Bolgium 保加利亚	19	0.177
Asia Minor 小亚细亚	19	0.177
Domiuican Republic 多米尼克	16	0.140
Tonga Islands 东加群岛	16	0.140
Honduras 洪都拉斯	12	0.112
Fiji Islands 斐济群岛	11	0.102
Celebes 西里伯岛	11	0.102
Hungary 匈牙利	10	0.093
Andaman Islands 安达曼群岛	8	0.074
South America 南亚美利加	7	0.065
Penang 槟榔屿	6	0.056
Korea 高丽	6	0.056

（续）

地方区别	标本数量/号	百分比/%
Siam 暹罗	5	0.046
Malay Islands 马来群岛	5	0.046
New Hebrides 新希不力兑斯群岛	5	0.046
Trinidad 特立尼达	5	0.046
Bonin Islands 小笠原群岛	4	0.037
Moluoca 摩罗丹	3	0.028
France 法兰西	3	0.028
Cook Islands 科克群岛	3	0.028
Italy 意大利	3	0.028
Porto Rico 波多黎各	3	0.028
Jamaica 牙买加岛	2	0.018
Locality Unknown 区域不明者	2	0.018
Liu-Kiu 琉球	2	0.018
Switzerland 瑞士	2	0.018
Germany 德意志	1	0.009
Tahiti 塔希提岛	1	0.009
Brazil 巴西	1	0.009
Finland 芬兰	1	0.009

资料来源：国立中山大学农林植物研究所编：《国立中山大学农林植物研究所概况——第一次五年报告》，1934年5月印行，第30-31页。

表5-9　中山大学农林植物研究所世界标本室所藏国内各省标本数量

省别	标本数量/号	百分比/%
云南	5051	22.145
广西	3576	15.654
四川	3518	15.360
贵州	2032	8.890
浙江	1989	8.702
江苏	1553	6.816
福建	1400	6.125
安徽	722	3.138
山西	653	2.861
河北	592	2.591
东三省	471	2.061
甘肃	397	1.786
山东	319	1.395

（续）

省别	标本数量/号	百分比/%
西藏	203	0.881
湖北	170	0.743
吉林	90	0.433
江西	69	0.301
河南	47	0.205
不明省别者	46	0.202
湖南	34	0.145
陕西	13	0.057
辽宁	11	0.048

资料来源：国立中山大学农林植物研究所编：《国立中山大学农林植物研究所概况——第一次五年报告》，1934 年 5 月印行，第 32 页。

标本之交换亦为标本室主要工作之一。中山大学农林植物研究所"年来发出标本约共三万七千余份，收入标本约共三万三千余份，国内交换机关计有研究生物学机关，博物馆，及各大学生物学系标本室，共十三处，国外则有英、美、法、德、奥、日、印度、爪哇等处研究植物研究学术机关共十五处"[①]。而其中寄出的标本，特别是向美国哈佛大学木本植物园、美国加利福尼亚大学农科、英国爱丁堡皇家植物园、英国柯皇家植物园等国外知名机关寄送，往往是为了请各单位的专家，给标本进行鉴定、定名、覆证。中山大学农林植物研究所历年寄往国内外各机关交换之标本，总共 47266 份。具体可参见表 5-10、表 5-11。

表 5-10　中山大学农林植物研究所历年寄往国内各机关标本数目

机关名称	寄出标本数数目						总计/份
	1928 年度	1929 年度	1930 年度	1931 年度	1932 年度	1933 年度	
北平静生生物调查所			1262				1262
北平清华大学			430				430
南京中国科学社	1000		320				1320
南京国立中央研究院自然历史博物馆		3600					3600
南京金陵大学		1284	560				1864
杭州浙江大学			427				427

---

① 国立中山大学农林植物研究所：《国立中山大学农林植物研究所概况——第一次五年报告》，1934 年 5 月印行，第 33 页。

（续）

机关名称	寄出标本数数目						总计/份
	1928 年度	1929 年度	1930 年度	1931 年度	1932 年度	1933 年度	
南京中央大学		124					124
厦门厦门大学	840		519				1359
辽宁东北大学		427					427
广州岭南大学			485				485
四川中国西部科学院					149		149
青岛山东大学					4000		4000
合计	1840	5008	4030	320	4149		15347

资料来源：国立中山大学农林植物研究所编：《国立中山大学农林植物研究所概况——第一次五年报告》，1934 年 5 月印行，第 33—35 页。

表 5–11　中山大学农林植物研究所历年寄往国外各机关标本数目

机关名称	寄出标本数数目						总计
	1928 年度	1929 年度	1930 年度	1931 年度	1932 年度	1933 年度	
美国加利福尼亚大学农科	2492	1964					4456
美国哈佛大学木本植物园	1010	600	683	634			2927
英国皇家植物园			1083				1083
英国爱丁堡皇家植物园	1650	45	532				2247
法国自然历史博物院			864				864
美国纽约植物园	1150		1136		600	2611	5497
德国柏林博物院			1006				1006
奥国维也纳博物院		79	762				841
新加坡植物园			646				646
爪哇植物园			526				526
菲律宾科学院			600				600
合计	5152	3838	9084	634	600	2611	21919

资料来源：国立中山大学农林植物研究所《国立中山大学农林植物研究所概况——第一次五年报告》，1934 年 5 月印行，第 35—36 页。

　　中山大学农林植物研究所的标本交换是双向的，除了寄出也有寄来。而接受各机关寄来的标本，则丰富了标本室的收藏，便于研究和教学。关于中山大学农林植物研究所历年接收国内外各机关寄来之标本数量可参见表 5–12、5–13。

表 5-12　中山大学农林植物研究所历年接收国内各机关寄来标本数目表

机关名称	寄出标本数数目						总计
	1928 年度	1929 年度	1930 年度	1931 年度	1932 年度	1933 年度	
南京中国科学社	3505	389		100	935		4929
南京金陵大学生物系		598			245		832
浙江大学农学院生物研究所植物组				580			580
四川中国西部科学院植物部				67	322		389
南京金陵大学林学系		287					287
南京中央大学		115				217	332
南京中央自然历史博物馆		1600		800	540		2940
北平静生生物调查所		520		544	235		1299
厦门厦门大学	377		613				990
北平清华大学			105				105
北平国立北平研究院			385				385
广州岭南大学			126	222	1179		1527
辽宁东北大学			306				306
合计	3882	3469	1535	2313	3456	217	14872

资料来源：国立中山大学农林植物研究所，《国立中山大学农林植物研究所概况——第一次五年报告》，1934 年 5 月印行，第 38-39 页。

表 5-13　中山大学农林植物研究所历年接收国外各机关寄来标本数目表

机关名称	寄出标本数数目						总计
	1928 年度	1929 年度	1930 年度	1931 年度	1932 年度	1933 年度	
美国哈佛大学木本植物园	488	213	561	686	143		2091
美国加利福尼亚大学农科		2044	460				2504
香港植物园					510		510
台湾研究所官立森林部		18	5				23
美国纽约植物园		208			340	1000	1548
菲律宾科学院		600					600
美国密士康大学						200	200

（续）

机关名称	寄出标本数数目						总计
	1928 年度	1929 年度	1930 年度	1931 年度	1932 年度	1933 年度	
华盛顿国立博物馆			131				131
台湾官立大学园艺研究所					200		200
爱丁堡植物园				4000			4000
英国柯皇家植物园					6000		6000
柏林博物园				403			403
纽丝兰植物园					46		46
合计	488	2584	1979	5165	6795	1710	18721

资料来源：国立中山大学农林植物研究所，《国立中山大学农林植物研究所概况——第一次五年报告》，1934 年 5 月印行，第 39-41 页。

中山大学农林植物研究所之设立，即以调查广东植物种类为首要任务。而标本室之研究工作，是将广东植物作有系统之研究为最重要，而此项研究之结果则为决定广东各种植物在进化程序中之地位，同时并将每种植物之各部形态及其分布地域，作一详细之说明，然后将此种说明，依照其进化上之程序，汇编成《广东植物志》。标本室丰富的收藏，无疑为编撰《广东植物志》打下了坚实的基础。据记载，"广东标本室所藏广东植物，现共 192 科，1102 属，较诸前香港植物园邓塔二氏所出之《广东香港植物目录》上所载，155 科，1008 属，2862 种之数目，则科数增加 37，属数增加 102，种树增 73，查该书之成，系积香港植物园自所成立（1861 年）以来至该书出版，（1912 年）约五十年间所收集之材料研究而得者，而本所成立迄今，不过数载，已能打破此记录①。"除《广东植物志》预备工作外，还进行各科植物（松杉科、桦木科、胡桃科、豆科、樟科、山毛榉科、石楠科、木兰科、夹竹桃科、桑寄生科及兰科等）之详细研究。其重要研究成果有："一、《广东产之四新种》，哈佛大学木本植物园专刊第 9 卷（126-130 页）。二、《中国桦木科》，本校理科《自然科学》第 1 卷第 1-2 期。三、《中国胡桃科》，本校理科《自然科学》第 2 卷。四、《中国乔木植物之增加（一）》，哈佛大学木本植物园专刊第 9 卷第 4 期。五、《中国植物之新种及新名》，哈佛大学木本植物园专刊。六、《广东红豆树属志略》，本校理科《自然科学》第 2 卷第 3 期②。"

3. 关于图书室的建设

如同标本一样，图书杂志同样是从事森林植物研究的重要资料。陈焕镛十分重视图书室的建设，从多种渠道丰富藏书、随时添置。这样也使得农林植物研究所图书之收藏得以丰富，截至 1934 年，图书室现计藏有中西文图书共 2700 余卷，此外有中西文定期杂志约 50 种③。相较于当时国内其他研究植物的机关，其中所藏关于中国南方植物的相关参考书籍

① 陈焕镛：《植物研究所报告》，《国立中山大学二十一年年报》1933 年，第 172 页。
② 陈焕镛：《植物研究所报告》，《国立中山大学二十一年年报》1933 年，第 173 页。
③ 国立中山大学农林植物研究所：《国立中山大学农林植物研究所概况——第一次五年报告》，1934 年 5 月印行，第 49 页。

更为完备。农林植物研究所图书杂志之来源主要有四："（一）本所直接购置者。（二）为本校图书馆借用者（凡本所由校支款所定购图书杂志，例由该馆经手定购得后由该馆登记、编号，送交本所作为借用）；（三）为本所主任私人之收藏而借诸本所者；（四）为本所专刊与各地交换而得者[1]。"而其中又尤以直接购置和交换贡献最大。在研究室时，农林植物研究所图书杂志略备其最需要者，为数有限，故当时虽只有书架三具，而陈列尚不能满，迨1929年度改组为研究所后，乃陆续添购，在1929年度已增加不少，最重要者为《恩格勒氏年报》，全部共60册，然年中图书之增加，尤以1930年度为最，其主要原因，则为植物研究所主任陈焕镛乘赴英参加世界植物学会第五次大会之便，随地购置了大量的稀有图书。中山大学农林植物研究所还依据实际情况制定了图书购买清册（表5-14、表5-15、表5-16）。当时植物研究所还面临的现实是"机关之经费，亦太半支绌，对于参考书报之购置，恒感困难，至若稍贵重之古籍，不但购置力有所不逮，即经济裕如，亦欲购无从，概是项古籍，类多绝版，不易搜罗，即间有一二学术机关，或存有复本，亦不轻易让与，不若以物质交换，尚可搜罗一二也[2]。"因而，交换也成为当时农林植物研究所获取图书杂志的重要手段。具体而言，交换包括标本交换和书刊交换两种。农林植物研究所寄出之标本，除交换得标本外，并换得了诸多珍贵的书报，如英国爱丁堡植物园之杂志，柯植物园之《丛刊》，及《霍氏植物图谱》等均为极不容易得而又贵重之刊物，而这些书报的"价值不在标本下也"[3]。

表5-14　General Books Wanted（基本图书类）

编号	作者名（英文）	书名（英文）
1	Ainslie W.	Materia medica of Hindbostan and Artisen's nomenclature
2	Anon	Useful and ornamental planting
3	Arrtington, John P.	Tobacco amongthe Karuk Indians of California
4	Bailey L. H.	Food Products
5	Bailey L. H.	Cultivated Conifers in North America
6	Bailey L. H.	Cylopedia of Farm Crops
7	Bailey L. H.	Hortus
8	Bailey L. H.	How Plants get their Names
9	Bailey L. H.	Mannual of Gardening
10	Bailey L. H.	Principles of Vegetable Gardening
11	Bailey L. H.	The principles of fruit-growing
12	Bald Claud	Indian Tea
13	Bardawell, Frances A.	Herb-garden

[1] 国立中山大学农林植物研究所：《国立中山大学农林植物研究所概况——第一次五年报告》，1934年5月印行，第49页。
[2] 国立中山大学农林植物研究所：《国立中山大学农林植物研究所概况——第一次五年报告》，1934年5月印行，第33页。
[3] 国立中山大学农林植物研究所：《国立中山大学农林植物研究所概况——第一次五年报告》，1934年5月印行，第41页。

（续）

编号	作者名(英文)	书名(英文)
14	Barton，Benjamin H.	British Flora Medica
15	Barton，B，S.	Collections for an essay towards a Materia Medica of the United states
16	Barton，WM. P. C.	Vegetable Materia Medica of the United States
……	……	……
255	Vrise，H. DE.	Species and Varieties
256	Wagner P.	The application of artificial manure to fruit and vegetable growing and in flower and garden cultivation
257	Wallace，（Dr.）	Notes on Lilies and their Culture
258	Walte，Erich	Manual for the essence Industry
259	Watson W.	Climbing plants
260	Watt G.	Dictionary of the economic products of India
261	Weatherwax，Paul	Phylogony of Zea Mays
262	West A. P. &W. H. Brown	Philippine resine，gums，seed oils，and essential oils
263	Wester P. J.	The coconut palm：its culture and uses
264	Wester P. J.	The food plants of the Philippines
265	Wight，R.	Icones Plantarum Indian Crisntalis
266	Wiley，H. W.	Food and Food Adulterants
267	Willmott E.	The Genus Rosa
268	Windsor，F. N.	Indian toricology
269	Woodville，William	Medical Botany Vol. 1~4.
270	Wren，R. C.	Potter's Cyclopedia of Bot. Drogs & Preparetion
271	Youngken，Heber W.	Textbook of Pharmacognosy
272	Yuncker，T. G.	Genus Cuscuta
273	Zimmmermann Trsnsl. by J. E. Humplirey	Botanical Microtechnique

资料来源：《国立中山大学农林植物研究所求购图书清册》，广东省档案馆藏中山大学档案，档案号 020-001-179-140~155。

表5-15　Serial publications required(系列出版图书类)

编号	名称(英文)
1	Abhandlungen der Koniglich preussischen Akademie de Wissenschnften zu Berlin
2	Acta Acadomiae Scientiarum imperialis Petropolitanae
3	Acto Horti Potropolitani. Trudy Imperatnrakaga S. -Peterburgakago Botani-cheskago Sada
4	Acto Instituti botanici Academiae scientiarum Unionis Rerum Publicarum Soveticarum Socialicarum. Trudy Botanicheskogo Instituta Adademii Naud S S. S. R.

（续）

编号	名称（英文）
5	Acta physic-medica Academiae Caesareae Leopoldino-Carolinae naturae curiosorum exhibentia. Ephemerides.
6	Agricultural bulletin of the Straits and Federated Malay States, Singepors
7	The Botanists' repository, for new and rare plants, by Henry C. Andrews. London
8	Annals of Botany. London
9	Annals of the Royalbotanio garden. Calcutia.
10	Annals of the Royalbotanio gardens. Peradeniya.
11	Annales du Jardin botanique de Buitenzorg. Java
12	Annales Musei Botanici Lugduno-Batavi.
13	Annals of the New York academy of science
14	Annales des sciences naturelles. Paris.
15	Archives du Museum d'histoire naturelle. Paris.
16	Beiheft zum Botanical Magazine, Publ. by the Tykyo Bot. Soc.
17	Botanisches Centralblatt. Jena.
18	The Botanist. Conducted by, B. Mauud, F. L. S.
19	Bulletin de l'Academic royale des sciences at belles-lettres de Bruxelles.
20	Bulletin de l'Academic des sciences de l'Union desRepubliques Sovietiques Socialistes, Leningrad.
21	Bulletin agricole de l'Institut scientifique de Saigon.
22	Bulletin de l'Institutbotanique de Buitenzorg.
23	Bulletin du Jardinbotanique de l'Academic des sciences de l'U. R. S. S. Leningrad.
24	Bulletin du Jardinbotanique. Buitenzorg. Java.
25	Bulletin de la Societe d'agriculture, science at arts de laSarthe. Le Mans.
26	Bulletin de la Societe royale debotanique de Belgine.
27	Bulletin de la Societe dendrologique de France.
28	Companion to the Botanical Magazine, by W, J. Hooker, London.
29	The Gardener's chronicle. London.
30	Gontes herbarum. Ithaca, New York.
31	Iconographia plantarum Asiae Orientalis. ToKyo.
32	Journal of the Asiatic society of Bengal, Science.
33	Journal of Botany, British and foreign. London.
34	Hooker's Journal of botany and kew garden miscellany. London.
35	Journal of the College of science, Imperial University of Tykyo.
36	Journal of the Malayan branch. Royal Asiatie society.

（续）

编号	名称(英文)
37	Journal of the Natural history society of siam. Bangkok.
38	Journal and prodeedings of the Asiatic society of Bengal.
39	Memories de la RealAcademia de ciencias y artes, Barcelona. Barcelona, Spain.
40	Memories de l'Academic royale des sciences at belles letters. Bruxelles(Quarto).
41	Memories de l'Academic imperial des sciences de St. Petersb.
42	Memorie della R. Academia dei Lincei: Classe di scienze torino.
43	Memories de la societe d'histoire naturelle de Paris.
44	Miscellananea curiosa, sive ephemeridum medico-physicarum Germanicarum academica Cassareo-leopoldinae naturae euriosorum.
45	Nachrichten von der Geseilschaft der Wissenschaften zu Gottingen.
46	Natural and applied science bulletin. Univ. of Philippine, Manila.
47	The national geographic magazine. Washington, D. C.
48	Nouvelles archives du'Museum d'histoirenaturelle. Paris.
49	Nova actaAcademiae Cassareae Leopoldino-Carolinae nature ouriosorum.
50	Nova actaAcademiae Cassareae Leopoldino-Carolinae nature ouriosorum voluminis undeviccesimi supplementum primum.
51	Nuovo giornale of botanico italiano. Firenze.
52	Paxton's magazine of botany and register of flowering plants. London.
53	Philippine journal of science. Manila.
54	The Philippine journal of agriculture.
55	Proceedings of the academy of natural sciences of Philadelphia.
56	Proceedings of the American academy of arts and science. Boston.
57	Proceedings of the Linnean society of London.
58	Publications of the Field museum of natural history. botanical series.
59	Records of the Botancal survey of India Calcutta.
60	Transactions of the Botanical Society of London. First series.
61	Transactions of the Botanical Society of London. Second series.
62	United States department of agriculture. Bureau of plant industry. Circular.
63	United States department of agriculture. Bureau of plant industry, office of cropphysiology and breeding investigations. Circular.
64	United States department of agriculture. Circular.
65	United States department of agriculture. Department Circular.

（续）

编号	名称（英文）
66	United States department of agriculture. Division of agrostology. Bulletin.
67	United States department of agriculture, Botanical division. Circular.
68	Farmer'bulletin. United States department of agriculture.
69	Bulletin, United States department of agriculture, office of experiment Stations.
70	University of California publications in bobotany. Berkeley.
71	Zeitschrift furBotanik; herausgegeben von Ludwing Just, Friedrich Oltmanns, Harman Graf von Solmslaubach.

资料来源：《国立中山大学农林植物研究所求购图书清册》，广东省档案馆藏，档案号 020-001-179-140~155。

表5-16 **Missing Numbers of the Periodicals in the Library**（图书馆缺失期刊类）

编号	名称（英文）
1	Journal de Botanique. Directeur: M. Louis Morot, Paris, Tome XXI to the date.
2	Hooker's Icones Planarum, London, Vols. 1-10; 34 to date.
3	Bulletin du Museum National D'Histoire Naturelle, Paris, Vols published in (1927), (1928), and 1930 to date.
4	Journal of Botany, British and Foreign, London, Vols, 1-3; 10, 25-36, 38 to the present.
5	Chronica Botanica, Holland, Vol, 6 No. 17 to date.
6	Fedde: Repertorium sperierum novarum regni vegetabilis, Berlin, Band 46 to date.
7	Bullettin de la societe Botanique de France, Pairs, Tome 78 to date.
8	Journal of Japanese Botany, Tykyo, Vols. 1-8, 13 to date.
9	Annals of Botany, London, Vols, 1-42, 51 to date.
10	Botanical Magazine, Tykyo, Vols. 1-21, 25, 37, 45 to date.
11	Tropical woods, Yale University, New Haven, No. 57 to date.
12	Myoologia, Myoologia Soxiety of America, Vol. 28 to date.
13	Engler, Botanische Jahrbucher, Leipzig, Band 70 to date.
14	The Transactions of the Linnean Society of London, Second series, Vol. 10. to date.
15	Journal of the Linnean Society, London, Vol. 52 to date.
16	Bulletin duJarlin Botanique, Batavia, Serie 3, Vol. 16 to date.
17	Brittonia, New York, Vol. 2 to date.
18	Kew Bulletin of Miscellaneous Information, London, Vol. published in 1938 to date.
19	Kew Bulletin, Additional Series, 6, 12 todate.
20	Notes from the Royal Botanical Garden, Bdinburgh, Vols. 1-5, 7-8, 15, 19 to date.
21	Annals of the Missouri Botanical Garden, Missouri, Vols, 1-21, 23-24, 26 to date.
22	Gardens' Bulletin, Straits Settlements, Singapore, Vols. 1-6, 9, 11 to date.
23	Curtis' Botanical Magazine, London, Vols. 45-82, 84-119, 121-149, 150-152, 154 to date.
24	Acta HortiGothoburgensis, Goteborg, Sweden, Tom. 11 to date.

（续）

编号	名称（英文）
25	Notulae Systematicae, Phanerogamie, Pairs, Tome 8 to date.
26	Candollae, Geneve, Vols 1–4, 6 to date.
27	Annuaire du Conservatoire & du Botaniques, Geneve, Annce 1–3, 5 to date.
28	Index Kawenais–Supplementum 8 to date.
29	Hotizblatt des Botanischen Gartens und Museums, Berlin, Bend 14 to date.
30	Annals of the Royal Botanic Gardens, Calcutta, Vol. 2 to the present.

资料来源：《国立中山大学农林植物研究所求购图书清册》，广东省档案馆藏中山大学档案，档案号 020-001-179-140~155。

4. 关于实验室的建设

实验室的主要工作是将各种植物作内部形态解剖之研究，因而切片一事极关重要，若非将植物各器官制为切片，无以窥察植物内部的构造。中山大学农林植物研究所成立之初，即就可能范围内，将该实验室之必要设备，如手切片机解剖器以及染色用之染料及化学药品，都陆陆续续购置。在 1931 年，得到洛氏基金会的资助，购得台式木材切片机一台，可用于木材研究。"民国二十年，北平洛氏基金会干事祁天锡博士来粤考察，曾至本所参观，对于本所事业之发展，极为赞许。同时闻本所实验室拟购木材切片机，以为木材研究之工具，乃自请由该会帮助大洋四百元，指定为购木材切片机之用。祁博士返平后，即依约将该款如数汇到，惟是时金价高涨，该款不足购机，乃由本所特请学校当局拨款补足，始购得 joffery 台式木材切片机一幅。该室得是项仪器之帮助，正可从事木材之研究[1]。"截至 1934 年，实验室的仪器有切片之必需品，计有切片机 2 具，即轮旋切片机木材切片机各 1 具、显微镜 1 架、双筒放大镜 1 架、摄影机 4 副、摄影放大机 1 架、染料 36 种、化学药液 32 种、药粉 23 种。当然，中山大学农林植物研究所还依据实际情况，制定出了仪器购买清册（表 5-17）。

表 5-17 中山大学农林植物研究所仪器购买清册

编号	名称（英文）	数量
1	Steel Herbarium Cases—Similar to those in use at the Arnold Arboretum.	500
2	Steel Cabinets–Full length, 2—doored, with adjustable shelves.	10
3	Steel Filing Cases—Standard Office Equipment in Units.	50
4	Steel Bookcases—Sectional Units.	400
5	Steel Bookcases—Four-Shelved Units.	100
6	Students Eonocular Microscopes for General Botany.	50
7	High Power Research Mcroscopes.	5
8	Binocular Research Mcroscopes, with accessories.	5

[1] 国立中山大学农林植物研究所：《国立中山大学农林植物研究所概况——第一次五年报告》，1934 年 5 月印行，第 51 页。

（续）

编号	名称(英文)	数量
9	Binocular Dissecting Microscopes—Low magnification for gross anatomy.	10
10	Dissecting Microscopes—with stand, hand rest, reflecting mirror, including × 10, × 14, ×20magnifiers.	50
11	Aplanat Priplet Magnifiers, folding pocket casa.×10	20
12	Aplanat Priplet Magnifiers, folding pocket casa.×14	20
13	Aplanat Priplet Magnifiers, folding pocket casa.×20	20
14	Rotary Microtome	1
15	Slidling Microtoms for wood sections	1
16	Dissecting Sets, steel—handled instruments	50
17	Standard Studio Camera for Science Laboratory Long bellows extension, anastigmat lens, adapters for 4×6 and 8×10 cut film and glass plates.	1
18	Dark Room, developing and printing equipment, complete	1
19	Photographic Genus covers—Heavy Manila paper, size folded 12×18 inches	30000
20	Botanical Mounting Paper-Wight, unsized, best quality, size 11×17 in.	10000
21	Filing Cards. Unruled, White, standard size.	500000
22	Roovers Bros. Embossing Prese for Labels—Single Line Press.	1
23	Roovers Bros. Embossing Prese for Labels—Three-Line Press with motor.	1
24	Aluminum Tape forKmbossing Press—Single-line Tape, in rolls.	100
25	Aluminum Tape forKmbossing Press—Three-line Tape, in rolls.	50

资料来源：《国立中山大学农林植物研究所求购图书仪器清册》，广东省档案馆藏中山大学档案，档案号020-001-179-125~139。

中山大学农林植物研究所实验室成立以来，其工作集中于材料的搜集与切片的制成。截至1934年，实验室制成的切片有诸种裸子植物：马尾松之各部器官、水松之茎、杉树之茎。双子叶植物：凤凰木、樟、尤加利、大红花、紫荆、苦楝、蓖麻子、桑、桃等之各部器官。单子叶植物：沙草、竹、禾本科、兰花、花生等之各部器官。实验室除预备植物内部形态研究的材料外，同时一并作普通教材的供给，以及农学院植物课程的教授，计1928年度，开有木材切片学、植物分类学诸班；1929年度，有树木学、植物分类学、观赏植物学诸班；1930年度，有木材学、植物分类学、树木学诸班；1931年度，有观赏植物学、木材学、植物分类学诸班；1932年度，有树木学、植物学分类诸班；1934年度，有植物分类学一班[①]。

第四节　小　结

伴随着中国近代早期林学留学生的大量归国，他们日渐发现没有研究机构的创立，他

[①]　国立中山大学农林植物研究所：《国立中山大学农林植物研究所概况——第一次五年报告》，1934年5月印行，第53页。

们施展才能的舞台也非常逼仄。像陈焕镛等有着强烈"事业心"的林学留学生在归国后，为改变现状，积极参与了相关机构的创建。正是在这样的趋势之下，北平静生生物调查所植物部、北平研究院植物研究所、中山大学农林植物研究所、庐山森林植物园都是由他们的推动而创建起来的重要科研平台。民国时期，林业研究机构的数量要远远少于林学系（或称森林系）的数量。而中山大学是最早设立农林植物研究机构的高校之一。虽然在中国近代，许多高校在本科教学中已经涉及大量的科研工作，但是将科学研究机构分离出来却是少有的。而中山大学农林植物研究所的创建无疑起到了抛砖引玉的作用，意义非凡。譬如，在1944年的《国立云南大学创办云南农林植物研究所计划书》中写道："本大学原设有农学院与生物学系，按施教原则，关于各种作物之教材，自应充分利用本地之植物，方合实际。惟因云南植物繁富、种类特殊，国人尚未加以详确之调查研究，教材引用，时感困难。自抗战胜利后，各大学及研究机关，皆纷纷离滇复原，本校成为云南之唯一最高学府，研究地方性之科学，调查本省之产物，已成为本校重要任务之一。故为教学取材之便利，提高学术之水准以及利用厚生起见，爰仿照中山大学农林植物研究所前例，成立一专门研究云南植物科学之机构①。"

　　直到20世纪40年代以后，特别是伴随着中央工业试验所木材试验室、中央林业实验所等中央政府主导下的、专门化的林业研究机构的建立，近代的林业实验研究的广度和深度才有了大幅度的发展。而中山大学农林植物研究所是20世纪20—30年代中国林业研究机构的一个缩影和样板，也是近代林业研究机构发展过程中重要的一环。尽管在此之前，中国政府已设立了多个林业试验场，但却谈不上深入研究，主要是围绕育苗和栽培试验而展开。中山大学农林植物研究所建立了中国人自己的采集队、标本室、图书室、实验室，并与国外建立起平等的交流合作机制，则使本土化的林业科研得以较好地开展，更加有步骤、有计划、有秩序、有针对性。正如《国立中山大学农学院概览》中所说的那样，"过去重要之工作，在详查广东植物之分布状况，为整个有价值之研究，使国人对于广东及南中国植物有充分之认识，得利用以为改良及发展广东农林事业之根据。经历年来之努力，事业进展，其为可观，将可蔚成为西南植物研究之重要机关②。"

---

① 《云南大学创办云南农林植物研究所计划书》（1944-01-01），云南省档案馆藏，档案号：1016-001-00311-002。
② 《国立中山大学农学院概览》，国立中山大学农学院1936年编印，第9页。

第六章

归国留学生与林业研究机构的创建（中）

——以中央工业试验所木材试验室为中心的考察

中央工业试验所木材试验室于 1939 年 9 月在重庆北碚设立。该试验室的成功创建离不开归国林学留学生唐燿的努力。1940 年 6 月，木材试验室遭受日机轰炸，迁往四川乐山。抗战胜利后，中工所迁往上海，但木材试验馆仍留在乐山继续科学试验。正如胡先骕所说："木材之为学，乃森林利用学上主要科目之一，其目的在研究各种木材之结构及其材性，以期阐明其用途，所谓物尽其用是也。故研究林学者，除树木学外，当以此为最基本之学科"①。中央工业试验所木材试验室负责全国工业用材的试验研究，是近代首个在中央政府主导下的木材试验室，也是中国近代最为重要的两个林业研究机构之一。目前，学界对于中工所木材试验室的研究十分薄弱，只见在赵正的《民国时期中央工业试验所的木材工业研究》②以及胡宗刚的《唐燿与中国木材学研究》③中简单涉及了该机构，尚未见有专文，无法使人们形成一个系统的认识。有鉴于此，本章立足于四川省档案馆所藏档案、报刊、回忆录等资料，详细梳理和论述唐燿对木材试验室的创建之功。

第一节　唐燿早年工作及留学经历

唐燿（1905—1998），字曙东，江苏都县人，中国现代木材学的奠基人。1927 年毕业于东南大学理学院植物系，曾受业于著名植物学家胡先骕④、张景钺⑤。他 1928—1931 年曾任教于扬州中学。1931 年，接到老师胡先骕的邀请，唐燿赴北平静生生物调查所工作，因为"静生生物调查所久有意扩充木材研究的范围，树立中国林学的基础，以期解决中国科学造林及森林利用两方面的关键问题⑥。"而在静生生物调查所期间，唐燿受到胡先骕的帮助及指引，走上了对中国木材的研究道路。据唐燿回忆："我到北平后，胡先骕老师告诉我，木材研究在科学意义上和经济价值上都有很大前途，嘱我好好准备。并当时借给我一本《美国经济木材鉴定》的书，这是我最初唯一的参考资料。此外，所中还藏有一批从河北省东陵一带采集的有脂叶标本的木材。单凭这些简单的资料怎么开展工作呢？我偶然在图书室内找到一本世界科学名人词典。我把有关木材研究的专家和地址记录下来，发出不少信件，函索有关刊物。结果我竟收到了许多复信和资料，其中尤以耶鲁大学雷高德（Samnel g. Rocord）教授所赠的《热带木材》杂志全套和纽约州林校勃朗教授（H. P. Brown）

①　胡先骕：《序》，唐燿：《中国木材学》，商务印书馆 1936 年版。
②　赵正：《民国时期中央工业试验所的木材工业研究》，《咸阳师范学院学报》2017 年第 2 期。
③　胡宗刚：《唐燿与中国木材学研究》，《中国农史》2003 年第 3 期。
④　胡先骕（1894—1968），字步曾，江西新建人，著名植物学家。1912 年后两次留学美国，并于 1925 年获哈佛大学植物学博士学位。归国后，其先后任教于南京高师、东南大学、北京大学、北京师范大学、中正大学等院校。曾和秉志一同创办了中国科学社生物研究所、静生生物调查所、庐山植物园。中华人民共和国成立后，历任中科院植物所研究员兼北京大学生物系教授。其长期从事植物学的研究，代表著作有《中国植物图谱》（与陈焕镛合著）、《经济植物学》《中国蕨类植物图谱》（与秦仁昌合著）等。
⑤　张景钺（1895—1975），字岘侪，江苏武进人。著名植物学家。1920 年清华学堂毕业，并于当年留学美国，1926 年获芝加哥大学博士学位。归国后，先后任教于东南大学、中央大学、北京大学、西南联合大学等高校。中华人民共和国成立后，历任北京大学生物系教授、中国科学院生物学部委员、中国植物学会副理事长，等等。我国植物系统学以及植物形态学的创始人。主要论著有《蕨根茎组织的起源和发育》《光强度对油菜生长分化的影响》《系统植物学》等。
⑥　唐燿：《我从事木材科研工作的回忆》，中国科学院昆明植物研究所印行 1983 年版，第 8 页。

等赠送的木材研究刊物，使我了解到此项专业的一些文献，认识到木材的研究应从本国工业用材的鉴定（Identification）入手。因此，我首先集中精力，选出中国主要木材的树种并从事我国主要木材的鉴定工作①。"在静生生物调查所木材实验室工作的四年里，唐燿艰苦创业，并取得了十分可观的成绩。例如，在静生生物调查所于 1932 年 12 月 10 日印行的《静生生物调查所第四次年报》中就这样记载道："唐燿君专攻中国木材之研究及其在经济上之价值，本年将自中国各地采集之大批木材加以鉴别者计有一百十七属，一百七十二种，其中二十二属为裸子植物，此外制成切片约五百张，木材显微镜照片一百余张木材比重上之研究数十种。唐君复作中国珍奇木材之研究如 Rhoipetelea chiliantha Diels et Hand. 及 Bretschneidera sinensis Hemsl. 等等②。"

唐燿在静生生物调查所的许多开创性研究大多以论文的形式呈现。他发表了专题性质的科研论文多篇。而其中又尤以《穗果木科木材解剖之研究》（《静生生物调查所汇报》，Ⅱ：10：131）、《华北阔叶树材之鉴定》（载于《静生生物调查所汇报》，Ⅱ：13：207－210）、《华南阔叶树材之鉴定》（载于《静生生物调查所汇报》，Ⅱ：17：327－338）、《中国裸子植物各属木材之研究》（载于《静生生物调查所汇报》，Ⅳ：37：265）、《中国木材重量之研究》（载于《静生生物调查所汇报》，Ⅴ：199 页）、《木材识别法》（载于《科学》第 19 卷第 7、10 期）、《中国经济木材的鉴定》（中山大学农林植物研究所 Sunyatsenia，3：1）等文章为最著名，并出版了《中国木材学》一书③。也正是凭借这一系列的科研成果，唐燿于 1933 年被举为国际木材解剖学会（IAWA）会员，从而进一步扩大了其与世界同行的联系。胡先骕曾对唐燿在此期间所做出的成绩评价道："唐燿君，自民国二十年，即锐意于中国木材之研究。四年以来，筚路蓝缕。举凡典籍材料之收罗，均已蔚然可观。其在本所用英文发表之论文，计有《华北重要阔叶树材之鉴定》《华南重要阔叶树材之鉴定》《中国裸子植物各属木材之初步研究》等重要之专刊。在任何文字中，中国木材之有大规模科学的研究，实以此为嚆矢。以是世界上之以木材为专门研究之学者，均极赞许之④。"其中，《中国木材学》则是在胡先骕的嘱托下完成的。据《中国木材学·序》记载，"余（笔者注：余即指胡先骕）鉴于斯学在中国之重要，嘱其先编著《中国木材学》一书，以供国内林学家及工程家之参考，唐君欣然承诺，出其余暇，汇作今帙，费时年余，初稿始成。与其已发表之英文专刊较，除增加通论及各种之显微镜下之构造外，复增加木材之记载一百属，计一百余种。此等部分，均为原始的研究，非与寻常之编纂可比⑤。"《中国木材学》全书约 50 万字，系统地记载了中国木材 300 余种的比较解剖，是我国第一部木材学巨著，在 1935 年由中华教育文化基金会编译委员会出版，交商务印书馆承印。胡先骕为此书作序，他序言中这样写道："木材之为学，乃森林利用学上主要科目之一，其目的在研究各种木材之构造及其材性，以期阐明其用途，所谓物尽其用是也。故研究林学者，除树木学外，当以此为最

---

① 唐燿：《木材科研工作五十年》，《中国科技史料》1981 年第 4 期。

② 《静生生物调查所四次年报》，静生生物调查所 1932 年印行，第 14－15 页。

③ 《唐燿著作品名录》，具体可参见唐燿：《我从事木材科研工作的回忆》，中国科学院昆明植物研究所印行，1983 年版，第 56－57 页。

④ 胡先骕：《序》，唐燿：《中国木材学》，商务印书馆 1936 年版。

⑤ 胡先骕：《序》，唐燿：《中国木材学》，商务印书馆 1936 年版。

基本之学科。观乎欧美各国，对于木材之研究，莫不岁糜巨金，关专所以研究之。吾国今日，对于森林，尚未有大规模机械化之生产，更谈何科学上之应用。然吾人苟一加审察，则知在外国木材充塞之今日，欲树立中国林业之基本政策，必须加紧中国林木之调查与研究；如是材性相同者，始可用以代替外货，并加以合理之开发。而木材之可供特种之用途者，如造纸、制飞机、提鞣质，以及枕木材，建筑材等，均可推广栽植。经过此种选种上之基本研究，始可称为有目的之造林焉。再则木材学与纯粹科学上之研究，亦有相当之关系①。"显而易见，胡先骕明确阐述了木材研究的意义及重要性。这些理念无疑会对身为学生的唐燿产生深刻的影响，同时也会对唐燿日后的留学及考察欧美各国的木材研究状况产生一定的触动作用。

1935 年，经秉志及胡先骕介绍，唐燿申请了洛氏基金会奖金，并由该会副主任、东亚部主任甘亲加考察，认为成绩优良，允助赴美继续研究②。出国之前，胡先骕还特别嘱咐他："今后在国外工作时，要注意木材材性研究的各项设备和文献，为日后建树我国木材试验科学创造条件③。"唐燿确实也遵照并践行了其老师的这项要求。在美国留学期间，唐燿大部分时间都是在耶鲁大学雷教授的指导下从事研究工作，学习木材解剖学、森林利用学和植物系的相关课程，并于 1938 年获得博士学位。他还利用暑假的时间访问美国及加拿大的"林产研究所"（Forest Products Laboratory），目的是"了解他们如何组织这方面的研究和获得的成果，供回国后进行中国木材材性研究的参考④。"此外，唐燿在国外还大量搜集相关文献资料。据他回忆："我在离开美国前，得业师雷教授的同意，用小照片抄照的方法，把他三十年来所积累的木材文献及有关学术讨论的信件，全部照了下来，这是多么难能可贵啊！同样，应抄照了业师副教授（George A. Garratt）的一些讲话、刊物和林校图书馆一部分已绝版的木材文献。……我离开美国赴欧工作时，将三年来积累的笔记书刊等，以及雷教授慨允的亲自挑选锯制的木材珍贵标本一千多个'属'（Genera）装成了七大箱⑤。"此后，唐燿又赴英、德、法国等欧洲国家木材研究考察有关木材研究之现况。在英国林产所时，摄得四千尺的文献。访问牛津大学森林研究所时，得到英国木材学家乔克博士的协助，拍摄了大量的文献，并听了他主讲的课程，还访问了下列机构："（1）主办英国林产研究所的'国家科学工业部'，并了解该部领导研究所一些情况，（2）访问木材促进会（Timber Development Association），了解他们如何联系木材研究机构和工业部门。（3）也曾参观了英国专利局、科学图书馆。对英国内部出版的一些职业性杂志和图书资料，为提供科学研究上所做的工作，印象深刻⑥。"

正如唐燿所认为的，"出国访学、学习，开阔了我的眼界，初步认识到木材科学技术在国民经济上的重要性以及需要配合工程化人员进行综合研究。尤其欣慰的是获得了许多

---

① 胡先骕：《序》，唐燿：《中国木材学》，商务印书馆 1936 年版。
② 《唐燿将赴美研究木材》，《科学》1935 年第 8 期，第 1330 页。
③ 唐燿：《我从事木材科研工作的回忆》，中国科学院昆明植物研究所印行，1983 年版，第 8 页。
④ 唐燿：《我从事木材科研工作的回忆》，中国科学院昆明植物研究所印行，1983 年版，第 8 页。
⑤ 唐燿：《我从事木材科研工作的回忆》，中国科学院昆明植物研究所印行，1983 年版，第 9 页。
⑥ 唐燿：《我从事木材科研工作的回忆》，中国科学院昆明植物研究所印行，1983 年版，第 10 页。

珍贵的文献及资料，其可说是学识、资料双丰收①。"毋庸置疑，正是有了出国访学、学习的这一段宝贵经历，为唐燿日后更好地创建和主持经济部中央工业试验所木材试验室做了前期的铺垫，打下了坚实的基础。

第二节　唐燿与木材试验室之筹建

唐燿早于1933年就在《中国木材问题》中明确指出了木材的重要性，并呼吁建立机关进行专门化的研究。他说："木材问题，为目下中国科学上切需解决问题之一。概木材之于人生，其重要不下于钢铁，而一切有关于木材之工业：如造纸，制火柴等事业，均需特种之木材，应其需要。故木材产量、名称、木性等之调查与研究，非特为建设之张本，亦属挽救中国利源丧失之一端。试阅海关统计，木材一项，每年入超，辄达百万两左右。反观吾国名材，若松、杉、榆、椵、桦、杨、核桃、麻栎、香椿、花梨、樟、楠等木，虽因交通不便，不能畅销外埠。然吾人其材性，产量等之缺乏研究，亦属不可讳之事实。为中国木材工业：如造纸，制火柴杆盒等事业之进行计；为充实空军、海军，如飞机、军舰之制造计，为造林选种计，为供给中国工程师之材料计，则中国木材问题，是不容忽视。木材各方面之研究，均须有各别之专家，以董其事。惟就中国之现状而论，甚虽得多数专家任其事，倘能就国立研究植物分类及研究木材有根基之机关，与以辅助。使其对于木材研究之进行，得以充分进展，则裨益于中国木材业之前途者，当非浅显，甚望吾国事业，工程，农林诸先进，与木材巨商，注意及之地②。"由此可见，创建大规模之木材试验室是唐燿一直以来的夙愿。另外，唐燿早在1936年的《国产木材之利用》一文中也明确地指出："建立大规模之木材或林产研究室。研究木材之构造上，物理上及化学上诸问题。此项研究，不妨宽筹建设费及经常费，补助对国产木材已有研究之机关。如此，驾轻就熟，一方可树立林业之基础，一方可补助木材事业之进行，其收效当可指日可待也③。"

当时欧美各国纷纷建立了木材研究机构，也在很大程度上推动了中央工业试验所木材试验室的创建。据记载："木材材性之有大规模研究，实以1910年美国木材研究室之成立始。该室约分十组有关木材研究之专门家逾百人。该室当欧战时，因代政府试验飞机用木材及其选别，设计人工干燥等事业，曾增加人员至战前约四倍。即此一端，可见木材研究，在战时甚为重要。继美国木材研究室而起者，有加拿大木材研究所、印度林业研究所。前者成立之动机，尤以欧战之背景为大，其后澳洲及英国，均有大规模木材研究室之设立。法、德等国，对于其本国及殖民地木材之研究，开始已久，现在大规模之木材研究，现在正在进行中。苏俄方面，在其科学研究之计划中，对于木材利用之研究，均占重要之地位④。"而在这样的背景之下，国内有识之士认识到建立本国木材研究机构的重要性、迫切性。如胡先骕说："观乎欧美各国，对于木材之研究，莫不岁糜巨金，关专所以研究之。吾国今日，对于森林，尚未有大规模机械化之生产，更谈何科学上之应用。然吾

---

① 唐燿：《木材科研工作五十年》，《中国科支史料》1981年第4期。
② 唐燿：《中国木材问题》，《科学的中国》1933年第1卷第12期，第13页。
③ 唐燿：《国产木材之利用》，《中国植物学杂志》1936第3卷第3期，第1154页。
④ 唐燿：《设立中国木材试验室刍议》，《科学》1940年第4期，第298页。

人苟一加审察，则知在外国木材充塞之今日，欲树立中国林业之基本政策，必须加紧中国林木之调查与研究①。"唐燿也呼吁："木材研究事业，不特在吾国为草创，即世界最老之木材研究所，亦不过30年之历史。然因其具生产性，故各国政府无不加以促进之。默察欧美各邦人士，靡不注意实际问题，以是物质进步，一日千里。吾国受教育者，多与社会隔绝。一般工匠，迫于衣食，默守陈法。无由改进其技术，以是生产落后，为改兹更张计，诚宜就一切实用问题，利用科学知识，使之深入民间。中国木材利用之科学化，即其一例②。"总之，中央工业试验所木材试验室的筹建是现实需要，以及唐燿等人不懈推动的结果。

中央工业试验所与静生生物调查所在1934年议定了合作进行中国木材之研究试验。唐燿早先已有在静生生物调查所从事木材科研的经历，再加上又有在国外的学习、访问的经历，无疑是担此重任的不二人选。有鉴于此，中央工业试验所与静生生物调查所双方都指定由唐燿筹备创建木材实验室。而彼时唐燿正在美国耶鲁大学研究院，任洛氏基金会研究员，专门研究木材及林产利用。中央工业试验所顾毓瑔所长便致函唐燿，嘱托此事。为了能够胜任这项工作，唐燿便前往美国中部及加拿大京城考察林产研究所，后又前往欧洲各国考察木材研究及林产工业。直至1939年9月，唐燿抵达重庆开展工作，中央工业试验所木材试验室才正式宣告成立③。但在人力、物力极端艰苦的情况下，一切工作无不在筚路蓝缕、披荆兴创。据唐燿回忆："我初抵北碚时，总以为负责国家工业试验的中心，规模一定不小，工程师也一定不少，这对于木材应用的研究会得到很大的帮助。其结果却事与愿违。当我参观国外林产研究所时，就认识到在美国、加拿大和英国，从事这项研究工作的，除了从事林学、木材学的科学家，还有很多木材专业研究的工程师和化工人员。……我在国外参观时，人家对我说过，这些有关木材的工程、化学上的设备问题，你们的工程师会解决的。可是，在回国以后，事实却不是这样。我国木材专业的工作一切均须从头做起。尤其重要的是专业人员如何培养，到现在还是值得深思的④。"而为了改变现实，唐燿从多方面着手创建中央工业试验所木材试验室。据资料记载，其主要包括如下三个方面。

（一）确立木材试验室目标。为满足现实需要，建立一切有关木材工业之基础，及木材应用上之合理化，唐燿明确指出了木材试验室的工作目标。由唐燿的《设立中国木材试验室刍议》可知，木材试验室的目标有五："1. 促进并辅助有关林业之公私机关，并进行大规模吾国现有森林之调查与开发。2. 调查吾国现有木业之情况，并征集伐木锯木等之方式及其用具，木材干燥法及集一切有关木材之制造品，以便厘定名称，并改良土法。3. 进行中国商用木材及可供开发主要林木各种材性上之试验与研究。包括：（1）构造上木材性质，如正确名称、俗名、产量，一般用途及其他构造上之性质。（2）木材施工上之性质，如木材对于锯、刨、钻、镟、定钉、油漆等之反应。（3）物理上及力学之性质。（4）干燥上之性质与干燥程序之测定。（5）木材之耐腐，加压注射，防腐剂之抗毒性试验等性

① 胡先骕：《序》，唐燿：《中国木材学》，商务印书馆1936年版。
② 唐燿：《设立中国木材试验室刍议》，《科学》1940年第4期，第303页。
③ 唐燿：《设立中国木材试验室刍议》，《科学》1940年第4期。
④ 唐燿：《我从事木材科研工作的回忆》，中国科学院昆明植物研究所印行，1983年版，第12页。

质。以上五大类之试验，可得知某一种木材之性质，以决定其最适宜之用途、最经济之制造与处理。4. 根据调查及试验与各国成例，改良旧式工业之制造上，如木段、木板之等级，枕木电杆等需要之条件，主要飞机用木材之选择规程等问题，处理上如干燥防腐等之设施与应用上之选择，如枪杆、铅笔杆之代替品，木塞之取材等项。5. 筹划抗战期中，与军事、交通有关木材之问题，如木制飞机、车身、船身、手榴弹柄、子弹箱等问题①。"唐燿提出的这五点目标，无疑具有宏观性意义，有益于指引中央工业试验所木材试验室各项工作的开展。

（二）招聘研究人员。木材试验室在创设初期，中央工业试验所所长顾毓瑔只给唐燿配备了两位机械工程系毕业的大学生，准备进行木材力学试验和木材人工干燥的研究。而木材研究是一项十分复杂的工程，牵涉的范围甚广，以至于根本无法进行正常的研究工作。正如唐燿所说的："在国内欲进行中国木材性之各项试验工作，殊少专门人才，能胜任愉快。概木材之研究与试验，其目的虽单纯，旨在改进用途、减低消耗。但工作范围，则涉及木材构造学、木材物理学、木材力学、木材干燥学、木材化学、木材防腐学、木材学等专门之科目。其研究试验之范围，有与植物学及生物学接近者，如中国木材之鉴定、中国森林之调查及中国森林植物之认识，商场木材之状况及名称，木材之解剖、木材腐败之研究、木材之虫害研究等。有与物理学及工程学接近者，如木材防腐剂之标准试验，防腐方法之研究，防腐工厂之设备，纤维质，木材质之化学，木材之化学成分。木材与纸料产量之关系，森林之副产化学等。有与机械工程接近者，如伐木、锯木木工等项。因此木材利用之合理化，需有专门以研究木材为对象之植物学家、病害家、虫害家、森林家、物理学家、化学工程家、土木工程家、机械工程家、电气工程家等多数狭义专门人才，始克有济②。"而为了化解人员不足的尴尬，跳出这种窘迫的境地，以满足木材试验室的实际需要，厘定各年度之中心工作。唐燿于1940年初起，四处延揽人才，发布了多个征才公告，公开征求有志于木材研究之研究人员，其中包括了生物，数理化及工程等项目，以期就其所学，养成木材利用之各项专家。如在1940年5月发布《招收研究生及工程员启事》；在1940年7月又在《科学》杂志上公开发布了《招收木材研究员》③启事，其内容都大致一样。这里仅以《招收研究生及工程员启事》为例，其具体内容如下。

经济部中央工业试验所木材试验室拟招收研究生及工程员多名，专门研究木材材性上各种问题。如防腐，干燥，木材物理，木材化学，木材力学试验，木工机械，木建筑，木材工业，伐木，木材昆虫，木材病害及木材研究上统计等。凡大学化学，物理，生物（昆虫、病害），数学及工程各科毕业而成绩优良，有志深造者均可应征。应征者须：（一）缴验大学毕业证书，经著名学者一人之介绍。（二）详细填具年龄、性别、履历、婚姻及家庭状况。（三）用中英文撰写自述各一篇，包括个人身世、兴趣、特长及志愿等。合则函约。月给研究津贴八十元。以上视经验而定，必要时可酌给生活补助金，远道者亦可酌贴旅费。工作就指定问题在专家指导之下专门研究，在必要

---

① 唐燿：《设立中国木材试验室刍议》，《科学》1940年第4期，第299–302页。
② 唐燿：《木材试验室概况》，《工业中心》1942年第1–2期，第2页。
③ 《招收木材研究员》，《科学》1942年第7期，第583页。

时需要兼研究室事务。录取后，试用半年，以后不得半途辞去，否则须缴还一切费用。接洽处：重庆北碚经济部中央工业试验所木材试验室①。

由此可见，木材试验室对于应征者的所学专业，需满足的基本条件以及能够提供的基本待遇等情况都给予了明确的说明。而在发布《招收研究生及工程员启事》《招收木材研究员》启事之后，确实起到了良好的反馈，许多条件相符者都纷纷应征。根据相关资料显示，提供中英文自述、介绍信、履历等材料的应征者总计达 41 人之多，他们大多来自大后方的西南联大、北平大学、武汉大学、中山大学、四川大学、金陵大学等院校，涉及的方向也各异，有化学、生物学、生物学、植物病理学、森林利用学等不同科目。具体应征人员的名单见表 6-1。

表 6-1　研究生及工程员应征者登记表

应征者姓名	编号	应征项目	履历	应征文件种类	来件日期	备考
姚荷生	1 号	植物病理	西南联合大学清华生物系毕业。清华农林植物研究所研究生，该校助教	信一件附中英详细履历书各一份	—	北碚天生桥邮局王惟一转
穆光照	2 号	化学	国立暨大理学院化学系。1938 年 6 月毕业	英文信一件	—	重庆下南区马路荣园造丝厂 7 号
赵绵	3 号	化学	西南联合大学北大化学系。1940 年毕业	信一件、附履历表、历年总学分数、中英文自述各一份，另有介绍信二件	—	昆明大西门外国立西南联合大学理学院化学系
敖明模	4 号	化学	北平大学化学系。1938 年 7 月毕业	信一件附履历表、中英文自述各一份	—	重庆南岸教厚路中段 90 号
季天祜	5 号	化学	昆明西南联合大学	信一件		附复信原稿
李厚源	6 号	化学	云南激江中山大学	—	—	此三人系由国立中山大学理学院化学系主任康辛元来函介绍
袁镇沂	7 号	化学	云南激江中山大学	—	—	
顾吉度	8 号	化学	云南激江中山大学	—	—	
郑笃庆	9 号	工业化学	金陵大学理学院工业化学系毕业	中英文自述及介绍信各一件		青木关教育部郑阳和先生转
王恺	10 号	森林学系	西北农学院森林学系	信一件、履历、成绩表、中英文自传各一份	—	陕西武功西北农学院

① 《中央工业试验所木材室、中山大学理学院、西北农学院技艺专科学校为征求人才人员聘请招收研究生的函及部分应征人员自述》，四川省档案馆藏，档号：民 160-01-0058。

（续）

应征者姓名	编号	应征项目	履历	应征文件种类	来件日期	备考
蒋时聪	11 号	化学	武汉大学化学系毕业。	信一件、履历、介绍信、中英文自传各一份	—	合川第 3 号信箱
黄乃熹	12 号	化学	武汉大学化学系毕业	信一件、履历、介绍信、中英文自传各一份	—	嘉室武汉大学
刘立本	13 号	物理	西北联合大学物理系毕业	信一件、介绍信一件、中英文自述各一份	—	永川书院巷 7 号
程惠群	14 号	化学	西北联合大学化学系毕业	信一件、介绍信一件、履历、中英文自述各一份	—	自流井蜀光中学
张敦厚	15 号	生物学	武昌华中大学生物学系毕业	信一件、履历、中英文自述各一份	—	奉节博文中学
李树行	16 号	化学系	四川大学化学系毕业	中英文自述、介绍信各一件，又学校成绩分数单一份	—	峨眉川大理学院
杨光荣	17 号	化学	金陵大学化学系毕业	中英文自述信函各一份	—	弹子石警官学校杨光奎转
黎开元	18 号	化学	北京大学化学系毕业	信一件、附中英详细履历表各一份	—	广元东街甲 12 号
留润川	19 号	物理	交大物理系	介绍信附履历、中英文自述及应征信各一件	—	磁器口煤炭沟孙家院谭庐 9 号
李之珣	20 号	—	北大	—	—	只收到□先生介绍信
段保泰	21 号	物理	沪江大学物理系毕业。兵工署 21 厂技术员	信一件、中英文自述、介绍信各一件	—	重庆 17 号信箱
何松柏	22 号	物理（力学）	湖南大学，1937 年毕业	信一件、履历表、学校分数单、中英文自述各一份	—	湖南邵阳城内新宜巷 6 号
岑堡波	23 号	森林利用	曾任中学教员 2 年	中英文自传及履历各一件	—	成都金陵大学

（续）

应征者姓名	编号	应征项目	履历	应征文件种类	来件日期	备考
徐迓亭	24 号	物理	武汉大学物理系。曾任航空研究所物理研究室员工	履历、介绍信各二件，中英文自述各一份	—	嘉室武汉大学宋秉南转
何翰珍	25 号	化学	中山大学化学系毕业。1938 年毕业。曾经担任该校助教，西南制纸厂技术员	信一件、介绍信一件、履历、中英文自述各一份，又制纸标本一扎	—	贵州安顺省立职业中学
梅鹤立	26 号	物理	华中大学物理系。曾任国立第一中山大学物理系专任教员	信一件、履历表一份、介绍书二份、中英文自述各一份	—	重庆大学梅舜华小姐转
张仁纯	27 号	生物学	北平师大生物系，1939 年毕业	信一件、中英文自传各一份，又介绍信一件	—	巴县大渡口沪只新村明弄 8 号
余传绶	28 号	物理	武汉大学物理系毕业（1935 年度）	信一件、履历、中英文自述、介绍信一件	—	重庆南岸中华大学彭振炯转
陈光勳	29 号	物理	武汉大学物理系毕业（1936 年度）	中英文自传各一件	—	湖北恩施高中
张一中	30 号	—	清华大学毕业。军医学校助教	履历、中英文自述各一件、应征信一件	—	贵州安顺第 4 号邮箱
罗大壮	31 号	化学	湖南大学化学系毕业（1938 年度）。湘雅医院助教一年，军医学校化学助教半年	信一件、履历、中英文自述各一份	—	安顺军医学校生化系
李鸿秀	32 号	化学	西北大学理学院化学系毕业（1940 年度）	信二件、学校成绩分数单、履历、介绍信、中英文自述各一件	—	三通桥犁泥场
董悃儿	33 号	—	—	信一件、履历书、中英文自述各一份	—	浙江丽水省立处州中学
钟家栋	34 号	—	—	固兴北校长介绍信一件	—	—

（续）

应征者姓名	编号	应征项目	履历	应征文件种类	来件日期	备考
卜锡瑜	35 号	—	—	信一件、履历、介绍信、中英文自述各一份	—	陕西洋县教育部战时中小学教师第 8 服务团
张若乾	36 号	—	—	英文信一件、相片一张(背附履历)	—	雅安工职校
潘作细	37 号	—	—	英文自述一件、信一件	—	川大化学系
陈凤桐	38 号	—	—	信二件、履历一、中英文自述各一份	—	西北大学生物学系陕西城固
王碧君	39 号	—	—	信一件	—	歌乐山国立药专
金祖荫	40 号	化学	北平辅仁大学理学院化学系。1935 年 6 月毕业	信一件	—	歌乐山国立药专
罗无念	41 号	物理	成都华西大学物理系	—	—	—

资料来源：《中央工业试验所木材室、中山大学理学院、西北农学院技艺专科学校为征求人才人员聘请招收研究生的函及部分应征人员自述》，四川省档案馆藏，档号：民 160-01-0058。

此外，木材试验室发布了《经济部中央工业试验所木材试验室征才》等公告，使征求人才范围进一步扩大，除专门的研究人员外，还包括英文编辑、英文图书管理员等工作人员。《经济部中央工业试验所木材试验室征才》具体内容如下。

> 本室兹拟征求中级、高级研究人员多名，专门研究木材材性上各问题。如防腐，干燥，木材物理，木材化学，木材力学试验，木工机械，木材菌害、虫害及木材研究上统计等。凡大学化学，物理，生物(昆虫、病害)，数学及工程各科毕业二年以上计，均可应征。应征者先缴详细履历表一份，中英文自述各一篇(包括个人身世、兴趣、特长及志愿等)。待遇除政府规定之米贴及生活补助费外，薪金视学力及经验而定。又本室商拟征求英文编辑及英文图书管理员各一名，以曾在外文系毕业或同等学力而有服务经验者为合格。应征须缴文件及录取后工作待遇同上。合则函约。接洽处：四川乐山邮政信箱 268 号①。

根据现实需要及应征者的具体情况，中央工业试验所木材试验室对应征者依次进行筛选，将应征者分为录取、备录取、不录取三大类。其中，对于备录取者以及不录取者均通

---

① 《中央工业试验所木材室、中山大学理学院、西北农学院技艺专科学校为征求人才人员聘请招收研究生的函及部分应征人员自述》，四川省档案馆藏，档号：民 160-01-0058。

过信件告知其本人。根据相关档案资料，我们可以知道木材试验室提供的备录取通知信件格式、不录取通知信件格式。具体如下所示。

备录取通知信件格式①

迳启者：

前承足下应敝室征求，寄来申请书等，业经见收，早达台览矣。敝室不幸于六月二十四日被敌机全部炸毁，损失颇大。因此原室开展计划，不免暂受影响，录用名额亦大受限制。现经详为审查后，仍录取足下为备补，一迨遇有缺额，或能正常扩展，当即通知。当希本向学之初衷努力未懈，更希将以后随时见告为幸！并请××先生学安！

此致

全衔条戳启

不录取通知信件格式②

迳启者：

承足下应敝室征求，寄来申请书等，已早见收，早达台览矣。敝室不幸于六月二十四日被敌机全部炸毁，损失颇大。因此原室开展计划，不免暂受影响，录用名额亦大受限制。珠玑在遗，至深歉疚！足下志在研究，至堪嘉许。当希本向学之初衷，努力未懈为职。日后遇有机缘，敝室当随时通知也。并请××先生学安！

全衔条戳启

中央工业试验所木材试验室对于录取者，则寄送《聘请草约》。《聘请草约》及《复约》格式如下所示。

《聘请草约》格式③

经济部中央工业试验所木材试验室请 ××× 先生担任本室 ×× 职务，每月薪金实支 ×× 元，补助费 ×× 元整。除呈荐外，特定如上之契约。

此致

全衔 主任
中华民国 ×× 年 ×× 月 ×× 日
草约第××号

① 《中央工业试验所木材室、中山大学理学院、西北农学院技艺专科学校为征求人才人员聘请招收研究生的函及部分应征人员自述》，四川省档案馆藏，档号：民 160-01-0058。
② 《中央工业试验所木材室、中山大学理学院、西北农学院技艺专科学校为征求人才人员聘请招收研究生的函及部分应征人员自述》，四川省档案馆藏，档号：民 160-01-0058。
③ 《中央工业试验所木材室、中山大学理学院、西北农学院技艺专科学校为征求人才人员聘请招收研究生的函及部分应征人员自述》，四川省档案馆藏，档号：民 160-01-0058。

《复约》格式①

兹奉经济部中央工业试验所木材试验室草约第　××　号本人诚意接受贵室　××

职务。约于　××　月　××　日到职。

此致

经济部中央工业试验所木材试验室公鉴。

签名　××　盖章　××

中华民国××年××月××日

据相关资料显示，从1940年6月至1941年10月，中央工业试验所木材试验室先后共计发出《聘书草约》23份。其具体情况可参见表6-2。

表6-2　中央工业试验所木材试验室发出聘请草约一览

姓名	职务	待遇		通讯处	草约号数	发出日期	备考
		月薪实支	津贴				
龙惠溪	木材化学助理工程师	100元	50元	重庆沙坪坝中大理学院化工系	第1号	1940年6月15日	6月17日复函接受，8月7日退回草约
姚荷生	木材病害副研究员	100元	20元	昆明联大清华理学院生物系	第2号	6月5日	—
王恺	森林利用研究生	80元	—	陕西武功西北农学院	第3号	6月19日	8月2日复函接受
邓纯眉	木材调查采集员	—	—	峨眉林改所林场	第4号	7月20日	—
杨光荣	林产化学助理研究员指任编译员	—	—	重庆弹子石警官学校杨光奎转	第5号	7月25日	—
蒋时聪	木材防腐工程员	80元	—	合川卫生署麻醉药品经理处	第6号	7月25日	8月5日复函接受，9月11日退还草约
刘立本	木材干燥工程员	80元	—	永川书院街7号	第7号	7月25日	7月29日复函接受
何松柏	木材力学研究生	80元	—	贵阳省立民教馆华钦远转	第8号	7月30日	—
梅鹤立	木材研究生	80元	—	重大梅舜华转	第9号	8月3日	8月3日复函接受
鲁昭祎	木材化学主任研究员	266元	—	郑万钧博士转	第10号	9月1日	—

---

① 《中央工业试验所木材室、中山大学理学院、西北农学院技艺专科学校为征求人才人员聘请招收研究生的函及部分应征人员自述》，四川省档案馆藏，档号：民160-01-0058。

（续）

姓名	职务	待遇		通讯处	草约号数	发出日期	备考
		月薪实支	津贴				
余继泰	事务员	100 元	—	—	第 11 号	9 月 1 日	—
余继康	—	80 元	—	—	第 12 号	9 月 1 日	—
留润川	木材助理研究员	110 元	40 元	重庆磁器口煤炭沟谭泸 29 号	第 13 号	9 月 10 日	—
秦思礼	木材工厂筹备主任兼机械设计员	150 元	50 元		第 14 号	9 月 26 日	由主任当面致送，彼立即复函接受
何隆甲	研究生	—	—		第 15 号	9 月 1 日	
徐迁亭	工程员	—	—		第 16 号	9 月 15 日	
钟家栋	助理研究员	—	—		第 17 号	10 月 15 日	—
钟家俭	助理工程师	—	—		第 18 号	11 月 1 日	
周朝藩	代理事务主任兼会计	—	—		第 19 号	11 月 20 日	
章蕴华	书记	—	—		第 20 号	11 月 30 日	
何翰珍	研究生兼任图书整理	—	—	贵州安顺大剑道 34 号	第 21 号	12 月 28 日	—
李仕义	图书管理员兼会计员	150 元	—	—	第 22 号	1941 年 10 月 13 日	
沈寿山	副工程员兼木材工厂副主任	300 元	—	—	第 23 号	1941 年 10 月 21 日	—

资料来源：《中央工业试验所木材室、中山大学理学院、西北农学院技艺专科学校为征求人才人员聘请招收研究生的函及部分应征人员自述》，四川省档案馆藏，档号：民 160-01-0058。

由表 6-2 可知，聘请人员的职务多样，有木材化学助理工程师、木材病害副研究员、森林利用研究生、木材调查采集员、林产化学助理研究员指任编译员、木材防腐工程员、木材干燥工程员、木材力学研究生、木材研究生、木材化学主任研究员、木材助理研究员、木材工厂筹备主任兼机械设计员、研究生、工程员、事务员、助理研究员、助理工程师、代理事务主任兼会计、书记、研究生兼任图书整理、图书管理员兼会计员、副工程员兼木材工厂副主任等，而且根据不同的职务提供不同的月薪待遇。另外，中工所木材试验室的人才招聘是一个不断变动的过程，木材试验室会根据具体情况，在不同的时间给应征者发送《聘书草约》。

这些被聘请的人员，有相当一部分正是以木材实验室为科研事业的起点，后来成为知名的木材学专家。我们由唐燿的《木材试验室概况》①一文可知，木材试验室为了更好地开展木材科研工作，十分注重对招聘研究人员的培养。文中写道："工作人员，以习工程、物理、化学、森林及植物等科目者为主。为培植专门木材利用人才及提高研究兴趣起见，于每

---

① 唐燿：《木材试验室概况》，《工业中心》1942 年第 1-2 期。

周举行专题讨论一次。其性质或为工作人员对于某项问题研究之初步报告，或为研究工作之指导。此项讨论会已进行之题目，有《木材研究在国内外之进展》《木材之基本认识》《国外科学研究与实业研究之鸟瞰》《木材构造名词释义》《中国之商用木材》《木材之化学》《木材之鉴定材性与用途》《三十年度各项工作计划纲领》《两峨采集记》《木材之收缩》《重要森林植物之鉴定》《木材干燥浅识及乐山木材之堆集法调查》《木材防腐》《本室木材力学试验之进行》《西京及嘉定木材业之调查》《木材防腐之方法及设备》《木材干燥炉之种类及本室之设计》等专题①。"为了更好地说明情况，这里仅以王恺为例。王恺（1917—2006），湖南湘潭人。1936年，王恺考入西北农学院，就读期间对森林利用特别重视，当时兵工署以国内枪托用材缺乏，遂与西北农学院合组国防林场于宝鸡，从事核桃木之培植。他在导师的指导下，以《陕西核桃品种之初步研究》为毕业论文题目，从事陕西省核桃品种之研究，比较其各品种材质之优劣、生长之缓速，以及种子之特性，油分之分析等项，均已获得初步之结果。但当时"中国的林产利用，尤其木材之研究问题正多，惟惜缺乏研究之机关与设备，并少专家之指导耳。王恺通过阅报载中工所新筹设木材试验室研究木材之各种问题，并由唐燿先生主其事，不胜欣悦，宿志或将实现，乃毅然决然请求加入工作②。"十分明显，王恺正是看到了报刊上刊载的中工所木材试验室招聘人才启事，才提交了应征文件（部分应征文件如表6-3所示），其中包括信件一封、履历、成绩表、中英文自传各一份。他也得到了木材试验室主任唐燿的赏识，得以录用。在中央工业试验所木材试验室任职期间，王恺主要从事川西、西南林区的伐木工业与木业市场的调查。1944年，其因工作成绩优异，被公派选送至美国密执安大学林学院深造。1946年，王恺回到国内，并长期从事木材研究，并成为我国著名的木材工业专家。而王恺在中央工业试验所木材试验室任职的经历，则为其日后长期从事木材工业工作奠定了坚实的基础。

表6-3　王恺部分应征文件

王恺致唐燿信件一封	曙东主任钧鉴： 　　仰钦德望，未获亲承教益，尝读尊著，精邃宏富，敬佩不置。恺有志森林事业，在敝院森林学系学习已满四载，时光易逝，转瞬即将卒业，而在此学习期内对于森林利用尤感兴趣。前兵工署以国内枪托用材缺乏，乃与敝院合组国防林场于宝鸡，从事核桃木之培植。恺因受教授之指导从事陕省核桃品种之研究已近其年余。工作要点，乃在陕省核桃品种之调查，各品种材质及生长速度之比较，种子理化性之分析（包括种子重量、体积、比重，核桃仁百分率、味道、强度、壳厚及油分之分析等）均已获得初步之结果，惜该项论文正呈学校当局审核，未便迳寄阅览指正也，然核桃利用研究固属重要，但在我国今日利林产利用之研究问题正多。所可惜者，缺乏研究之机关与设备，并少专家之指导耳。先生我国林界先进木材学之有数专家，教导青年，循循善诱，主持之木材试验室，想设备完善。恺不揣冒昧，拟在敝院毕业后（现毕业考试已完）追从先生继续工作以竟素志。前曾将历年成绩单托请杜长明先生转陈贵所顾所长鉴核谅入尊览，如蒙不弃，给予学习之机会，俾恺得亲受教益，则幸甚矣。揣肃布恳，静候福音，顺请钧安。 　　　　　　　　　　　　　　　　　　　　　　　　后学王恺敬上 　　　　　　　　　　　　　　　　　　　　　　　　六月六日

① 唐燿：《木材试验室概况》，《工业中心》1942年第1-2期，第6页。
② 《中央工业试验所木材室、中山大学理学院、西北农学院技艺专科学校为征求人才人员聘请招收研究生的函及部分应征人员自述》，四川省档案馆藏，档号：民160-01-0058。

197

（续）

王恺中 文自传	余本家寒，世以清白相承，性不喜华靡。幼时，即助父母勤耕种，晨昏相继，未敢稍息，家人因皆喜余。及稍长，奉父母之命，随闾阎群儿入学，每日归，又严加督教，因是每期在校成绩均列前茅，渐得为族戚邻里诸人所称号。高小毕业后，父母又令余继续升学，以资深造，余家虽贫寒，然幸赖双亲克勤克俭，略有裕余，且母谭氏思想新进，对于儿辈升学素极赞同，于学校之选择尤为慎重，时长沙私立岳云中学，办理完善，教学均严，乃令余前往应考，结果幸得取录，方余负笈负省就学之时，每次离家前夕，双亲必再三叮咛，嘱余勤勉力学，尤重修德，方不负家人所望。时余虽年幼，亦颇深知国家之艰危与个人处境之困难，非努力奋斗，不足以克服环境，而达光明坦达之前途。故入校后，焚膏继晷，日夜孜孜，结果每期尚得称优于同辈中。在该校就读六年，对于数理诸科特感兴趣，加之诸师长督教甚严，循循善诱，获益诚属不浅。中学卒业后，以个人对于数理诸科之兴趣，本拟升入大学攻读理工科，然目睹家乡，童山濯濯，水旱交作，焚荒凶报，频传于耳。余邻居乃一木商，尝与谈论伐木运材及利用等事，兴致甚浓。同时，因同学石君之兄声汉先生，方自英归国，应国立西北农林专校之聘，谓该校经费之充足，森林方面尤极注意，且聘有德人芬次尔博士（D. Fenzel）筹划一切，故余乃毅然随石先生就学该校，时校长辛树帜先生，对于同学之研究兴趣，竭力提倡，野外实习，尤为重视，故所得良多。嗣以抗战军兴，战区各校相继内迁，教部为集中教学计，乃将前北平大学农学院与本校合并，因是教授增多，功课更为充实，而余于平日所习学科中，对森林利用特别重视，前兵工署以国内枪托用材缺乏，乃与本院合组国防林场于宝鸡，从事核桃木之培植。余因受教授之指导，从事本省核桃品种之研究，比较其各品种材质之优劣，生长之缓速，以及种子之特性，油分之分析等项。工作已近年余，获得初步之结果，然核桃品种利用之研究，固属重要，但在我国今日林产利用，尤其木材之研究问题正多，惟惜缺乏研究之机关与设备，并少专家之指导耳。前阅报载中工所新筹设木材试验室研究木材之各种问题，并由唐燿先生主其事，故余不胜欣悦，宿志或将实现，乃毅然决然请求加入工作，倘能如愿以偿，则幸其矣。
王恺英文自传 （Autobiography by Kai Wang）	I was born in a poor family, and did not like extravagance. As a boy, always helped my parents to plow and plant from morning till night, so all the family liked me. About seven, I began to study with our native children. When I came back from school everyday, my parents superintended and taught me rigorously, so every semester, I was the first one in my class. I was, therefore, much praised by my relations and neighbors. After I had graduated in the higher primary school, my school, my parents made me study continually in order to make a success in life. Although my family was not rich, my parents are diligent and frugal, and were soon more or less well to do. My mother Madam Tarn, who had progressive thoughts, always promised to give us a good education and was very scrupulous in the section of schools. The private Yu Yun Middle school, which had a good equipment, and where the teaching was very strict, was chosen as the proper school for me to enter. In obedience to my mother's will. I participated in the entrance examination of that school and very fortunately was admitted. Every time I went to school, my parents took me aside the previous evening, and warned me again and again to study hard and more particularly emphasized in point of conduct. In spite of my very young age, I knew more or less the difficult position of our country and also the difficulties of my individual envinolment. Except through struggle, there is no way to better our condition and reach the bright future. Having entered that school, therefore, I began to study diligently and soon became one of the best scholars among our schoolmates. When I had spent six years there I found Mathematics and Physics to be very interesting, for the teachers taught very strictly, and great progress was soon made on our part. So I attempted to study engineering in the university. However, the time was very bad and drought and flood, calamity and famine followed successively. Our neighbor, who was a wood-transport,

（续）

王恺英文自传 （Autobiography by Kai Wang）	and other things in relation to forest utilization. At the same time, Dr. S. H. Shih, the elder brother of my schoolmate. So I followed Dr. Chin and entered the National North-Western College of agriculture and forestry. The president of the college, Mr. H. C. Shin, was a prominent man and very eager in the promotion of interest in Agriculture and forestry. Hence, we made great advances in our studies. However, the Sino-Japanese war broke out and the Universities in the war regions were removed to the interior. The Minisry of education hoped to consolidate the teaching system, and so the agriculture college of National Peiping University was combined with the national North-Western college of Agriculture and Forestry. The professors were greatly increased in number and the curricula were more full. In all my lessons, I emphasized forest utilization especially. Very soon, the war office felt the deficiency of wood used in the stock of guns, and cooperated to establish the walnut trees. Under the direction of our professor, I have engaged in the preliminary study on the varieties of walnut in shensi in order to compare the properties of the different kinds of woods, rates of growth, characteristics of seeds, and the oil contents. It has worked for more than a year, and we have seen the first acknowledgment of our results. Certainly, to study the utilization of verieties of walnut is important, but the problems of forest utilization, wood espically, are still a great need in our country today. Unfortunately, there is no suitable research institution with good equipment and expert to direct our research. I heard from a newspaper that the central Industrial Experimental instritude will establish a wood testing laboratory to study all the problems in relation to wood, and the president is Mr. Tarng. The news made me very delighted, perhaps my old wish may now be relizaed. Therefore, I request to be admitted to the institute. so I shall say to myself, what a lucky man I am. 5th July, 1940.

资料来源：《中央工业试验所木材室、中山大学理学院、西北农学院技艺专科学校为征求人才人员聘请招收研究生的函及部分应征人员自述》，四川省档案馆藏，档号：民 160-01-0058。

（三）添置典籍标本与设备。木材试验室草创于抗建期内，而正当该室工作正有了初步进展之际，却不幸于 1940 年 5 月遭受日机轰炸。中央工业试验所的新建筑，也于 1940 年 6 月 24 日全部被燃烧弹焚毁，损失繁重，数月工作，化为灰烬。此后，在唐燿的领导下，木材试验室迁移至乐山（嘉定）。而之所以选择乐山（嘉定），也有其深刻的考量，其理由是"乐山（嘉定）位岷江、大渡河及青衣江交界处，为川西木材必经之地。该地由水路经叙府重庆，以达长江下流。陆路可由川滇西路西段以达西昌、川中路以达内江、与成渝铁路衔接；另有成嘉公路以抵成都；日后叙乘路完成，更可与叙昆路相接。因之乐山不特为吾国木材一重要集中市场，其水陆交通亦甚便利，实发展吾国林产工业之一天然重镇也①。"木材试验室于 1940 年 8 月底抵达目的地，租定大佛寺姚庄为室址。

在唐燿的主持之下，木材试验室日渐恢复旧观，工作亦日趋进展。正如李约瑟在 1943 年访问该室时所看的那样，"离城不远有一座宝塔的高坡上，可以找到木材试验室，该室在精力充沛的唐燿博士的领导下，是一个活跃的中心。唐燿博士直到战时都一直与大多数国家保持着密切的关系。……该室拥有来自中国及世界各地的木材标本，以及收藏着令人羡慕的复印文本与缩微胶片文献②。"木材试验室初抵嘉定，除随带书籍及小部分设备外，仅有工作人员四人。半年以后，增至十余人。除添置一切什物外，图书方面登记者有 1145

---

① 《乐山与木材工业》，《经济部中央工业试验所木材试验室特刊》1944 年第 39—43 期，第 24 页。
② 李约瑟、李大斐：《李约瑟游记》，贵州人民出版社 1999 年版，第 120—121 页。

号，内新购者 263 册。各项木材标本新增者有 933 号，内有正确定名之标本约 500 号，此外，腐败标本 77 号木材，竹材虫害标本 16 号，交换之标本 26 号，嘉定商场大木板 42 号，供力学试验、物理试验长四尺、直径尺余之标本 102 大段，供陈列用木材制品用标本 127 号，森林副产标本 171 号。重要设备方面，有新购天平 2 架，磅秤 1 架，烘炉 1 个，绘图仪器 1 具，测微器 2 具，直角规 2 个，显微镜 1 架，扩大镜数双，采集用具多项，化学药品约 50 种，化学用玻璃设备数十种，在渝定制之力学试验附件数种，以及在设计中之干燥炉，木工设备等。此外添购之不动产及零星设备都约百余号。已可进行木材物理性试验，如收缩、比重之测定、力学试验(假武大工学院设备)，木材鉴定及构造研究，大部分木材化学分析，腐败菌类之培养等，均勉可进行正常工作。此外，唐燿由国外所搜罗之典献数千种，中外木材标本约 3000 号外，木材文献照片 7000 尺，切片机等计装 20 箱，正由缅境内运途中。1941 年初，复得美国洛氏基金会，协助唐氏研究设备费 2500 美金充实木材切片，显微镜照相及洗映设备，杂志典籍数十百种，均在购置中①。而正是因为有了这些典籍标本与设备，"对我国木材研究能够在极其艰苦的岁月里开展了一些力所能及的工作和培养了这方面不少人才都有十分重要的作用②。"

第三节　唐燿与试验室(馆)之研究活动

1940 年 8 月到 1949 年 12 月，木材试验室(馆)的科研人员不断增加，典籍标本与设备渐趋完善。期间，尽管面临着战火及动荡的时局，但是在以唐燿为首的科技人员的领导之下，在乐山进行着木材利用试验研究，并取得了诸多成就。

1. 负责主持具体的研究工作

木材试验室(馆)研究工作的落实是在唐燿的统一规划下进行的，而且都有着具体的步骤。因为在唐燿看来，"木材合理利用之讲求，不是一般工业上之生产问题，而是节约问题。木材之生产为树木本身事，自伐木以至成品，重在减低浪费。换言之，即如何将某种木材，尽量利用至最适当之境地③。"而欲求中国木材之合理的应用，对于下列各问题，不可不加以分析："1. 中国有无森林，可供合理之开发？如有，应如何可为有利的开发？2. 此项森林树木之树径、树种生长量及可以开发之数量。3. 目下商场上木材之情形、正确名称及一般使用之惯例。4. 木材材性，无绝对之优劣，重在应用得宜，概木材在商业之使用，第一须考虑其价格产量；第二须明瞭其优点劣点。木材之材性不单为力学性质，收缩之大小，干燥之性质，耐腐之性质，施工之性质，甚至颜色、纹理及美观上之性质等，均应明了。就力学性质言，某种木材，可强于抗折力而弱于抗压力，不能说某种木材是强，某种木材是弱。必需说，某种木材是强于某种性质可供某种用途，斯得其要。5. 吾国森林树木，约有二千余种，但有大量产量者，不过二百种上下。吾人宜先就产量多，而为市场上所见者，分别研究其重要性质，包括构造上、物理力学上、干燥上、抗腐上、施

---

① 具体可参见唐燿的《木材试验室概况》(《工业中心》1942 年第 1-2 期)以及《中央工业研究所木材试验室近况》(《科学》1941 年第 7-8 卷)。

② 唐燿：《木材科研工作五十年》，《中国科技史料》1981 年第 4 期。

③ 唐燿：《木材试验室概况》，《工业中心》1942 年第 1-2 期，第 3 页。

工上之通常试验（routine tests）始可站在科学立场上，决定其用途①。"根据上列问题，唐燿经过深思熟虑，认为中工所木材试验室在合理开发中国木材时应分成前后两个阶段。"第一阶段，当侧重调查工作，调查重要林区及木业市场与一般惯例。第二阶段，进而研究试验此等重要木材之各项材性②。"现就中工所木材试验室（馆）主要进行的各项研究工作，择要叙述如下。

第一，中国木业及森林之调查。唐燿认为我国木材之试验及用途之改进，应该首先明瞭我国木业及可开发森林之状况与重要树种。他曾函询有关各建设厅协助调查各木业中心状况，并派员在西安、成都及嘉定等处，从事调查并征集商用材样品，编就该两地之木业调查报告。譬如，唐燿在1940年曾派员赴峨边沙坪之中国木业公司及峨眉采集木材标本各百余号及木荷、丝栗力学试验标本百余段，均已先后运抵嘉定，进行试验及研究。该室根据各方森林调查之资料，由王恺编著《西南森林之初步比较》一文，并绘制了全国各林区简图多幅。唐燿又根据我国重要之树种，编著《中国商用木材初志》（分为上、下两篇），包括70余属我国产之木材，述明其名称、产地、产量、一般性质及可能用途③。

第二，木材工艺品及森林副产品之搜罗与陈列。唐燿认为"我国木材之用途，虽缺乏科学上之研究，但实际经验，颇足供吾人之参考④。"有鉴于此，中央工业研究所木材试验室（馆）在调查木业时，曾广事搜罗各项木材之工艺品，都约百余号，研究其材种。更于森林采集时搜集森林副产品170余号，复搜集我国重要林产在国内的产销状况，以期有更合理之应用。木材试验室还曾就农产促进会之协款，将各项标本分类陈列，并绘制有关木材竹材之利用图表以供观览⑤。

第三，木材材性研究及试验之进行。正如唐燿在1944年的《十年来中国木材研究之进展》一文章中所强调的："木材为工程上重要之原料，系森林内主要产物，在今后的工程建国上，无论在轻工业及重工业方面，关系均大。自抗战以来，有关木材之工业，因新兴之需要，已在萌芽，今后之发扬光大，亦在意中，但欲利用木材，并使之能减低浪费，增进用途，不得不恃吾国木材材性之试验与研究⑥。"中央工业研究所木材试验室（馆）有专门之工作人员近10人，从事中国木材专门问题之试验与研究，如木材鉴定及商用木材一般材性之观察，木材腐败，木材及竹之虫害，木材物理性质及力学性质，干燥性质，重要木材之耐腐性质，木材化学分析，伐木、锯木及林产工业之机械设计。工作之已有一定结果者，可略述如下：（1）所采木材，多已分别厘定名称，依植物系统，记载其造林上及木材上之性质。（2）用穿孔卡片（punched cards）登载中外木材构造上性质，以便鉴定工作。（3）重要腐木菌类之分离培养，以供防腐药品之标准试验。（4）国外重要木材物理性质及力学性质之整理与登记，以资参考而便比较。（5）就沙坪所采木荷及丝栗百余段木材，进行试验，比重及抗压、抗折剪力等标准试验。以期得较可靠之比较数字。此外更就所采二

① 唐燿：《木材试验室概况》，《工业中心》1942年第1—2期，第3页。
② 唐燿：《木材试验室概况》，《工业中心》1942年第1—2期，第3页。
③ 唐燿：《木材试验室概况》，《工业中心》1942年第1—2期，第5—6页。
④ 唐燿：《木材试验室概况》，《工业中心》1942年第1—2期，第6页。
⑤ 唐燿：《木材试验室概况》，《工业中心》1942年第1—2期，第6页。
⑥ 唐燿：《十年来中国木材研究之进展》，《科学》1944年第27卷第7—8期，第47页。

百余种较少量之木材进行一部分之初步试验，以便比较。（6）设计木材烘炉试验用干燥炉，试验木材之人工干燥。（7）进行木材化学分析试验及防腐药品试验等之初步工作①。另据《经济部中央工业试验所工作成效摘要》，木材性质之试验与研究还有：（1）研究木材构造：已制切片近 100 种、共约 2000 片、测定纤维等长度共约 12000 余次。（2）试验木材之比重并计算其力学抗强：试材 121 种、试样 1500 余枚、测定国产木材之比重 8000 余次，并求得计算出之力学抗强及工作应力。（3）试验木桐、丝栗等木材之收缩（弦面、径面、纵面）：试样 1600 枚、测定 1000 余次。（4）研究重要木材之平衡含水量：试材 5 种、试样 20 枚，有二年以上之记录。（5）记载重要木材之天然耐腐性：试材 8 种、试验 160 枚，有二年以上之记录。（6）试验木荷、丝栗等力学抗强：试材 31 种，就不同株别与高度等，详加分析。（7）试验木材之韧性：试材 42 种、试样 150 种，加以试验。（8）研究木材变异性：就青枫为试材，研究主干端部及基部之差异②。毋庸讳言，中央工业试验所木材试验室（馆）为中国的木材学和木材工业的发展进行了早期的开拓，并打下了坚实的基础。

2. 积极推广木材技术

木材试验室（馆）的工作方针，不特别注意于中国重要木材材性之试验与研究，对于促进及推广中国木材之合理的应用亦不绝努力。木材试验室曾在不同刊物上发表相关文章。譬如，《林产促进讲话》《中国林业问题》（载《新经济》第 3 卷第 10 期）、《中国林业研究应有之动向》（《时事新报·农业副刊》，1940 年 6 月 13 日），《论川康木材工业》（《科学世界·川康建设专号》），《中央工业试验所木材室概况》（《工业中心·十周年专号》）。另外，还有《中国商用木材初志》，印成单行本一小册。木材试验室还通过举办演讲的形式进行木材技术的推广。譬如，在演讲方面有《中国森林林产及其利用》（应中央技艺专科学校），《抗战期间中国木材利用问题》（应中华自然科学社嘉定分社）等篇③。但技术推广的最主要方式为创办《特刊》《专报》及编写林木研究通俗讲座。

（1）创办《特刊》。"为促进吾国木材之合理利用，策划吾国林产工业 Forest Products Industry（包扩主产及副产）之建树，增加技术人才之训练、联系。（甲）从事森林管理伐木、锯木、木材干燥、木材防腐、木材加工制造上等之原料及技术问题；（乙）使用大批木料之建筑交通兵工航空等有关木材之规范问题，吾人亟需要一种刊物，以资联系推广④。"基于此，木材试验室《特刊》于 1940 年创刊，并由唐燿主编。该刊主要供稿人有唐燿、陈学俊、郭鸿翱、王恺、屠鸿达、承士林等。《特刊》的每一号刊文一篇。部分研究论著认为，《特刊》于 1943 年停刊。而据笔者的研究发现，《特刊》到 1945 年才停刊，共 55 号。该刊主要刊登木材、林业生产研究论文，木材应用试验分析报告，重要木材用途简表，不同地区重要商用材及其材性简编，林产术语释义、技术丛编等。具体而言，包括如下六个方面："（甲）有关木材试验报告者（凡有关木材及森林副产之各项创作试验及研究论文属之）；（乙）有关调查报告者（凡有关木材资源市况伐木等木材工业概况属之）；（丙）有关试验方

---

① 唐燿：《木材试验室概况》，《工业中心》1942 年第 1-2 期，第 6-7 页。

② 《经济部中央工业试验所工作成效摘要》，《经济部中央工业试验所木材试验室特刊》1944 年第 39-43 期，第 123 页。

③ 唐燿：《木材试验室概况》，《工业中心》1942 年第 1-2 期，第 7 页。

④ 唐燿：《本刊之回顾与前瞻》，《经济部中央工业试验所木材试验室特刊》1944 年第 39-43 期，第 2-3 页。

法之检讨者；（丁）有关木材知识介绍者；（戊）其他有关工作方针及计划者；（己）技术丛编（凡简明扼要足供木材科学及技术上一般之参考者属之）①。"《特刊》所刊载的文章主要有《建树中国林产工业应有之动向》《影响木材力学性质诸因子》《中国木材研究之基本问题》《中央工业试验所木材试验室计划纲要》《中国林产实验馆计划书草案》《木材力学试验指导（附表）》《木材之力学试验》《经济部中央工业试验所木材试验馆之出版品名录》，等等（表6-4）。经济部中央工业试验所木材试验室的《特刊》在推广林业技术方面有着十分重要的贡献。此外，《特刊》无疑在后人研究中国近代的木材试验，以及了解经济部中央工业实验所木材试验室（馆）史实方面，具有绞高的史料价值。

表6-4　《经济部中央工业试验所木材试验室特刊》目录

编号	作者	题名	出版时间及具体期数
第1号	唐燿	《建树中国林业工业应有之动向》	1940年（总第1期）
第2号	唐燿、陈学俊、郭鸿翔	《中国木材研究之基本问题》	1940年（总第2期）
第3号	唐燿	《中央工业试验所木材试验室计划纲要》	1940年（总第3期）
第4号	唐燿	《中国林产试验馆计划书草案》	1940年（总第4期）
第5号	唐燿	《木材之力学试验》	1940年（总第5-6期）
第6号	唐燿	《影响木材力学性质诸因子》	1940年（总第7-8期）
第7号	唐燿	《木材力学试验指导（附表）》	1940年（总第9-10期）
第8号	唐燿	《建树吾国航空木材事业刍议》	1940年（总第11期）
第9号	唐燿	《林产利用术语释义（一九四〇年草案）》	1940年（总第12期）
第10号	—	《技术丛编（一）》	1941年（总第13期）
第11号	唐燿	《中国木材用途之初步记载（一）（附表）》	1941年（总第14-15期）
第12号	唐燿	《木材之干燥（附表）》	1941年（总第14-15期）
第13号	唐燿	《记美国林产研究所》	1941年（总第16期）
第14号	唐燿	《木材之水分（附图）》	1941年（总第17-18期）
第15号	—	《中国木材物理性质试验报告（一）（青枫含水量之分布）（附表）》	1941年（总第17-18期）
第16号	唐燿	《木材之收缩》	1941年（总第19-20期）
第17号	—	《中国木材物理性度试验报告（一）（青枫收缩之研究）》	1941年（总第19-20期）
第18号	唐燿	《木材之密度及比重（附表）》	1941年（总第21-22期）
第19号	—	《中国木材物理性质试验报告Ⅲ（青枫比重之初步试验）（附图表）》	1941年（总第21-22期）
第20号	—	《川西伐木厂号之调查（三十年七月）》	1941年（总第21-22期）
第21号	—	《木材之防腐剂》	1941年（总第23-24期）
第22号	王恺	《伐木制材报告（一）：川西伐木工业之调查（附图）》	1942年（总第25期）

① 唐燿：《本刊之回顾与前瞻》，《经济部中央工业试验所木材试验室特刊》1944年第39-43期。

（续）

编号	作者	题名	出版时间及具体期数
第 23 号	—	《植物细胞壁之结构》	1942 年（总第 26 期）
第 24 号	—	《木材力学抗强在纤维饱和度下调整之方法》	1942 年（总第 27 期）
第 25 号	唐燿	《木材之韧性（附表）》	1942 年（总第 28-29 期）
第 26 号	唐燿	《国产木材韧性研究之一（两峨产阔叶林之初步记载）（附表）》	1942 年（总第 28-29 期）
第 27 号	唐燿	《林木研究文献》	1942 年（总第 30 期）
第 28 号	唐燿	《国产木材工作应力之初步检讨(一)（附美国重要木材之工作应力简表)》	1942 年（总第 30 期）
第 29 号	唐燿、屠鸿远	《国产重要木材之基本比重及计算出之力学抗强（附图表)》	1942 年（总第 31-32 期）
第 30 号	—	《中国所木材实特写》	1942 年（总第 31-32 期）
第 31 号	—	《青衣江流域伐木厂调查表(卅一年八月调查)》	1942 年（总第 31-32 期）
第 32 号	屠鸿远	《乐山区木材平衡含水量之记载（附图表)》	1943 年（总第 33-38 期）
第 33 号	唐燿	《国产木材天然耐腐性记载：（一)乐山区之数种重要木材（附表)》	1943 年（总第 33-38 期）
第 34 号	王恺	《伐木制材报告(三)：黔桂湘边区之伐木工业（附图)》	1943 年（总第 33-38 期）
第 35 号	唐燿	《木材之工作性（附表)》	1943 年（总第 33-38 期）
第 36 号	唐燿、屠鸿远	《吾国西部产重要商用材及其材性简编（附表)》	1943 年（总第 33-38 期）
第 37 号	—	《技术丛编(二)》	1943 年（总第 33-38 期）
第 38 号	—	《中国主要林区储量简表》	1943 年（总第 33-38 期）
第 39 号	—	《中国森林资源产销简图》	1943 年（总第 33-38 期）
第 40 号	—	《木材的魔术：中央工业试验所木材试验室成立四周年纪念展览会参观纪要》	1943 年（总第 33-38 期）
第 41 号	唐燿	《本刊之回顾与前瞻》	1945 年（总第 39-43 期）
第 42 号	唐燿	《中国木材材性之研究(一)》	1945 年（总第 39-43 期）
第 43 号	—	《中央工业试验所木材试验馆工作纲领》	1945 年（总第 39-43 期）
第 44 号	曙东	《中国林业科学化之途径》	1945 年（总第 39-43 期）
第 45 号	—	《乐山与木材工业》	1945 年（总第 39-43 期）
第 46 号	—	《经济部中央工业试验所木材试验馆之出版品名录》	1945 年（总第 39-43 期）
第 47 号	—	《经济部中央工业试验所木材试验馆概况(详五年来工作概况及成效)》	1945 年（总第 39-43 期）
第 48 号	唐燿	《中国木材材性之研究(二)：丝栗（附图表)》	1945 年（总第 39-43 期）
第 49 号	—	《手刨手锯初步之研究：中工木材馆（附图)》	1945 年（总第 39-43 期）
第 50 号	—	《技术丛编(三)（附图表)》	1945 年（总第 39-43 期）
第 51 号	屠鸿远	《国产木材基本收缩率之初步记载(一)（附表)》	1945 年（总第 39-43 期）
第 52 号	—	《中国本部最主要商用软材分布简图》	1945 年（总第 39-43 期）

（续）

编号	作者	题名	出版时间及具体期数
第 53 号	—	《东三省最主要商用软材分布图》	1945 年（总第 39–43 期）
第 54 号	—	《中国重要木杉之物理性质及工作应力表》	1945 年（总第 39–43 期）
第 55 号	—	《经济部中央工业试验所木材试验馆工作成效摘要（至三十三年十二月）》	1945 年（总第 39–43 期）

资料来源：《经济部中央工业试验所木材试验室特刊》1940–1945 年各期。

（2）创办《专报》。《专报》创刊于 1945 年，以"研究木材材性，发展我国林业"为主旨，载文详细记载了中国树木的名称、产量、分布，以及树木的各种材性等资料，为研究各类木材的用途和构造提供了便利。《专报》曾载有《乐山与木材工业》《中国木树材性之研究（一）》《中国木材材性之研究（二）：丝栗》等文，从专业的角度探讨中国木材业的开发和保护，介绍木材科学。在《中国林业科学化之途径》一文中，唐燿强调中国林业科学化之途径应包括四个方面："（1）应首先着重保林工作，就大规模之森林，置于国营的原则下，从事详细勘测，并修筑林道，加以合理的经营，务使木材及其他种林产能够源源供应，如农夫之收获庄稼者然。（2）今后中国的造林，宜实事求是，第一要选植各区最适宜的树种，从事育苗，栽培以后，更依赖于保护刲度，以免'年年树植，何日成林'之讥。（3）林产的利用要合理，譬如，木材的腐败，须加以防止，木材的翘裂等损失，须避免及改进，以林产为原料的工业，要加开发。此外，木材的各种性质功用，要进行有系统的研究，始可达到'材尽其用'之目的，以期树立健全之保林制度及森林政策。（4）为充实保林、造林及森林利用之事业及研究，需要各级之林业人才。因之林业教育、林业研究，均须大家充实，以期配合今后之建国[①]。"这极具启发意义。此外，还刊有《经济部中央工业试验所木材试验馆概况（详五年来工作概况及成效）》《经济部中央工业试验所木材试验馆工作成效摘要（至三十三年十二月）》《经济部中央工业试验所木材试验馆工作成效摘要（至三十三年十二月）》《中央工业试验所木材试验馆》《经济部中央工业试验所木材试验馆出版品名单》《经济部中央工业试验所木材试验馆著作品》等文章，着重介绍木材试验室本身的工作情况和成果，除此之外，还介绍了其出版品的名单。该刊物反映了抗战时期后方科学研究工作的开展，特别是木材试验室（馆）的具体工作。

（3）编写林木研究通俗讲座。从 1942 年 7 月至 1944 年 6 月，木材试验室（馆）的唐燿、王恺、柯病凡、刘晨等人编写的木材研究通俗讲座在农促会出版之《农业推广通讯》上公开发表。木材研究通俗讲座内容主要包括三个方面：首先，是关于木材知识的介绍。如《木材的好坏》《木材与工程》《木材的新用途》等。其次，是有关林区及木业的调查。如《西京市木业调查摘要》《中国主要林区鸟瞰》《青衣江流域之木业简报》《广西罗城九万山森林之初步勘查报告》等。最后，是关于现实林业问题的思考。如《现阶段中之林业建设》《吾国战后十年内工程建国上所需木材之初步估计》《数种航空兵工用材产量之记载》等。这些文章以通俗的文字，深入浅出地向民众推广着最新的研究成果及专业知识（表 6–5）。

---

① 唐燿：《中国林业科学化之途径》，《经济部中央工业试验所木材试验馆专报》1945 年第 2 期，第 12 页。

表 6-5　中央工业试验所木材试验室林木研究通俗讲座

序号	作者	题目	内容简介	出版时间
1	王恺	《木材的好坏》	文章主要分为两大部分：第一，分析了木材腐败及变色是由菌类导致的。第二，阐明了堆集木材应注意之事项。具体给出了八点需要特别注意的事项	《农业推广通讯》，1942 年第 4 卷第 7 期
2	王恺、刘晨	《西京市木业调查摘要》	文章具体分析了西安各木行所销售的树种，西安市场上各种木材的用途，西安市场上各种木材的分类（包括泊来木材、南山木材及其他各地的木材），西安市各种木材的运输情形，西安市各种木材的堆积方法	《农业推广通讯》，1942 年第 4 卷第 8 期
3	—	《中国主要林区鸟瞰》	文章将中国主要之森林，依西南、西北、东三省、东南、华南等区域为经，各大河流为纬，宏观性概述了这些区域的森林面积和木材种类及价值。具体介绍了西南主要林区的川西方面（大渡河、青衣江、岷江等流域），川东方面之渠河流域，贵州方面（清水江、榕江流域），广东及滇北方面（雅砻江、金沙江流域），滇南方面（红河与澜沧江流域）；西北主要林区方面的（洮河白龙江流域、黄河上游流域、祁连山、秦岭林区）；东三省林区（松花江大兴安岭极小兴安岭林区、黑龙江流域长白山林区）；东南林区之浙江方面（瓯江、钱塘江、鄞江流域），江西方面（章江、贡江流域）；华南方面之福建方面之岷江流域，海南岛	《农业推广通讯》，1942 年第 4 卷第 9 期
4	—	《中国重要之阔叶材》	文章对我国重要的之阔叶林进行列表，并予以了详细的介绍。文章所选取的阔叶林，侧重商场上之木材，以产量及用途为准。并暂分为一般用材及稀有材两大类，前者又细分为珍贵材、习见材与不见材三大类	《农业推广通讯》，1942 年第 4 卷第 10 期
5	—	《植树造林》	文章对植树造林的概念及其应注意事项进行了较为全面的论述。共分为四个部分：（一）植树不是造林，（二）造林与种苗之供应，（三）试拟嘉峨区造林树种，（四）如何树立吾国造林之基础	《农业推广通讯》，1942 年第 4 卷第 11 期
6	唐燿	《森林与国防》	文章从木材与抗战建国、木材与保安及福利两个角度分析了木材的价值。文章还对中国之森林及农业从土地利用、吾国森林、中国之林业三个方面进行了梳理，并就如何利用吾国森林资源以充实国防，从森林之管理经营、木材之供应与产销、造林方面予以了分析和解答	《农业推广通讯》，1943 年第 5 卷第 1 期
7	—	《中国木材工业及木材用途的初步观察》	文章介绍了中国木材工业的今与昔，较为系统地分析了中国常用木材之用途（具体分为了 8 个方面：一般之建筑材料、室内装修材、家具材、棺椁材、燃料及木炭材、各式船车用木材、盆桶材及其他），并概述了中国常用木材之材性	《农业推广通讯》，1943 年第 5 卷第 2 期

（续）

序号	作者	题目	内容简介	出版时间
8	唐燿	《现阶段中之林业建设》	文章对抗战建国时期的林业建设提出了三点建议：（一）进行有目的之造林，并使森林资源能继续供应各项之建设。（二）调查中国现有之森林资源、木材产销实况，以备估计战后建设上木材之需要量，并为创设林业生产上之参考。（三）加强天然林管理，以免滥伐并配合战后复员计划，以期能修筑林道，树立林业之科学管理	《农业推广通讯》，1943 年第 5 卷第 3 期
9	唐燿、刘晨	《木材的新用途》	文章指出木材在国内多用作建筑材、家具材、工艺材、薪炭材等，使用的范围也有相当的扩大，但这些使用完全是将木材加以直接应用，并未经过一番化学或机械方面的加工和改造，仅是一些不经济的使用方法。反观当时国外，木材的用途，与年并进。因而对国外木材的十四种新用途予以了介绍。具体而言，包括了：（一）培克拉特木；（二）加压薄木；（三）金属镶木；（四）加压木；（五）人造木化石；（六）金属化木；（七）油渍木；（八）着色木；（九）易曲木；（十）人造木；（十一）腊昂(俗称人造丝)；（十二）赛罗凡；（十三）飞机木；（十四）空腊昂纤维	《农业推广通讯》，1943 年第 5 卷第 4 期
10	柯病凡	《青衣江流域之木业简报》	文章对青衣江流域的林区分布；木业市场及运输；木材之材种、品名及价格；木材之供应及交易等方面予以了介绍	《农业推广通讯》，1943 年第 5 卷第 5 期
11	唐燿、王恺	《吾国战后十年内工程建国上所需木材之初步估计》	文章对战后十年内工程上所需木材，在数量和品名上进行了初步的估计	《农业推广通讯》，1943 年第 5 卷第 6 期
12	唐燿、柯病凡	《数种航空兵工用材产量之记载》	文章对云杉、麦吊杉、香桦、泡桐、核桃木这五种航空兵工用材的分布、储量、产量予以了详细的介绍	《农业推广通讯》，1943 年第 5 卷第 7 期
13	柯病凡	《天全森林副产业之调查》	文章根据作者于 1942 年 8 月奉命勘查青衣江流域之森林，便就天全之森林副产(包括制笋干、烧碱、烧炭、木材制造品、药材、田猎、蜂蜜、漆及五倍子)加以调查写成，可以为林产化学家提供一定的参考	《农业推广通讯》，1943 年第 5 卷第 8 期
14	王启无	《清水江流域之林区及木业》	文章对清水江流域之地理环境、社会情况、林区及木业(花山、天然林、人工杉林)的情况予以了较为详细的介绍	《农业推广通讯》，1943 年第 5 卷第 9 期
15	唐燿	《木材与工程》	文章就木材工业及木材研究与工程学之关系，予以了清晰的叙述，以阐明木材之利用，在机械工程之动力及设计上，土木工程之原料上，电机工程之电力上，一般工程上及化工上之重要，以唤起工程界之注意	《农业推广通讯》，1943 年第 5 卷第 10 期

（续）

序号	作者	题目	内容简介	出版时间
16	交通部、农林部林木勘察团	《广西罗城九万山森林之初步勘查报告》	文章依据交通部、农林部所组织之林木勘察团，为谋求国家矿柱、枕木之供应，勘查罗城三防林区而草定。文章对罗城九万山森林的地理环境、社会情况及林区的初步勘察予以了介绍，并对罗城森林之开发利用提出了具体的建议	《农业推广通讯》，1943年第5卷第11期
17	王恺	《西南木业之初步调查(川南、贵阳、桂林、长沙)》	文章是交通部、农林部林木勘查团专报。文章作者奉命调查西南之森林及木业，于1942年8月由嘉定出发，经川南之宜宾、南溪、泸县、纳溪、叙永、右兰、赤水、合江等县，转黔、桂、湘诸省折返四川，费时四月。文章就此行中木业调查之所得，依川南、贵阳、桂林、长沙诸木材市场予以了述要，以供留心林业及木业者参考	《农业推广通讯》，1943年第5卷第12期
18	柯病凡	《天全青城山之森林(一)》	文章对天全青城山之地理环境、森林现状(包括森林分布、主要树种)、主要树种造林上之性质、木材蓄积情况予以了介绍，并在林业方针之确定、林业经营之方针、林木之宜充分利用三方面提出了建设性建议	《农业推广通讯》，1944年第6卷第1期
19	柯病凡	《天全青城山之森林(二)》	文章对天全青城山之地理环境、森林现状(包括森林分布、主要树种)、主要树种造林上之性质、木材蓄积情况予以了介绍，并在林业方针之确定、林业经营之方针、林木之宜充分利用三方面提出了建设性建议	《农业推广通讯》，1944年第6卷第2期
20	柯病凡	《天全伐木工业之调查》	青衣江流域之天全、宝兴及荣经等县，素为我国木材主要产区之一，在川西伐木工业上，已有悠久之历史。1942年秋，文章作者奉命勘查该区之森林及木业，在天全白沙河一带工作半月，对天全之伐木事业予以了调查。文章介绍了天全伐木工业的沿革及组织、森林之勘察及伐木工之筹备、劳工、伐木制材及器械、木材之运输	《农业推广通讯》，1944年第6卷第3期
21	唐燿	《木材化学近年来在国内外之进展》	文章强调木材化学主要目的在研究木材之成分及构造，探求木材利用上之基本知识，以便构成造林上材性之控制、木材之选择、干燥及防腐之处理、木材造纸及木材化学产物之转变等之基础。文章还就木材化学及其在国内外之进展，与今后之动向，择要予以了说明，以期引起国内化学界及森林化学专家对于木材化学之注意	《农业推广通讯》，1944年第6卷第4期
22	周重光	《甘肃洮河流域木材产销之初步调查》	文章作者曾服务于洮河国有林管理处，经常与各木厂接触，将该区木材产销资料汇集成这篇调查报告。文章就甘肃洮河流域的林区及树种、木材之运输(单漂、伐运)、木业概况(市场、品名及用途、价格)予以了宏观性的概述	《农业推广通讯》，1944年第6卷第5期

（续）

序号	作者	题目	内容简介	出版时间
23	唐燿	《林木研究文献（1943年4月）》	文章就已有的林木研究文献予以了分门别类的介绍。具体而言，文章所涉及的林木研究文献包括了木材鉴定及构造、木材物理、木材力学、木材干燥、木材化学、伐木、木材产销、森林调查等八个方面	《农业推广通讯》，1944年第6卷第6期

资料来源：《农业推广通讯》1942年第7期至1944年第6期。

第四节 小 结

唐燿也是一位有着"事业心"归国林学留学生，正是在他的不懈努力之下，才推动了中国第一个木材试验室建立和成长。可以说唐燿是木材试验室的灵魂人物。唐燿也曾说过："回顾我在乐山主办木材研究事业时期，在人力物力极端艰苦的情况下，一切工作无不在筚路蓝缕，披荆兴创。所幸五载经营，敢于担当了木材研究兴导的重任。树立了可以进行初步工作的环境，造就一种潜心研究的风气，不能不归功于工作人员和我自己热爱祖国、热爱事业的事业心[1]。"不可否认的是，他出国留学的这段经历，是唐燿胜任这一工作的重要前提和准备。譬如，中央工业试验所所长顾毓瑔1944年视察木材试验馆时评论道："今日看过诸位的工作，非常钦羡，可知在唐先生指导下的试验室，其方法、制度已与国外的不相上下，这非但为中国之木材工业树基础，至少在国外也有相当地位[2]。"

中国近代的科研机构体系由国立、私立、高校三部分组成。其中国立科研机构是主干和核心，私立及高校科研机构则是重要补充。而经济部中央工业试验所木材试验室是第一个国立木材试验室，更是中国近代最为重要的林业研究机构之一，其意义十分重大。在此之前，中山大学农林植物研究所、北平静生生物调查所植物部、上海研究所森林生态实验室、北平研究院植物研究所、庐山森林植物园等机构，虽涉及一定量的林业科学研究，但不能算是完全意义上的林业研究机构，都可视为生物研究机构或植物研究机构。而中央工业试验所木材试验室、中央林业实验所等专门化的科研机构的建立，林业实验研究的广度和深度才开始有了大幅度的发展。总而言之，中央工业试验所木材试验室的创建，标志着中国近代林业科研体制化、专业化、本土化、科学化程度的进一步提升。

---

[1] 唐燿：《我从事木材科研工作的回忆》，中国科学院昆明植物研究所印行，1983年版，第19页。
[2] 转引自胡宗刚：《唐燿与中国木材学研究》，《中国农史》2003年第3期。

第七章

归国留学生与林业研究机构的创建（下）

——以中央林业实验所为中心的考察

中央林业实验所于 1941 年 7 月在重庆歌乐山创建，1946 年 5 月迁往南京，是隶属于国民政府农林部的综合性林业研究机构。中央林业实验所的建立和运行方面，韩安、邓叔群、朱惠方、傅焕光等归国林学留学生发挥了重要的作用。中央林业实验所的创立，为本土化的林业科研打下了坚实基础，提供了制度化的平台，极具标志性意义，甚至被视为"我国林业事业的第一所独立科学科研机构"①。然而学界的相关研究甚少②。这导致人们对该机构缺乏系统性的了解，在一些论著中史实错误频现，限制了对其贡献和地位的认识。本章以中国第二历史档案馆、重庆市档案馆所藏档案以及《林讯》《林业通讯》为核心史料来源，从科学体制化的视角考察中央林业实验所的创建背景，并剖析该机构为促进林业科研事业发展所作出的贡献，以期给我国当前的林业资源开发、利用提供有益借鉴。

第一节　中央林业实验所创建之背景

在中央林业实验所创建之前，中国林业所面临的状况是"林政不修，经营失轨，控制乏术，滥伐无度。原有森林已破坏无余，竟致国土荒凉，民生凋敝③。"正如曾任国民政府农林部长的沈鸿烈所说："我国提倡林业垂三十年，而成绩未著，……以致童山濯濯，保林、造林均无结果④。"破败的森林现状严重制约了本国林产品的供应。据林学家李寅恭在 1936 年的描述："固有之林产，久不足以抵制舶来品，市场货销，仅杂木、小料、薪炭之类，聊可供给农家应用。海关木材输入数量最近一年为二八九一〇七六二元，其他林副产物，如以木材造纸、造丝以及竹、藤、棕等数量，又为六五一二九一七三元⑤。"由此可见，国家发展所需的林产品不能完全自给，过度依赖从国外输入，致使利权外溢。全面抗战开始后，森林的重要性愈发凸显，人们也越来越清晰地认识到开发利用本国森林的迫切性。据陈启岭的回忆："我国森林利用事业虽不发达，国人却还没有明显地感觉到它的严重性，因为那时所需要的林产原料，主要者如建筑、交通、航空、兵工等用材，及木纤维产物等，都可以从国外输入。但战事爆发，交通运输困难，而材料需求激增，各方乃知为谋自给并减少浪费计。我国森林急需求合理的开发，国产木材急需求合理的利用⑥。"木材学家唐燿也指出："市场木材尽为洋货充塞。每年输出巨资，而国内水利失调，损失奇巨，中国林业，未能树立基础，实不能辞其咎也⑦。"很显然，人们已察觉到了过度依赖国外林

　　① 黄侃如：《中央林业实验所在陪都》，《重庆文史资料》第 41 辑，西南师范大学出版社 1994 年版，第 136 页。

　　② 学界关于中央林业实验所的研究，无论是在量的方面，还是在质的方面都不容乐观。黄侃如《中央林业实验所在陪都》（《重庆文史资料》第 41 辑，西南师范大学出版社 1994 年版）只是简单地介绍了中央林业实验所在重庆时期的相关活动，而并未涉及南京时期。胡宗刚《静生生物调查所与中央林业试验所的两项合作》（《中国科技史料》2003 年第 1 期）则是立足于档案，仅就中央林业实验所与静生生物调查所的两项合作事项进行了史实厘清。林志惠《农林部中央林业实验所的设置与发展（1940—1949）》（台湾政治大学历史系出版社 2011 年版）大体上梳理了这一机构的发展脉络，相较于前面两文已有了很大进步，对人们了解这一机构的成长历史具有较大帮助。但对于一些问题的分析仍有继续深入的可能与必要。

　　③ 李顺卿：《林讯之使命》，《林讯》1944 年第 1 卷第 1 期，第 4 页。

　　④ 沈鸿烈：《建设中国林业应有的认识》，《林讯》1944 年第 1 卷第 1 期，第 1 页。

　　⑤ 李寅恭：《中国林业问题》，《林学》1936 年第 6 期，第 1 页。

　　⑥ 陈启岭：《我国当前的林学研究与林业人才》，《农业推广通讯》1944 年第 6 卷第 9 期，第 52 页。

　　⑦ 唐燿：《中国林业问题》，《新经济半月刊》1940 年第 3 卷第 10 期，第 241 页。

产品的危害，并主张合理开发、利用国内的森林，振兴本国林业。沈鸿烈在《建设中国林业应有的认识》中曾写道："国内现存仅有之林业，必须以最经济之方式，合理开发利用，一面积极造林，方不至陷国家林业于一蹶不振之地。其他如工业原料之自给，外销林产之改良，均须切实调查研究与实验推广。此本部所以特设中央林业实验所，以负技术上领导之责任也①。"也如林学家李顺卿所说的："发展中国林业之根本办法，惟有成立一研究实验机关，以负造林、养林、林产利用及各项林业试验之改进的总责②。"中央林业实验所正是在这种情景下创建的。换言之，它的创建，是在抗战时期经济和社会发展需要的"倒逼"之下，国民政府所做出的一种应对之策。希望由它来负责林产利用、造林及各项林业试验等工作的改进，以走出现实的困境，妥善化解供给与需求之间的矛盾。中央林业实验所的创建，充分体现了抗战期间，一切设施率以收效速、获利大，并与抗战关系亟切者为依归。这也表明了国民政府对实验研究方式的支持，开始针对林业进行有规划的开发与利用③。

在中央林业实验所创建之前，中国的林业科研工作散布在政府设立的各林业试验场、大学的农学院森林系及中央农业试验所的森林系中。这些机构的职能多是育苗、造林，对于林学上各种专门问题，虽有进行探讨，但多属初步的观察或实验，而缺少有计划的系统研究。如林学家陈植说道："我国林业研究机关在北京政府虽亦有天坛三林业试验场之设立，然经费支绌、人才不敷、设备简陋，仅能照例从事于苗圃及造林等一般工作，与普通林场，初无二致也，各大学农学院林学系中其人才虽视一般林场较为集中，然课程繁多……设备简陋不易如愿。故各大学对于林学可谓绝少研究。自中央农业试验所成立后，所中亦有森林系之设置，以从事林业上问题之研究，仍然以经费人才设备关系，亦不易多所建树④。"唐燿也曾说道："试验场，多因人力、财力有限，无法进行基本之研究。大学仅有森林系，无独立学院，且仅视为农科之附庸。除教授基本原理外，对于与地方性有关之林业问题，无暇为根本上之探讨。是以业林者，毫无出路⑤。"不难看出，之前设立的各类林业科研机构，受到了各种因素的影响，严重制约了林业科学研究的开展，无法取得实质性的科研成绩。而没有深入的科学研究，就无法推动林业科学的向前发展，更无力培养出真正的科学人才。学者们纷纷进行反思和探索，以图扭转颓势。他们找到的出路是创建一个专门性、集中性、筹策全局性的林业科研机构来承担研究高深化的使命。如唐燿指出："应当设一大规模之国立林业研究所，集中人力财力，探讨中国林业一切之基本问题，为中国林业设施之顾问机关，兼司训练人才之用⑥。"也如陈启岭所说的，"林学上大多数的问题，须经长时间的研究，其结果并非短时间内可以明了。所以森林研究最重要的计划，且由一专门研究机关负责筹策进行⑦。"很显然，创建一个全新的林业科研机构已然势

①　沈鸿烈：《建设中国林业应有的认识》，《林讯》1944 年第 1 卷第 1 期，第 1 页。
②　李顺卿：《林讯之使命》，《林讯》1944 年第 1 卷第 1 期，第 4 页。
③　林志晟：《农林部中央林业实验所的设置与发展（1940—1949）》，台湾政治大学历史系出版社 2011 年版，第 203 页。
④　陈植：《抗战时期我国林业问题之商榷》，《时事类编》（特刊）1938 年第 16 期，第 47 页。
⑤　唐燿：《中国林业问题》，《新经济半月刊》1940 年第 3 卷第 10 期，第 240 页。
⑥　唐燿：《中国林业问题》，《新经济半月刊》1940 年第 3 卷第 10 期，第 241 页。
⑦　陈启岭：《我国当前的林学研究与林业人才》，《农业推广通讯》1944 年第 6 卷第 9 期，第 50 页。

在必行，成为林学界的普遍认识。也只有创建这样的机构，"才能有效地组织和协调人力、物力、财力，开展规模较大的、复杂的科学研究，以满足越来越广泛而深入地应用科学和技术的需要①。"我们知道，"科研机构的成立是科学体制化最为重要的条件和内容②。"所以，中央林业实验所的创建，是近代林业科学发展到高级阶段的必然产物，也是林业科学体制化建设的内在要求。

综合而言，中央林业实验所的创建并非偶然之举，其有着历史的必然性，是多对矛盾在抗日战争这一特殊历史时期激化的产物。换言之，它的创建是中国落后的林业现实、战时经济和社会发展的内在需要、林业科研机构体制化的发展、归国林学留学生（如唐燿、陈植、李寅恭、李顺卿）的积极鼓动等多重因素相互交织、缠绕、冲突、妥协、综合作用的结果。我们去理解与分析中央林业实验所的创建背景时，应多从中国近代林学体制化建设的角度去考察。如此，才能够帮助我们更为深刻地认识这一机构在整个林学发展史上的位置和意义。

第二节　中央林业实验所组织之变迁

中央林业实验所能够有效运行离不开组织规程、条例的引导与规范。国民政府于1941年与1945年先后颁布了《农林部中央林业实验所组织规程》（简称《规程》）和《农林部中央林业实验所组织条例》（简称《条例》）（表7-1），分别对重庆、南京时期中央林业实验所（不包括附属机构）的组织机构与人员构成予以了规定③。

表7-1　农林部中央林业实验所《组织规程》与《组织条例》

《农林部中央林业实验所组织规程》 （1941年6月23日部令公布）	《农林部中央林业实验所组织条例》 （1945年3月20日国民政府公布）
第一条　中央林业实验所隶属于农林部。 第二条　本所之职掌如下： 一、关于全国经济林、保安林及主副林产物之研究试验及改进事项。 二、关于公私林业改良场所技术工作之督导及协助事项。 三、关于与各大学农学院森林系或其他公私立林业改良机关合作解决特种林业问题事项。 四、关于林业研究所得之技术及优良种苗推广事项。 五、关于林业经济之调查研究事项。	第一条　中央林业实验所隶属于农林部。 第二条　中央林业实验所之职掌如下。 一、关于全国国防林、经济林、保安林、风景林及主副林产物之研究试验及改进事项。 二、关于林业研究所得之技术及优良种苗之推广事项。 三、关于林业经济之调查研究事项。 四、关于林业之主副产物分级标准与运销制度之研究事项。 五、关于森林保护及水土保持之研究设计事项。 六、关于林业改进技术人员之训练事项。

---

① 张培富：《中国近代化学体制化的社会史考察》，山西大学博士学位论文2006年，第158页。

② 张剑：《中国近代科学与科学体制化》，四川人民出版社2008年版，第192页。

③ 就笔者所见，现有的研究论著在探讨中央林业实验所的组织机构等问题时，大多只提到1945年颁布的《农林部中央林业实验所组织条例》，而忽略了在1941年就颁布的《农林部中央林业实验所组织规程》，其中的原因不得而知。这无疑会限制我们对这一机构的全面认识。只有比对两者，我们才能把握其中的细节变化。

（续）

《农林部中央林业实验所组织规程》 （1941 年 6 月 23 日部令公布）	《农林部中央林业实验所组织条例》 （1945 年 3 月 20 日国民政府公布）
六、关于森林主副产物分级标准与运销制度之研究事项。 七、关于林业改进技术人员之训练事项。 第三条　本所暂设三组七股分掌各项研究事项如下： 一、造林研究组 （一）经济林股。 （二）保安林股。 （三）森林保护股。 二、林产利用组 （一）木林利用股。 （二）林产制造股。 三、林业调查推广组 （一）林业调查股。 （二）林业推广股。 前项各股应视实际需要情形分别先后设立之并就各股需要得分设各项研究室。 第四条　本所设所长一人承农林部部长之命综理全所事务，副所长一人辅佐所长处理所务均简任。 第五条　本所设技正十人至十四人，其中三人至四人简任，余荐任；技士十五人至二十人，其中二人至四人荐任，余委任；技佐十四人至二十二人委任，承长官之命，办理技术事宜。 第六条　本所为助理技术事务得雇用助理员十五人至二十人，并得招收练习生若干人，其名额由农林部核定之。 第七条　本所各组各设主任一人，以技正充任，承长官之命指导各组事宜，各股设股主任各一人，以技正充任，承长官之命办理各该股事宜。 第八条　本所为处理事务得设文书、出纳、庶务三课。 第九条　本所各课得各设课主任一人委任事务员四人至十人由所长派充，承长官之命办理各课事宜。 前项课主任得以技正技士兼充之。 第十条　本所设会计主任一人，依照主计处规定掌会计、岁计、统计事项。 第十一条　本所经农林部核定得聘用外籍专家为顾问。 第十二条　本所为训练林业改进技术及推广人员得举办各种短期训练班。 第十三条　本所设试验总场（厂）或分场（厂），并得择相当地点经营国有经济林。 第十四条　本所各项办事细则另定之。 第十五条　本规程自公布日实施。	第三条　中央林业实验所设下列各课分掌各项事务。 一、文书课。 二、出纳课。 三、庶务课。 四、图书课。 第四条　中央林业实验所设下列各系，分掌各种技术研究事项。 一、造林研究系。 二、森林保护系。 三、木材工艺系。 四、林产制造系。 五、水土保持系。 六、森林经理系。 七、林业经济系。 八、林业推广系。 九、森林工程系。 十、森林副产系。 前项各系，视实际需要情形，分别先后设立之。遇必要时，各系得设股或研究室。 第五条　中央林业实验所置所长一人，承农林部部长之命，综理全所事务，副所长一人，辅助所长处理所务，均简任。 第六条　中央林业实验所置技正十五人至二十二人，其中六人至十人简任，余荐任；技士二十人至三十人，其中四人至十人荐任，余委任；技佐二十人至三十六人，委任，分承长官之命办理技术事务。 第七条　中央林业实验所各系置主任一人，各股置股长一人，各室置主任一人，分别由技正、技士兼充之。 第八条　中央林业实验所得雇用技术助理员，并得招收练习生，其名额由农林部核定之。 第九条　中央林业实验所置秘书一人，荐任，课长四人荐任或委任，课员十五人至二十六人，委任，并得酌用雇员。 第十条　中央林业实验所置会计主任一人，依主计法令之规定办理会计、岁计、统计事务。 第十一条　中央林业实验所置人事管理员一人，依人事管理法令办理人事行政事务。 第十二条　中央林业实验所经农林部核定，得聘请林业专家为顾问。 第十三条　中央林业实验所为训练林业或改进技术人员，得举办各种短期训练班。

（续）

《农林部中央林业实验所组织规程》 （1941 年 6 月 23 日部令公布）	《农林部中央林业实验所组织条例》 （1945 年 3 月 20 日国民政府公布）
	第十四条　中央林业实验所得设试验总场或总厂，并得择适当地点，设立分场或分厂或划设实验林。 第十五条　中央林业实验所对于农林部所属农林试验机关，及各省设立农林改进机关森林事务，或其他公私立林业改良场所业务之技术工作，得予以指导督促或协助。 第十六条　中央林业实验所得与学校、机关团体合作，解决特种林业问题。 第十七条　中央林业实验所得受公私团体之委托，代为训练林业改进技术人员，协助解决林业特种问题。 第十八条　中央林业实验所办事细则，由所拟订呈请农林部核之。 第十九条　本条例自公布日施行。

资料来源：1.《农林部中央林业实验所组织规程》，《农林公报》，1941 年第 2 卷第 4—6 期。2.《农林部中央林业实验所组织条例》，《中农月刊》1945 年第 6 卷第 4 期。

1941 年的《规程》规定设所长一人综理全所事务，副所长一人辅佐所长处理所务，由文书课、出纳课、庶务课总理行政事务，设置三组七股分掌技术研究事项，包括造林研究组（经济林股、保安林股、森林保护股）、林产利用组（木材利用股、林产制造股）、林业调查推广组（林业调查股、林业推广股）（见图 7-1）[1]。这三组七股的设置显示了中央林业实验所的工作重点所在和努力的方向。在三组下面又根据实际需要，分设各类实验室来负责具体的科研工作，以维持日常的运作。具体而言，造林研究组设有造林实验室、理水防砂室、种苗实验室、森林保护室；林产利用组设有林产化学实验室、林产制造室、木材防腐实验室、林产发酵研究室、林产利用设计室；林业调查推广组设有资料室、推广室等[2]。

1945 年的《条例》对原有组织机构做了调整，规定由文书课、出纳课、庶务课、图书课负责行政事务，技术研究则由原先的三组扩充为十系，分别为造林研究系、森林经理系、木材工艺系、森林保护系、水土保持系、林产制造系、林业推广系、林产经济系、森林副产系、森林工程系[3]。这种改变，直接表明了随着现实环境的变化，国家对林业科研有了新的需求。但限于设备、人员和经费不足的现实，中央林业实验所只于 1946 年 1 月先行成立了造林研究系、林业经济系、木材工艺系、林产制造系、水土保持系、林业推广系六个系，于 1947 年 9 月设立了森林副产系，一共设七个系（见图 7-2），并未实现原定的十个系[4]。很显然，这会对中央林业实验所的研究面向与业务范畴增加造成一定的限制。

---

① 《农林部中央林业实验所组织规程》，《农林公报》1941 年第 2 卷第 4—6 期，第 35 页。
② 韩安：《农林部中央林业实验所概况》，《林讯》1944 年第 1 卷第 3 期，第 7 页。
③ 《农林部中央林业实验所组织条例》，《行政院公报》1945 年第 8 卷第 4 期，第 14 页。
④ 饶建雄：《本所历年来大事记》，《林业通讯》1948 年第 10 期，第 10-11 页。

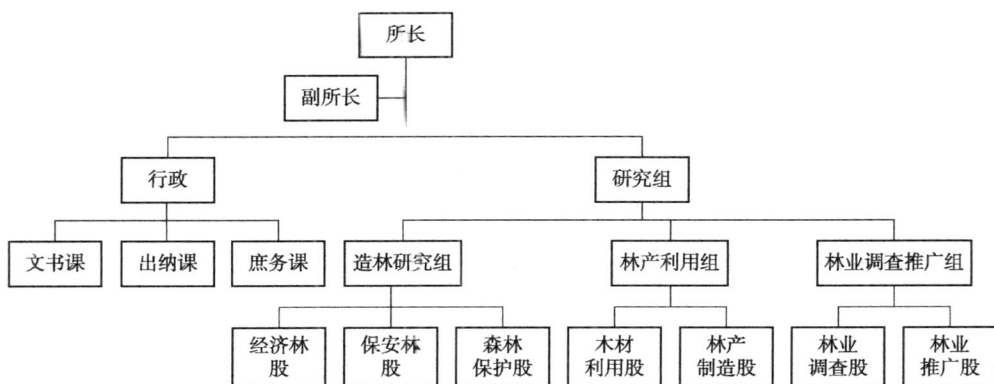

图 7-1 中央林业实验所重庆时期的组织结构图

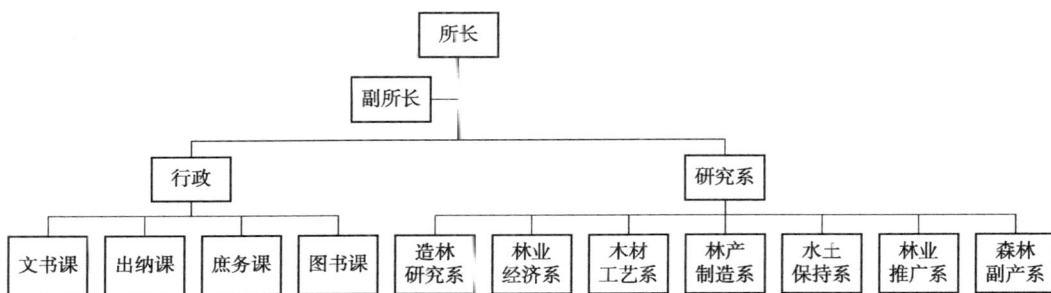

图 7-2 中央林业实验所南京时期的组织结构图

结合两个时期的组织结构图，不难发现，中央林业实验所的组织机构分为行政事物与技术研究两大系统。若是从组织社会学的观点来看，中央林业实验所采取的是直线职能型组织结构①。在战争频仍，时局动荡的年代里，这种组织结构使得中央林业实验所内部的行政与技术两大机构体系相对独立，行政事务的文书、出纳、庶务、图书等部门职权明确，技术研究的各研究组(系)分工明晰，有利于各个部门充分发挥自主权。而所长在整个组织体系中居于领导地位，便于统一指挥、集中管理，有助于提高组织效率与工作效益。这是值得我们肯定的。

中央林业实验所东迁至南京后，还通过接收、新立一批附属机构，使得组织机构规模进一步壮大，完善了机构的空间布局(见表 7-2)，增强了综合实力。

表 7-2 中央林业实验所主要附属机构一览

附属机关名	所在地点	主管人	成立日期
华北林业试验场	北平西直门内北大安门二号胡同	江福利	1946 年 6 月
华南林业试验场	海南岛海口盐灶村复兴园	谢鸣珂	1946 年 8 月

① 张家麟：《组织社会学》，安徽人民出版社 1988 年版，第 114 页。

（续）

	附属机关名	所在地点	主管人	成立日期
	西南工作站	重庆歌乐山	杨敬睿	1946 年 5 月
	常山种植试验场	四川金佛山	刘式乔	1945 年 7 月
	嵩山示范林场	河南嵩山	徐承镕	1947 年 4 月
华中区直辖	汤山林场	南京汤山	洪昌谊	1946 年 2 月
	东善桥林场	南京东善桥	陈其勋	1946 年 2 月
	龙王山林场	六合县龙王山	李茂根	1946 年 6 月
	栖霞山林场	南京栖霞镇	鲍野樵	1946 年 6 月
	牛首山林场	南京中华门	林方元	1947 年 5 月

资料来源：1.《本所消息》，《林业通讯》1947 年第 1 期。2. 韩安：《七年来之中央林业实验所》，《林业通讯》1948 年第 10 期。

为了能与组织机构相配套，保障各项工作得以有效落实，《规程》和《条例》还分别对重庆、南京两个时期中央林业实验研究所（不包括附属机构）的技术人员、行政人员的数量予以了具体规定（见表 7-3）。

表 7-3　《规程》和《条例》中的人数规定

时期	技术人员	行政人员
重庆时期（1941—1945）	技正：10~14 人 技士：15~20 人 技佐：14~22 人 助理员：15~20 人 练习生：若干	所长、副所长：各 1 人 文书、出纳、庶务三课主任：各 1 人 事务员：4~10 人 雇员：6~10 人 会计：1 人
南京时期（1946—1949）	技正：15~22 人 技士：20~30 人 技佐：20~36 人 助理员、练习生：若干	所长、副所长：各 1 人 秘书：1 人 文书、出纳、庶务、图书四课主任：各 1 人 课员：15~26 人 雇员：若干人 会计：1 人 人事管理员：1 人

资料来源：1.《农林部中央林业实验所组织规程》，《农林公报》1941 年第 2 卷第 4-6 期。2.《农林部中央林业实验所组织条例》，《行政院公报》1945 年第 8 卷第 4 期。

由表 7-3 可知，无论是技术还是行政人员的数量，南京时期都相较于重庆时期有所增加。在人员职务的设置方面，虽有所调整，但总体上变化不大。受限于资料，我们还难以知晓中央林业实验所每一年的实际人数和人员名单。仅就目前所见的资料显示，中央林业实验所于 1944 年"实有技术人员四十三名，事务人员二十五名，合计六十八名"[1]；于 1948 年"实有技术人员七十三人，事务人员四十一人，合计一一四人"[2]。从中不难看出，

---

[1]　韩安：《农林部中央林业实验所概况》，《林讯》1944 年第 1 卷第 3 期，第 7 页。
[2]　韩安：《七年来之中央林业实验所》，《林业通讯》1948 年第 10 期，第 4 页。

中央林业实验所的实有人数并未达到中央林业实验所《规程》和《条例》的规定数量，或面临着人员不足的困境。

中央林业实验所的建立和运行方面，归国林学留学生们发挥了重要的领导作用。他们担任了学术组织和管理工作，逐步改变了"草创伊始，规模未具……所有房屋人才设备，均无基础"①的局面。由表7-4可知，中央林业实验所所长一职长期由韩安担任，副所长一职则分别由邓叔群、朱惠方、傅焕光相继担任。这四人均为归国林学留学生。另外，中央林业实验所的各组（系）均设主任一人负责指导和监督各组事宜。在创所初期，造林研究、林产利用、调查推广三组的主任分别由邓叔群、梁希、焦启源担任；1946年以后，扩三组为七系，程跻云、葛晓东、孙醒东、张楚宝、陈桂升、王战、朱莲青等人又分别担任了各系的主任，这些人中的大部分都有留学经历，成为了该机构的学术带头人，具有中西合璧的学识，熟谙西方科研制度，对研究方向的选择、研究计划的制订、学术成果的认定方式等方面都会产生重要影响，能够较好地领导、推动具体科研实践的开展。

表7-4　中央林业实验所的历任所长与副所长

职务	姓名	任职时间	留学经历
所长	韩安	1941—1948	康奈尔大学，密歇根大学
	傅焕光	1949—1950	菲律宾大学，华盛顿大学
副所长	邓叔群	1941—1943	康奈尔大学
	朱惠方	1943—1946	德国明兴大学、普鲁士林学院，奥地利维也纳垦殖大学
	傅焕光	1946—1949	菲律宾大学，华盛顿大学

资料来源：1. 中国科学技术协会编：《中国科学技术专家传略（农学编·林业卷1）》，北京：中国科学技术出版社1991年版。2. 周棉主编：《中国留学生大辞典》，南京大学出版社1999年版。

韩安（1883—1961），安徽巢县人，中国著名林学家。他于1907年赴美留学，1911年获密歇根大学林学硕士学位，成为近代留学生中的第一个林学硕士。回国后，他先后任职于农林部山林司、吉林林业局、察哈尔特别区实业厅、平汉铁路局、四川农业改进所等单位，也正是考虑到韩安有着丰富的从事林业行政的经验，所以才最终被任命为中央林业实验所所长一职。根据张楚宝的《林业界耆宿韩安生平大事纪年》一文可知，韩安担任所长的时间最久（1941—1948），为中央林业实验所的人员、设施、组织、制度的建构和完善、具体科研事业的开展等付出了大量的辛劳与智慧②。邓叔群（1902—1970），福建闽侯人，中国著名森林学家、植物病理学家。他于1915年考进清华学堂留美预备班，1923年公费留美，1928年在美国康奈尔大学先后获森林学硕士、植物病理学博士。回国后，先后任教于岭南大学、金陵大学、南京中央大学，1941—1943年担任中央林业实验所副所长、造林研究组主任，1948年被当选为中央研究院院士。他也是我国森林病理学、高等真菌学的创始人之一。傅焕光（1892—1972），江苏太仓县人，1915年由政府公派到菲律宾大学森林管理科学习。1945—1946年赴美留学，先后在美国农业部水土保持总局、华盛顿大学研究与学习。回国后，他于1946—1949年担任中央林业实验所副所长，1949—1950年接替韩安

---

① 韩安：《农林部中央林业实验所概况》，《林讯》1944年第1卷第3期，第7页。
② 参见张楚宝：《林业界耆宿韩安生平大事纪年》，《林史文集》第1辑，中国林业出版社1990年版，第117~120页。

担任实验所所长。他也是中国水土保持科研事业的创始人之一。朱惠方（1902—1978），江苏丹阳县人。他于1922年考入德国明兴大学后转至普鲁士林学院，1925年又到奥地利维也纳垦殖大学研究院攻读森林利用学，为其日后从事科研、教学打下了基础。1927年回国后，他先后任教于浙江大学、北平大学、金陵大学，1943—1946年中央林业实验研究所副所长。他长期从事木材材性与工业利用相结合的研究，是中国木材学的早期开创者之一。

1949年，伴随政权更迭，中央林业实验所也打算对自身的组织机构进行调整，后因"身份尚未确定"而未能得到落实[1]。20世纪50年代，中央林业实验所及其各附属机构纷纷被接收和改编，其历史命运也随之完结。尽管如此，其影响却并未结束。譬如中央林业实验所为后来的华北农业科学研究所森林系（1949年成立）、中央林业部林业科学研究所（1953年成立）、江苏省林业科学研究所（1958年成立）等科研机构的建立和发展打下了人员、科研仪器、设备等方面的基础。

诚然，中央林业实验所的发展离不开政府的"刚性"支持，其命运深受时事环境的影响，虽历经了抗日战争与解放战争，但组织结构渐趋合理，人员数量不断增加，业务范畴也得到扩大，为林业科研提供了组织、人员与物质保障，使林业科研成为制度化的科研。此外，还需要引起我们注意的是，现有的研究论著大多有意或无意地忽视了中央林业实验所的各大附属机构，对此涉及甚少，尚有待专文进行论述。其实，常山种植试验场、华北林业试验场、西南工作站、华南林业试验场等附属机构的历史沿革、组织结构、人员构成以及运行机制同样值得我们去仔细研究。关于中央林业实验所四大附属机构（常山种植试验场、华北林业试验场、西南工作站、华南林业试验场）的《组织规程》可参见表7-5。

表7-5　中央林业实验所四大附属机构的《组织规程》

规程名称	细则
《农林部中央林业实验所常山种植试验场组织规程》（1945年11月公布）	第一条　常山种植试验场（以下简称本场）隶属于农林部中央林业实验所（以下简称中林所）。 第二条　本场掌理国药常山之培育及推广事项。 第三条　本场设场长一人综理本场事务。 第四条　本场设技师四人，技术员五人，事务员二人，秉承场长之命，分掌各项事务。 第五条　本场设会计员一人，依主计法规办理会计、岁计、统计事宜。 第六条　本场场长由中林所呈请农林部核派，其余技师、技术员、事务员均由场长遴请中林所派充并呈部备案。 第七条　本场得酌用雇员一人。 第八条　本场于必要时得呈准设立工作站。 第九条　本场办事细则另定之。 第十条　本规程自呈准后施行。

---

[1]　参见傅焕光：《中央林业实验所1950年工作方针及任务》，《傅焕光文集》，中国林业出版社2008年版，第166页。

（续）

规程名称	细则
《农林部中央林业实验所常山种植试验场组织规程》（1945年11月公布）	第一条 农林部中央林业实验所华北林业试验场（以下简称华北林业试验场），隶属农林部中央林业实验所。 第二条 华北林业试验场掌下列各事项： 一、关于华北主要经济林木试验经营及推广事项。 二、关于优良种苗培育，及森林苗木病虫害防治方法之介绍，及用材之供给事项。 三、关于水土保持之研究推行事项。 四、关于保安林之培植经营及研究事项。
《农林部中央林业实验所华北林业试验场组织规程》（1946年11月9日农林部公布）	五、关于木材工艺及林产制造之研究及改良事项。 六、关于华北林产品之产销等调查研究事项。 七、关于华北其他林业问题之研究事项。 第三条 华北林业试验场置下列二组： 一、技术组。 二、总务组。 第四条 华北林业试验场设场长一人，简任或荐任，承中央林业实验所所长之命，综理场务。 第五条 华北林业试验场设技正四人至六人，荐任，技士五人至七人，委任，技佐十人至十四人，委任，并得视事实之需要，酌用技术助理员、雇员及练习生，共十五人至二十四人。 第六条 华北林业试验场技术组设组长一人，以技正兼充，承场长之命，掌理各项技术研究事宜。 第七条 华北林业试验场设总务组长一人，荐任或委任，办事员六人至八人，委任，分掌文书出纳、庶务、图书等事项。 第八条 华北林业试验场设会计员一人，佐理员一人至二人，均委任，依主计法令之规定，掌理本场会计、岁计、统计事宜。 第九条 华北林业试验场设人事管理员一人，委任，依人事管理条例之规定，掌理人事管理事务。 第十条 华北林业试验场为森林事业之改进及推广，得选择适当地点，设立分场或苗圃，其编制由中央林业实验所呈请农林部核定之。 第十一条 华北林业试验场办事细则，由中央林业实验所呈请农林部核定之。 第十二条 本规程自公布之日施行。
《农林部中央林业实验所华南林业试验场组织规程》（1946年11月9日农林部公布）	第一条 农林部中央林业实验所华南林业试验场（以下简称华南林业试验场），隶属农林部中央林业实验所。 第二条 华南林业试验场掌下列各事项： （一）关于华南主要经济林木试验经营及推广事项。 （二）关于优良种苗培育，及森林苗木病虫害防治方法之介绍，及用材之供给事项。 （三）关于水土保持之研究推行事项。 （四）关于保安林之培植经营及研究事项。 （五）关于木材工艺及林产制造之研究及改良事项。 （六）关于华南热带林产品之产销贸易市况等调查研究事项。 （七）关于华南其他特殊林业问题之研究事项。

（续）

规程名称	细则
《农林部中央林业实验所华南林业试验场组织规程》(1946年11月9日农林部公布)	第三条 华南林业试验场置下列二组： (一)技术组。 (二)总务组。 第四条 华南林业试验场设场长一人，简任或荐任，承中央林业实验所之命，总理场务。 第五条 华南林业试验场设技正二人至四人，荐任，技士四人至六人，委任，技佐八人至十二人，均委任，并得视事实之需要，酌用技术助理员、雇员及练习生，共十二人至十六人。 第六条 华南林业试验场技术组设组长一人，以技正兼充，承场长之命，掌理各项技术研究事宜。 第七条 华南林业试验场设总务组长一人，荐任或委任，办事员四人至六人，委任，分掌文书、出纳、庶务、图书等事宜。
《农林部中央林业实验所华南林业试验场组织规程》(1946年11月9日农林部公布)	第八条 华南林业试验场设会计员一人，佐理员一人，均委任，依主计法令之规定，掌理本场会计、岁计、统计事宜。 第九条 华南林业试验场设人事管理员一人，委任，依人事管理条例之规定，掌理人事管理事务。 第十条 华南林业试验场为森林事业之改进及推广，得选择适当地点，设立分场或苗圃，其编制，由中央林业实验所呈请农林部核定之。 第十一条 华南林业试验场办事细则，由中央林业实验所呈请农林部核定之。 第十二条 本规程自公布之日施行。
《农林部中央林业实验所西南林业试验场组织规程》(1947年4月4日农林部公布)	第一条 农林部中央林业实验所西南林业试验场(以下简称本试验场)，隶属于农林部中央林业实验所。 第二条 本试验场之执掌如下： (一)关于西南各省经济林、保安林及主副产物之利用研究及改进事项。 (二)关于西南各省主要经济林木(栽培)试验经营及推广事项。 (三)关于西南各地公私林业场所，技术工作之合作及协助事项。 (四)关于改良种子、苗木等技术之介绍与推广事项。 (五)关于森林苗木林木病虫害防治方法之介绍事项。 (六)关于林业之调查及研究事项。 (七)关于森林主副产物分级标准，与运销制度之研究事项。 (八)关于荒山、荒地之测勘及造林事项。 (九)关于西南风景林、行道树及森林公园之筹划设计事项。 第三条 本试验场置主任一人，荐任或简任，承中央林业实验所所长之命，综理场务。 第四条 本试验场设下列二组： (一)总务组。 (二)技术组。 第五条 本试验场置技正一人至二人，(其中一人兼技术株组长。)荐任，总务组组长一人，委任或荐任，技士三人至五人，技佐四人至六人，办事员四人至六人，均委任，必要时得酌用技术助理员及练习生八人至十二人。 第六条 本试验场置会计员一人，会计佐理员一人至二人，均委任，依主计法规之规定，办理岁计、会计、统计事务。

（续）

规程名称	细则
《农林部中央林业实验所西南林业试验场组织规程》（1947年4月4日农林部公布）	第七条　本试验场办事细则另定之。 第八条　本规程自公布之日施行。

资料来源：1.《农林部中央林业实验所常山种植试验场组织规程》，《新中华医药月刊》1947年第2卷第6-7期，第41页。2.《农林部中央林业实验所华北林业试验场组织规程》，《国民政府公报》1946年第2671期，第2-3页。3.《农林部中央林业实验所华南林业试验场组织规程》，《中农月刊》1947年第8卷第1期，第72页。4.《农林部中央林业实验所西南林业试验场组织规程》，《中农月刊》1947年第8卷第10期，第74页。

第三节　中央林业实验所之主要贡献

中央林业实验所最初设定的业务目标有："关于全国经济林及主副林产物之研究试验及改进事项；关于公私林业改良场所技术工作之督导及协助事项；关于与各大学农学院森林系或其他公私立林业改良机关合作解决特种林业问题事项；关于林业研究所得之技术及优良种苗之推广事项；关于林业经济之调查研究事项；关于森林主副产物分级标准与运销之研究事项；关于技术改进技术人员之训练事项[1]。"事实上，中央林业实验所也主要是围绕这些目标而展开工作的，为促进近代林业科研事业的发展做出巨大贡献，影响深远，集中体现在以下三个方面。

1. 领导了全国范围内的林业科研工作

正如学者张九辰所说："一个学术机构一旦成为该领域的中心，它的任务就不仅仅是努力发展和完善自身的组织。它还需要凭借自身的学术优势对该领域产生影响，甚至是引导该领域的方向[2]。"由韩安的《七年来之中央林业实验所》[3]一文可知，在1941—1948年，中央林业实验所从事并完成的科研工作主要有：

造林研究方面，主要有国产经济林木及军工用材之育苗试验、茶树育种及栽培之试验、国产主要林木之造林试验、国外优良树种之引种试验、森林病虫害之防治实验、经济昆虫之饲育试验、橡胶草之栽培试验、森林植物之研究等。

水土保持方面，主要有土地调查及利用设计、水土冲刷试验、梯田沟洫试验、土壤化验、保土植物之繁殖、水土保持工作示范、防沙林之营造等。

林产制造方面，主要有木材之干馏试验、木材之糖化试验、木材之炭化试验、茶油之硬化实验、单宁之提制试验、乌桕树皮油代替可可之试验、松节油松及香松烟之制炼试验、各种桐子油量分析、桐油提制与利用之研究、土式炭窑改良之研究、松脂采集方法之

---

[1]　《农林部中央林业实验所组织规程》，《农林公报》1941年第2卷第4-6期，第35页。
[2]　张九辰：《地质学与民国社会：1916—1950》，山东教育出版社2005年版，第187页。
[3]　韩安：《七年来之中央林业实验所》，《林业通讯》1948年第10期。

研究、木屑废材利用之研究等。

木材工艺方面，主要有各种木材及竹材力学性质与物理性质之测定、各种木材组织之研究、木材之防腐试验、人工干燥之试验、国内外木材标本之收集、锯木加工示范场之筹设等。

森林副产方面，主要有药物园之筹备、太子参之栽培试验、药用植物之分类、分布之调查、竹类目录之编纂、黄常山之实验研究、药材进出口贸易等。

林业经济方面，主要有全国森林及宜林荒山荒地之调查统计、湖北神农架天然林之勘查、宁夏天然林之调查、四川缙云山及湖北武当山寺庙林之调查、青海林业之调查、川黔湘边区经济林之调查、历年来木材及各种林产品进出口贸易之统计、京沪渝等市木材市况调查、桐油茶油生产面积及数量之统计、枕木矿柱电杆特用木材供销之调查、川省造纸原料之调查、上等造纸原料之调查、重庆成都两市燃料调查、木材分级标准及买卖单位之研究、全国林业技术人员之调查等。

林业推广方面，主要有苗木之推广、优良品种之推广、中林经济煌之推广、绿化首都之推进、历年植树节之经办、各处园林之设计及布置、示范林之经营、兵工造林十年计划之整编、人民团体造林之推动等。

但除了上述几方面，其各个附属机关也结合地方实际，积极开展相关的科研实践，所做出的诸多贡献，取得的各项成绩同样不容忽视（见表7-6）①。

表7-6　中央林业实验所部分附属机关的科研工作

附属机关名	科研工作
华北林业试验场	主要包括沙地域及河滩地育苗与造林法之研究、华北主要经济林木之营造与推广、海岸防风林之营造试验、华北林产品利用之研究、华北林业经济之调查统计研究。1946—1948年两年来先后完成者计有：（1）苗木耐旱性试验；（2）林木种子播种期试验；（3）树木耐碱力试验；（4）雨季造林试验；（5）土壤含有水分与苗木成活关系试验；（6）北平天津木业调查；（7）黄村附近炭窑业调查
西南工作站	主要包括西南各省军工经济等特种用材及主要造林树种之育苗造林试验、国外造林树种之育苗造林试验、水土保持试验研究、推广人民造林。1948年完成的有：（1）四种桉树发芽及移植试验；（2）新疆橡皮草抗旱性与耐光性试验
常山种植试验场	主要包括黄常山播种繁殖法之研究、黄常山扦插期试验、黄常山成活率之研究、黄常山嫩枝扦插试验、隐蔽作物之种类对于常苗成活率及其经济价值之研究、黄常山栽培促成法之研究、黄常山施用枯肥试验、黄常山采叶试验。截至1948年共整地5900市亩，②培育常苗5984000株，定植常苗2603000株，设四个工作站（芳草垻、槐坪、肖家沟、白雾坪），苗圃合计133市亩

① 有关中央林业实验所在1940—1948年之间详细的研究事项情况可以参见论文的附录。

② 1市亩＝1/15公顷。以下同。

（续）

附属机关名	科研工作
华南林业试验场	主要包括国防军工经济林之营造及推广、营造樟树金鸡纳树、推广示范林、华南林业费济之调查研究、按办制材实验工厂及制纸工、热带森林主副产别利用之研究

资料来源：1.《本所各附属机关概况》，《林业通讯》1948 年第 10 期。2. 韩安：《七年来之中央林业实验所》，《林业通讯》1948 年第 10 期。

中央林业实验所采取"集众研究"的模式，为开展较大规模的、复杂的林业试验提供了制度化的平台，承担起了改良林业试验的重务，促使林业科研向纵深发展，也使得林业科研的领域更加多元化、科学化，囊括造林研究、林产制造、水土保持、木材工艺、森林副产、林业经济等诸多方面。育苗、造林固然是其重要工作，但又改变了以往的林业研究机构只重育苗、造林的尴尬局面，满足了越来越广泛而深入地应用林业科学和技术的需要，也契合了国家的现实需要。

中央林业实验所的成立，也使得"整个有计划的森林研究工作的进行，都要靠该所来发动、领导、负责"①，在学术组织、协调过程中起到了核心作用，改变了各科研单位分散、单打独斗的格局，提高了科研效率。譬如中央林业实验所与中央大学合办林产制造实验研究；与金陵大学森林系合作研究成都市薪炭柴供需状况；与川农所合作办理重庆南岸苗圃；与金陵大学合办南京水土保持示范区；与静生生物研究所合作调查西南各省天然林分布；与中华林学会合办林业人才调查；与北碚管理局合作北碚实验县造林；与中国特效药研究所合作进行药用植物研究，等等。通过诸如此类的合作与交流，有利于加强学界同仁的联络，搭建关系网络，实现信息的传播和资源的有效配置，避免出现一些不必要的重复工作。

2. 培养了一大批职业化、专业化的科研人才

（1）训练本所职员的学术水平和业务能力，促进了以研究机构为平台的林学职业群体的形成。人员训练的途径主要包括：一是在所长的主持之下，举行所务会、业务会议、设计考核委员会、技术讨论会等会议，以改进和提高技术人员的业务和技术水平。具体而言，所务会是负责讨论本所一切行政及技术会议，每月一次。业务会议是负责检讨一切技术部分之问题，每月一次。设计考核委员会是负责业务计划与工作人员成绩之设计与考核，会期不定。技术讨论会则是负责讨论各技术人员工作之改进，由各组技术人员轮流主讲，每星期一次②。二是放眼世界，选送技术青年远赴国外考察、实习、深造。如中央林业实验所于 1945 年选送傅焕光、张楚宝、陈桂升、杨敬睿等人前往美国实习进修；1947年选派贺近恪、李继书前往澳大利亚工业科学研究院实习木材性质与林产制造③，同年，中央林业实验所还派遣许绍南、周映昌赴美深造④。三是借才异国，聘请外籍专家来所任职，并派遣技术人员随同学习。如中央林业实验所于 1945 年派技正江福利等人招待美籍

---

① 陈启岭：《我国当前的林学研究与林业人才》，《农业推广通讯》1944 年第 6 卷第 9 期，第 50 页。
② 韩安：《本所四年来之回顾》，《林讯》1945 年第 2 卷第 4 期，第 5 页。
③ 韩安：《七年来之中央林业实验所》，《林业通讯》1948 年第 10 期，第 5 页。
④ 《人事动态》，《林业通讯》1947 年第 1 期，第 9 页。

顾问寿哈特博士（Don. V. Shahart），筹办水土保持示范工程事宜①。同年，美籍专家顾菊才（J. Conld）来华，由副所长朱惠方等人陪同赴乐山等处考察，并参观中工所木材试验室，木材干馏厂，乐山木材市场及运输河流等②。1947 年，中央林业实验所派副所长傅焕光、技正汪秉全等人会同外籍顾问祁普乐（W. S. Chepil）视察黄泛区，并筹办防砂林场③。四是注重交流，邀请知名学者作学术演讲。如农林部西江水土保持实验区傅蕴绮主任受邀讲演《西江水土保持试验区工作概况》；北平静生生物调查所胡先骕所长受邀讲演《我国森林植物与地理》；金陵大学园艺系胡昌炽主任受邀讲演《园艺与森林之关系》④。通过诸如此类的措施，中央林业实验所培养出了一大批职业化的研究人员（表 7-7），主要所员有傅焕光、邓叔群、程跻云、张楚宝、陈桂升、程崇德、王战、王恺、郑止善、周映昌、张景良、申宗圻、葛晓东、孙醒东、朱莲青、沈梓培、汪秉全、江福利、贺近恪、范立宾、任承统、陶玉田、鲁昭祎，等等。他们为中央林业实验所各项科研工作的落实、科研成绩的取得提供了人才保障和智力支持，也构成了近代林业科研的重要学术力量，有力推动了我国林业科研共同体的形成。

表 7-7　农林部中央林业实验所全体技术员工调查表

职别	姓名	籍贯	担任技术工作事项	备考
简任技正，兼造林研究组主任	程跻云	安徽休宁	担任全国国防林、经济林之育苗护林、林产保护、设计之研究工作	
副所长，原林产利用组主任	朱惠方	江苏无锡	担任全国国防林产物之制造、设计研究事项	
简任技正，原林业调查推广组主任	葛晓东	安徽怀宁	担任全国国防林、经济林及林产利用之实验、调查、设计，与全国林业推广及实验研究工作	
简任技正	傅焕光	江苏太仓	担任全国国土保安、水土保持研究工作	甘肃天水水土保持实验区主任
简任技正，原林产制造组主任	郭质良	辽宁沈阳	担任国防林木、军需木材、食用食物之研究制造工作	
荐任技正，兼林产利用股主任	张楚宝	江苏南京	担任国防飞机用材之力学研究与木材干馏所得军用品之制造工作	
荐任技正，兼林业调查股主任	王战	辽宁安东	担任全国国防林、经济林之调查、设计工作	

---

① 《农林部美籍顾问寿哈特博士（Don. V. Shahart）来所设计水土保持实验工作》，《林讯》1945 年第 2 卷第 2 期，第 25 页。

② 《本所朱副所长陪同美籍专家顾菊才（J. Conld）赴乐考察》，《林讯》1945 年第 2 卷第 2 期，第 25 页。

③ 《人事动态》，《林业通讯》1947 年第 1 期，第 9 页。

④ 《本所消息》，《林业通讯》1947 年第 2 期，第 6 页。

（续）

职别	姓名	籍贯	担任技术工作事项	备考
荐任技正，兼保安林股主任	陈午生	江苏金坛	担任全国保安林之调查、设计工作	
荐任技士，兼林业推广股主任	皮作炎	湖南沅江	担任全国国防林、经济林之育苗与推广事项	
技士，兼林业资料股主任	朱懋顺	江苏江都	担任国内外森林资源及国防经济林资料之设计研究工作	
技士	鲍野樵	安徽□县	担任国防经济林之栽培与实验苗圃之管理工作	
技士	陈其勘	江西赣县	担任军工用材林木之调查及标本鉴定工作	
技士	陈作培	广东广宁	担任全国国防林及经济林业资料之统理工作	
技士	陈桂升	河北滦县	担任军工用材之检定事项	
技士	张曾湜	河南固始	担任中央训练团园林建设事项	
技士	申陆圻	江苏吴县	担任国防经济军需林产之化学分析研究工作	
技士	杨敬鉴	湖北黄陂	担任国防经济林之调查研究事项	
技士	张家骥	山东泰山	担任国防林产物之利用研究工作	
技士	斯炜	浙江诸暨	担任国防经济林、军工林种之驯化研究工作	
技佐	吴志曾	安徽婺源	担任国防经济林木之育苗试验工作	
技佐	蒋孝淑	江苏吴县	担任国防经济林木之育苗试验工作	
技佐	陈万光	河北	担任国防经济林木之育苗试验工作	
技佐	周平	江苏南京	担任木材干馏军需品之制造工作	
技佐	张景良	湖北襄阳	担任飞机等需用材试验之工作	
技佐	欧炽南	广东		
技佐	王伯心	湖北黄陂	担任军舰、船只、电线柱、铁路枕木之防腐研究工作	
技佐	江善湘	江苏吴县	担任国防林木、苗木上病虫害之防御及保护工作	
技佐	欧阳懁	四川乐山	担任国防经济林木之繁殖推广工作	

（续）

职别	姓名	籍贯	担任技术工作事项	备考
技佐	李茂根	四川巴县	担任经济果园及经济林木之管理工作	
事务员	周佛生	山东	担任绘图误订工作	
助理员	闻立诗	湖北流水	担任国内林业资料之研究整理工作	
助理员	钟玉先	四川三台	担任中央训练团园林建设事项	
助理员	陈初民	四川巴县	担任中央训练团园林建设事项	
助理员	李顺德	山东利津	担任国防经济林之调查研究工作	
助理员	秦成治	江苏常州	担任林产化学之协助分析制造工作	
技工	曾小章	四川璧山	担任军工用材幼苗之繁殖及国防经济林之栽培	
技工	杨绍成	四川南充	担任军工用材幼苗之繁殖及国防经济林之栽培	
技工	章伯约	四川大足	担任军工用材幼苗之繁殖及国防经济林之栽培	
技工	丁海山	四川巴县	担任军工用材幼苗之繁殖及国防经济林之栽培	
技工	刘长知	四川巴县	担任军工用材幼苗之繁殖及国防经济林之栽培	
技工	胡少祥	四川巴县	担任军工用材幼苗之繁殖及国防经济林之栽培	
技工	包玉成	四川巴县	担任军工用材幼苗之繁殖及国防经济林之栽培	
技工	李大锦	湖北天门	担任军工用材幼苗之繁殖及国防经济林之栽培	
技工	郑松柏		担任军工用材幼苗之繁殖及国防经济林之栽培	

资料来源：《关于缓征农林部中央林业实验所全体技术员工之公函代电（附中央林业实验所申请全体技术员工调查表）》，重庆市档案馆藏，档案号：00610015044230100054000。

（2）承担国内其他单位技术人员的培训，培育了大批具有专业知识和技能的人才。中央林业实验所训练技术人员的途径主要有三：办理水土保持训练班；派员指导中训团农林垦牧训练班之林业实习；招收各大学农学院森林系或农林职业学校毕业保送之学生来所实习[1]。为了更好地说明情况，这里以水土保持人员训练班为例。第一届水土保持人员训练班共 30 人，其名额分配可参见表 7-8。

---

[1]　韩安：《七年来之中央林业实验所》，《林业通讯》1948 年第 10 期，第 4 页。

表 7-8　第一届水土保持人员训练班名额分配情况

序　号	单位名称	具体名额
1	中央林业实验所	10 人
2	农林部农事司及中农所	2 人
3	农林部林业司	2 人
4	国父陵园管理委员会园林处	2 人
5	导淮委员会	1~2 人
6	农林部农林推广委员会	2~4 人
7	农林部农田水利工程处	1 人
8	江浙皖省建设厅	6 人
9	其他	4 人

资料来源：《农林部中央林业实验所经费案》，中国第二历史档案馆藏，全宗号：二三，案卷号：716。

　　水土保持人员训练班强调"理论与实验并重，以期造林学以使用之干才"①，采取"半日讲授学理，半日指导学员实习"的培训方式，严格要求"学员须逐日分门撰述课务笔记呈送指导教师评阅"②，并精心安排训练科目，针对性地分配相关导师（见表 7-9）。学员受训期满，除各项成绩及格外，还需提交专题论文一篇，由导师评定及格者才能准予结业。在这其中有相当一部分加入了由中央林业实验所主持成立的水土保持田间工作队中，参与到了具体的水土保持实践之中。而关于水土保持工程队的工作目的、工作区域、工作项目、人员设备、工作期间、经费预算可参见《水土保持工程队工作计划》③（具体内容参见论文附录）。

表 7-9　第一届水土保持人员训练班训练科目及导师分配情况

序号	训练科目	导师
1	水土保持理论与实施	李顺卿、韩安、傅焕光
2	土壤分类及土地利用	祁普乐、黄瑞采、宋达泉、张德常、沈在阶、傅焕光
3	森林与水土保持(防风林防沙林等营造)	程跻云、周映昌、杜洪作、葛晓东、何敬真、袁义生
4	牧草与水土保持	叶培忠、耿以礼、唐进
5	农业与水土保持	蒋德麒、赵伯星、魏章根、陈鸿佑、张绍钫
6	农田水利工程与水土保持	曹国琦、吴以□
7	其他	

资料来源：《农林部中央林业实验所经费案》，中国第二历史档案馆藏，全宗号：二三，案卷号：716。

　　中国近代林业科学落后，欲求发展，莫急于培养人才。而中央林业实验所充分利用了自身的优势，为当时的林业人员提供了一个培育与训练的平台，是重要的人才"孵化器"，有助于改变抗战之前各大学、专门学校或职业学校森林系(或林科)只将训练从事造林工作

① 《农林部中央林业实验所经费案》，中国第二历史档案馆藏，全宗号：二三，案卷号：716。
② 《农林部中央林业实验所经费案》，中国第二历史档案馆藏，全宗号：二三，案卷号：716。
③ 《农林部中央林业实验所经费案》，中国第二历史档案馆藏，全宗号：二三，案卷号：717。

人员视为最重要责任，而"造林以外的各项科目，尤其是森林利用及森林工程方面者，却普遍的不受重视"①的落后局面，使得林业人员能够与国家的实际需要相配合，以从事科学化、现代化的林业建设。

3. 促进了林业科学知识的传播与普及

（1）出版专业期刊和学术著作。中央林业实验所除了发行不定期之《研究专刊》（各技术部分研究专题之发表）和《推广专刊》（应用技术之简易说明）外，还出版了两份影响巨大的专业期刊《林讯》和《林业通讯》。《林讯》创刊于 1944 年，其使命包括："一、为林事联系之总枢纽：森林事业包括门类众多，事务繁复，头绪千万。中林所为林业技术上之中心机关，继承政府之令，启民庶之□茕惠，横经实验研究之技术领导，纬各地林业机构之脉络，具心脏之地位。纵横疏浚，《林讯》可负该所血脉作用之责。二、为林业技术之总传达：国外林业之发展早具前程，吾人亟应急起直追，迎头赶上，中林所理负介绍之责，转达先进国家之卓绩，脉络珍贵之资料，推广林业技术于各属机关，然后总其端而促成全国林业之发展，《林讯》负媒介之责。三、为林业科学之总荟萃处：林业科学须藉多门科学以培其基，复假辅导技术以宏其用。中林所从事体察研究，集诸邦林术之精英，汇各隅林艺之蕴藏，取精取粹，发扬广大，融会贯通，再供诸世界，《林讯》实负社会林业学识供应之责②。"在《林讯》的《发刊词》中写道："回顾国内的林业杂志和刊物，仍是凤毛麟角，深惜我们已做的事，尚没有尽量的宣扬出来；我们应该说的话，也没有充分的吐述，因之社会上对林业重要性的了解，还觉不够。所以我们很想藉这本小册子来补充以往不足于万一，并且用简单通俗的文字写出来，希望国家的林业，能充分被人认识而同情，而重视，而发生兴趣③。"这彰显了创办《林讯》的宗旨，是希望传播和宣传林业科学知识，使得人们充分认识到林业的重要性，唤起民众对林业之兴趣。《林讯》包括论著、报告、国内林业动态、国外林业动态四栏。具体而言："一、论著：在这一栏内，我们希望刊登林业研究论文，同改进的意见，遇必要时载重要的宏论，以阐明林业的重要性与其研究之价值。二、报告：在这一栏内，我们希望介绍林业同志们的工作，以及我们自己所做的工作，使读者略知道林业人员在这艰辛困苦抗战过程中，所做的工作是什么？三、国内林业动态：这栏是本刊的主干，也是我们发行这小册子的精神之所寄托。我们希望将目前中国林业的机关、事业、工作人员及未来的林业工作人员的一般动态，生生不息、活泼愉快奋发的情形，按期地介绍出来。所以特别详细分列下面四项：1. 农林部直属各林业机关的动态。2. 各省县农林机关的动态。3. 各林科学校的动态。4. 各团体及从业人的动态。四、国外林业动态：因为我们除要明瞭国内林业的情形外，我们也想着普遍的介绍国外林业动态。当然，在被敌人封锁的时候，国外林业的消息，异常隔阂，不过我们愿尽极大的努力，从事搜集翻译等等，多增加国内林业一部分的参考资料④。"东迁南京后，《林讯》更名为《林业通讯》。《林业通讯》延续了原有的宗旨，其内容包括"（一）有关林业政论著之刊载。（二）有关林业实验研究之简报。（三）国内外林业动态之介绍。（四）各种有关林业新闻之传布。

---

① 陈启岭：《我国当前的林学研究与林业人才》，《农业推广通讯》1944 年第 6 卷第 9 期，第 52 页。
② 李顺卿：《〈林讯〉之使命》，《林讯》，第 1 卷第 1 期，第 4 页。
③ 《发刊词》，《林讯》1944 年第 1 卷第 1 期。
④ 《发刊词》，《林讯》1944 年第 1 卷第 1 期。

藉此不断阐明林业之重要性，及其研究价值①。"两份期刊的语言通俗，栏目设置也十分合理，既刊登专门的学术论文、报告，又不忘及时传布国内外的林业消息、动态，使得期刊的学术性与可读性有机结合。这两份期刊也是继《森林》《林学》之后，成为林学界的重要学术阵地，是消息之传达与联系、研究资料之参考与供应、工作效果之宣扬与研讨的媒介，极大地扩大了林学知识共同体。

中央林业实验所还鉴于我国森林植物种类繁芜，其中有裨于国计民生者甚多，又缺乏一个系统的图籍供生产利用上的依据，与静生生物调查所几度磋商，并签订合作协议，共同编纂《中国森林树木图志》②。这项工作始于 1947 年 2 月，因应国内林业界之需要，前五年出版主要森林树木，后五年出版次要森林树木。1947 年 12 月编印第一卷，包括桦木科及山毛榉科十属，计图 136 帧，说明 150 页③。第二卷于 1948 年 9 月印就，却并未发行，包括桦木科及棒科二科。前者又有桦木属及桤木属二十余种；后者计有榛属、鹅耳枥及铁木等三属六十余种。除科属之中英文性状描述外，并分别附有属及种之检索表，每种树木亦均有中英文记载及精美之绘图，末附索引④。1949 年，中华人民共和国成立，受时局的影响，原定十年完成的出版计划中断。《中国森林树木图志》被视为"空前之森林植物巨著"⑤，反响巨大。它的出版无疑也是向人们传播林业科学知识的重要载体。

（2）采用多种通俗化形式向民众普及林业科学知识。一是参加各种展览会。譬如中央林业实验所于 1945 年参加了陪都庆祝农民节举行农事展览会，对于育苗、造林、林护、林产加工利用，及林业调查推广，统计图表诸项均有详细设计布置，并利用标本、事物、模型及图表各项陈列品，以助说明⑥。再如中央林业实验所还于 1947 年参加了全国国货展览会，由其"设计之木制近代小家庭住宅模型，各种重要外销林产品，如五倍子、茶油、桂肉树、樟脑树、桐油、漆、八角树、白腊等之生产加工过程，重要国药数十种及四川金佛山常山场之治疟药物常山等，均条分缕析，令人一览无遗，感觉兴趣⑦。"二是创建森林植物标本园。中央林业实验所为便利各方人士对于森林植物之研究观察起见，在歌乐山所址附近创设森林植物标本园。园中各树种排列之次序按照恩格勒植物分类系统，并就实际地形，分为单子叶植物、裸子植物……然后按区分科，逐步栽植，每一树种上悬一木牌，详列中名学名科目及经济价值，使往观者，得一目了然，此种措施，在陪都首善之区，中外观察所致，有极大之意义⑧。三是播放相关影片。中央林业实验所于周末放映林业影片，涵盖造林、护林、森林利用及水土保持等方面，影片有《树与人的生活》《植树御风》《一幅长景》《水为汝友亦为汝敌》等，观众大部分为附近之农民，于林业科学知识之灌输，甚收宏效⑨。

① 《发刊词》，《林业通讯》1947 年第 1 期。
② 参见胡宗刚：《静生生物调查所与中央林业试验所的两项合作》，《中国科技史料》2003 年第 1 期。
③ 《本所消息》，《林业通讯》1948 年第 4 期，第 6 页。
④ 《本所消息》，《林业通讯》1948 年第 14 期，第 8 页。
⑤ 韩安：《七年来之中央林业实验所》，《林业通讯》1948 年第 10 期，第 4 页。
⑥ 《三十四年度陪都庆祝农民节举行农事展览会之林业陈列剪影》，《林讯》1945 年第 2 卷第 2 期，第 24 页。
⑦ 《本所消息》，《林业通讯》1947 年第 1 期，第 9 页。
⑧ 《本所创设森林植物标本园》，《林讯》1945 年第 2 卷第 3 期，第 31 页。
⑨ 《本所消息》，《林业通讯》1948 年第 14 期，第 8 页。

中央林业实验所无论是采取何种方式，均在传播林业科学知识上发挥了十分重要的作用。而其中的发行期刊和出版专著无疑是一种相对专门的传播方式，对于传播的效果以及范围会有所限制。而参加展览会、创建标本园、播放影片等通俗化的方式，则使得林业科学知识的传播不再局限于知识分子阶层，而进入到了寻常百姓家，大大推动了林业科学知识的普及。同时也需要看到，这些传播方式随机性较大，并未生成固定的机制，在制度化的程度上还显得非常不够。

第四节　小　结

中国近代专业化的林业研究机构无疑是在一批归国林学留学生的不懈努力之下，而且是通过国家的建制形式创建与发展起来的。在这其中，最为重要的代表就是中央林业实验所和中央工业试验所木材试验室。中央林业实验所各项工作的开展，离不开韩安、傅焕光、邓叔群等近代归国林学留学生的不懈努力。他们开拓创新、精诚团结、甘于奉献、不畏艰难的精神也值得后人继承与发扬。

正如学者左玉河在《中国近代学术体制之创建》一书中所说："为了推进中国现代科学发展，必须谋求科学组织之发达，组建并完善学术研究机构。而其中最重要之学术研究机构，无疑当推独立之专业研究所[1]。"中央林业实验所是民国时期最具影响力的林业研究机构。它的创建，是中国近代林学体制化建设中至为关键的一环，大体标志着林学体制化的基本完成，改变了国家在抗战以前"还没有集中性的森林研究的专门机构的局面"[2]，并与其他林业研究机构一同建构起了近代的林业科研机构体系，推动了本土化的林业科研进入一个全新的高度。当然，我们对于中央林业实验所的成就需要客观地解读，既不能过分夸大，亦不可小觑。必须认识到，动荡的社会局势制约了中央林业实验所科研成绩的取得。譬如，其与静生生物调查所合作的两项工作（编纂《中国森林树木图志》、调查滇南赣北森林植物）"虽有良好之开始，却未有圆满之结果，仅差强人意"[3]。不能否认的是，中央林业实验所绝大部分的试科研工作还是得到了落实，服务了国家和社会，各项试验和调查所发表的论文、报告以及积累的经验也是一笔弥足珍贵的财富。还要引起我们注意的是，相较于中央农业实验所等农业研究机构，学界关于近代林业研究机构的研究依旧薄弱，亟待加强，需有更多的人投入其中，以推动相关研究朝着全面、系统的方向前进。单就中央林业实验所而言，其职能虽主要围绕林业科研而展开，但又不仅仅局限于此，所牵涉到的范围较广，并非本书所能尽述，诸多的问题都有待细致地、深入地考察。相关史实需要得到进一步厘清。它们的功绩不应被湮没和遗忘，值得我们去认真总结和反思，以资借鉴。

---

① 左玉河：《中国近代学术体制之创建》，四川人民出版社 2008 年版，第 323 页。
② 陈启岭：《我国当前的林学研究与林业人才》，《农业推广通讯》1944 年第 6 卷第 9 期，第 50 页。
③ 胡宗刚：《静生生物调查所史稿》，山东教育出版社 2005 年版，第 203 页。

第八章 结 论

一、回顾与总结

本书以"归国留学生与中国近代林学体制化生成研究（1840—1949）"为题，旨在考察归国留学生在林学体制化过程中所发挥的作用以及所扮演的角色，梳理中国近代林学体制化形成与发展的基本史实，勾勒中国近代归国留学生对林学体制化贡献的大致轮廓。中国近代的林学体制化史可以视为一部归国林学留学生之奋斗史。若无归国林学留学生，就谈不上中国近代林学的发展，也就无法实现中国近代林学的体制化。具体而言，归国林学留学生推动创建森林系科、编写教材，培养专业人才，创建林学社团和期刊，组建林业研究机构，构成了林学体制化的基本内容。

晚清时期是中国林学体制化的积累阶段。本书的第一章对晚清时期林学在中国的引进渠道（驻外使节之记载、科技报刊之译载、新式农业学堂之兴办）予以了较为详细的考实。这些引进渠道以往素来不为人所重视。爬梳相关史料可知，这些渠道在不同程度上引入和传播了西方林学。但引入的主要是一些科学知识、科学原理，对科学内涵、科学研究等方面的内容涉及甚少，而且这一时期的林学引进大多脱离了中国的实际情况。在清末，林学仍以介绍和翻译为主，远未实现本土化和体制化，而这种现象直到林学留学生的大量归国才有了根本性的改变。

归国林学留学生是中国近代林学体制化建设的主要推动力量。本书的第二章以《留学生研习林学群体情况简表》为论证的起点。《留学生研习林学群体情况简表》是从各种文献资料统计到的 113 位林学留学生的资料，并按照姓名、出生年份、籍贯、国内教育、留学时间、留学学校、学位、归国时间、归国后主要经历进行了分类统计。这也是目前最完整的《留学生研习林学群体情况简表》。在《留学生研习林学群体情况简表》的基础上，对近代林学留学生群体的籍贯、出生年代、出国年代、受教育情况、留学国家、留学高校、归国年代、归国任职等指标展开分析，以加深我们对这一群体的认识和了解。通过分析可知，绝大部分的林学留学生在出国前都接受了本科和专科教育，其中金陵大学和中央大学人数最多。留学人数前三的国家为日本、美国、德国，而其他国家则并未形成规模。这跟这三国的林业教育开始得较早有很大关系。具体而言，日本的东京帝国大学、北海道帝国大学、鹿儿岛高等农业学校、盛冈高等农林学校；美国的耶鲁大学、华盛顿州立大学、康奈尔大学、明尼苏达大学、密歇根大学、杜克大学、俄亥俄大学；德国的明兴大学、德累斯顿萨克逊森林学院是近代林学留学的主要目的地。林学留学生归国后的任职主要有三个去向：林业教育、林业科研、林业行政。他们直接推动了近代的林学体制化建设。而20 世纪 20 年代之前归国的 32 位留学生对于推动中国近代林学体制化建设起到了巨大的作用，影响十分深远。

中国近代林学体制化建设亟须大量的高水平专业人才，而林业高等教育则是实现这一目的的必由之路和重要依托。本书的第三章从民国时期高校的森林系科的创设、师资的建设、课程的设置、教材的编写、科研事业的主持等方面出发，论述了归国林学留学生所发挥的巨大作用。具体而言，林学留学生学成归国后，大多任教于各高等院校，为中国林业高等教育的近代化奠定了知识与智力基础。他们结合中国的具体国情，在各高校推动创建森林系科、建设师资、设置课程、编写教材、开展科研等方面都起到了核心作用，促进了中国近代高等林业教育体制化的形成，同样也为中国近代林学的体制化建设培养出了大量的专业人才。

中国近代林学社团的创建是林学体制化的显著标志。林学社团的创建是林学发展到一定程度的产物，也是林学发展走向独立化、规范化、纵深化的逻辑结果及重要表现。我国近代的林学社团大多是由归国留学生发起创建的，而这些社团的创建又极大地推动了林学体制化建设。本书的第四章以全国性的林学社团中华农学会、中华森林会、中华林学会以及地方性的林学社团四川林学会为论述对象，展示这些专业社团在林学体制化建设中所起到的功用。具体来说，在归国林学留学生的主持之下，通过举办年会、发行会刊、出版丛书、参与林业宣传及政策的制定等活动，构建了"公共学术空间"及科研工作者间的交流合作机制，也使得以往闭门造车、耳目闭塞的落后局面得到了根本性的扭转。就近代林学社团而言，全国性的林学社团要比地方性的林学社团发展更为充分、更具影响力。伴随着近代林学社团的创建，林学共同体才逐步形成，林学家的角色也日渐成熟。

中国近代林业研究机构的建立是林学体制化建设最为重要的条件和内容。林业研究机构的建立，特别是中央政府主导下的林业研究机构的建立，是林学体制确立的最为重要标志，它表明了社会对于林学家共同体价值及其活动的肯定和承认。林学留学生的大量归国，日渐发现没有独立研究机构的创设，他们施展才能的舞台非常逼仄。而本书的第五章、第六章、第七章分别选取中山大学农林植物研究所、中央工业试验所木材试验室、中央林业实验所等三个典型的林业研究机构为论述对象。以所见的原始档案资料为出发点，从人员招聘、组织建构、经费筹措、科研事业等方面展开，分析陈焕镛、唐燿、韩安等为代表的归国林学留学生在林业研究机构创建过程中所做的巨大贡献。我们得出的结论是，中国近代的林业研究机构是在一批留学归来的知识分子不断努力之下陆续创建，科研活动得以次第开展，并取得了丰硕的研究成果。林业研究机构的创建昭示着人们对学术研究的尊重，树立起了一面学术研究的旗帜。随着近代林学系科及林学共同体的建立，西方林学的传播并未局限于横向层面，同时也呈现出深化的趋势。而林业研究机构的创建则是这一趋势的表征。其中，中山大学农林植物研究所是 20 世纪 20 至 30 年代林业研究机构的一个缩影和样板。中央林业实验所和中央工业试验所木材试验室则是近代林学体制化建设中至为关键的环节，它们的创建大体上标志着林学体制化的基本完成。总之，中国近代林业科学研究机构的创建离不国家的"刚性"支持，也离不开陈焕镛、唐燿、韩安、傅焕光等归国林学留学生的不懈努力。以他们为代表的归国林学留学生是中国近代林学体制化的重要推动者。他们开拓创新、精诚团结、甘于奉献、不畏艰难的精神也值得后人继承与发扬。

正如张剑所说的："中国近代科学体制化的过程也是近代各门科学生根发芽和发展的过程，科学体制化的最终目的是为了发展科学，为科学奠定制度化的基础。中国近代各门科学在体制化的过程中取得了长足的进步①。"一定程度上，一部近代林学体制化史即为一部林学发展的历史。中国近代的林学体制化是近代林学发展的逻辑结果，也进一步促进了林学的发展。近代的林学体制化存在着许多的不足。譬如，与西方相比，中国近代林学的体制化并未摆脱农学的限制而完全独立发展，二者在教育、社团、研究机构等方面仍然存

---

① 张剑：《中国近代科学与科学体制化》，四川人民出版社 2008 年版，第 501 页。

在着诸多纠缠和关联。近代林学体制化建设是围绕"学术独立"的目标来努力的，却远未实现"学术独立"的目的。再如，在国际学术交流、评议和奖励体系的形成等方面，近代林学体制化表现得并不明显。与地质学、生物学、气象学等相较，中国近代的林学体制化起步较晚、发展较慢。尽管如此，在近代归国留学生的推动之下，还是大体实现了林学的体制化，特别是以中央林业实验所的创建为标志，还培植了纯正风气和科学精神，并传承与发展，这为我国近代林学的发展奠定了制度化的基础。

二、启示与借鉴

"所谓学科，是指学术的分类，即一定科学领域或一门科学的专业分支，如人文社会科学中的社会学、文学，自然科学中的化学、物理学等。因此，学科是与知识相联系的一个学术概念，是自然科学、人文社会科学两大知识系统内子系统的集合概念、下位概念。简单地说，学科是学术的一部分。所谓学术，则是指系统专门的学问，它常以学科和领域来划分①。"故而，本书不仅仅是为了回顾林学体制化史，或者说是林学发展史，更希望通过对归国林学留学生与中国近代林学体制化生成这一课题的研究，加深我们对中国近代的科学史乃至学术史的认知。

1. 归国留学生是中国近代科学体制化建设不可或缺的推动者和践行者

"在近代学术史上，一门学科的发展往往体现在两个方面，或是说，靠两种力量的推动，一是学者个人发表的研究成果，二是在高等学校中设立相关科系培养学生，成立专业学会，出版期刊，即所谓学科体制的建设工作②。"林学留学生在国外所接受到的教育包含了发展高等教育、创建专业社团、创立研究机构等科学建制不可或缺的思想，因此他们在担任高校教师的同时，发起创建中华农学会、中华森林会、中华林学会等专业社团，创立中央林业实验所等专门的林业研究机构来促进中国近代林学体制化的形成。毋庸讳言，林学体制化的过程也正是林学的移植和传播过程。但是与西方截然不同的是，中国近代的科学体制化是把西方近代科学引进和移植到中国的本土化的过程，成了科学发展的重要前提。大体上，近代的中国人在认识到西方科学的巨大社会价值和功能之后，便把留学运动当作引进科学进而强国、救国的重要路径。而在西方科学引进和移植到中国的这一过程中，归国留学生承担起了实现近代科学体制化的使命和重任。客观而言，若无近代的留学生，就无法顺利实现各门科学的体制化，也就不能发展现代科学。有学者这样评价道："就总体而言，中国二十世纪文化就是留学文化。中国最早派出的国外留学生在中国二十世纪文化发展中起到了关键作用，后来的发展是在最初的留学生文化的基础上开展的③。"这种概括无疑有言过其实之嫌，但是归国留学生在传统文化的转型及科学体制化建构的过程中的确起到了主力军的作用。依此道理，若是想要更好地推动中国当代及今后的科学体制化建设和科学向前发展，派遣和引进留学生依然是其中一项重要的战略选择和有效途径。

---

① 周棉、赵惠霞：《留学生与中国现代学科的创建和学术体系的形成》，《文化研究》2014年第4期。
② 阎明：《一门学科与一个时代——社会学在中国》，清华大学出版社2004年版，第7页。
③ 王富仁：《影响21世纪中国文化的几个现实因素》，载《王富仁自选集》，广西师范大学出版社1999年版，第63页。

2. 体制是中国近代科学研究的基本保障

科学发展自然需要有一种适当的本制来作为支撑，而科学社团、高等学校和研究机构则是中国近代科学体制最为重要的承担者。梁希曾说道："欧洲各国，林与农各自为政，各自为学，分道扬镳，并行不悖；流及美国，制亦略同。统属于政府，未必统属于农部也，直隶于大学，未必直隶于农科也。即今之金陵大学，华文有农学院之名，而英文仍农林科之旧，可以察其概矣。我国森林机关，绝少专名，大都与农业机关合并。合并固未为非也，而流弊为附庸，附庸犹未为损也，而流弊为骈枝，骈枝仍未为害也，而流弊成孽子，孽子从古不容易，容则分家之润而遗嫡之累，又不敢减，减则惊天动地而扰六亲，此中国近数年来林业教育、林业试验、林业行政之所以陷于不生不死之状态也①。"而正是在归国林学留学生的不断努力之下，才构建构起了以科学社团、高等学校和研究机构为核心的林学体制，才一步步改变了落后局面，为近代林学的快速和健康发展奠定了坚实的基础。科学社团、高校以及研究机构等的建立，直接促使科学研究成为一种职业，有力地保证了研究的正常有序的运转，也为科研的长期持续开展提供了制度性保障。换言之，科学体制化使专业化的职业学者得以出现，有了相对独立的专门研究机构，有了成果交流的平台，也有了研究所需的设备物质保障，推动了科研走向前所未有的深度，也提高了创新的速度。而中国近代各门科学正是在体制化的过程中有了长足的进步。总之，中国当代及今后的科学进步离不开科学体制的完善，要充分调整好科研体制与科研人员之间的关系，使得资源合理配置，科学活动能够有序和高效地进行。

3. 中国近代的科学体制化与本土化是有机统一的

第一，科学上的理论和事实，须用本国的文字语言为适切的说明；第二，科学上的理论和事实须用我国民所习见的现象和固对的经验来说明他；第三，还须回转来用科学的理论和事实，来说明我国民所习见的现象和固有的经验。这种工作，我们给他立一个名称，谓之"科学的中国化"②。探索科学中国化重要的内容就包括了创建有中国本土特色的研究体制、教育体制以及学会制度等。即便是归国留学生模仿西方林学体制而创建的近代林学社团、林业教育建制和林业研究机构，必然受到中国特定社会历史条件的制约和影响，打上中国印记，不可能是照搬照抄国外。中国近代留学生尽管受到西方文化的深刻影响，但毕竟他们是要为解决中国的现实问题而努力，因而他们在近代林学体制化进程中的行为必然会带有中国元素。很显然，世界各国的科学体制化模式不尽相同。中国当代及今后的科学体制化建设之路必须要符合基本的科学规律，既要积极学习国外，也要防止科学体制化建设的全盘西化；既要立足于自身国情，也要规避民族主义主导之下的本土化。

4. 中国近代的科学体制化具有一定的不平衡性

这种不平衡性主要体现在两方面：一是表现在地域方面。中国近代的林学体制建设在全国各地呈现出了一定的不平衡性，其中东南地区的林学体制化程度最高。因为这一区域的林学社团、林业教育机构、林业研究机构出现较早，人才较为集中。而其他地区的林学

---

① 梁希：《中华农学会报·森林专号》弁言（1934 年 10 月），参见梁希著；《梁希文集》编辑组编：《梁希文集》，中国林业出版社 1983 年版，第 48 页。

② 《发刊旨趣》，《自然界》创刊号（1926 年 1 月）。

体制化程度相对较低。抗战时期随着文化和政治中心的西迁，大量的林业教育和研究机构也转移到了西南和西北地区，特别是在西南地区聚集了当时最好的高等林业教育和研究机构。譬如，金陵大学、中山大学都是在抗战期间迁往西南地区的。此外，两所最重要的林业研究机构（中央林业实验所以及中央工业试验所木材试验室）也在西南创建。显而易见，抗战的爆发在一定层面上促进了西部林学体制建设，缩短了东西部之间的不平衡性。抗战结束后，伴随着原来机构和人员的大量复员东归，林学体制的分布总态势又有了转变，但西部的林业教育和研究体制也已经得到了大幅改善。二是表现在学科方面。科学体制化是一个制度化的动态过程。一般而论，中国近代科学体制的真正形成是从 1928 年中央研究院建立开始的。但是中国科学体制化进程并没有随着中央研究院的建立而结束。譬如，中国近代林学体制化大体完成的标志是中央林业实验所于 1941 年 7 月在重庆歌乐山创建。另外，近代各学科的体制化存在着先后、快慢之分。譬如，与地质学、生物学等相较，林学体制化起步晚、发展慢。总之，不同科学的体制化之路都有着自己的个性，不能一概而论。而我们在推动中国当代及今后的科学体制化建设时，应该正视科学体制化建设在地域和学科方面的不平衡性，积极寻求缩小差距的有效途径，并做出针对性的决策和调整。

参考文献

（一）档案类

1.《水土保持工程队工作计划》，《农林部中央林业实验所经费案》，中国第二历史档案馆藏，全宗号二三，案卷号 717。

2.《农林部中央林业实验所第一届水土保持训练班办法草案》，《农林部中央林业实验所经费案》，中国第二历史档案馆藏，全宗号二三，案卷号 716。

3.《本所与静生生物调查所合作出版中国森林树木图志约书》，《农林部中央林业实验所经费案》，中国第二历史档案馆藏，全宗号二三，案卷号 716。

4.《经济部中央工业试验所三十年度工作实施成绩摘要报告表》，中国第二历史档案馆藏，全宗号四，案卷号 15927。

5.《中央工业试验所直辖机关调查表》，中国第二历史档案馆藏，全宗号四，案卷号 31179。

6.《农林部中央林业实验所职员任职卸职概况表（起一九四一年六月止一九四八年十一月）》，中国第二历史档案馆藏，全宗号二三，案卷号 166。

7.《中美农业技术合作（起一九四六年四月止一九四六年六月）》，中国第二历史档案馆藏，全宗号二三，案卷号 2658。

8.《重庆市社会局、农林部中央林业实验所关于准予发行"林讯月刊"的公函》（1944-07-13），重庆市档案馆藏，档案号：00610001300036010056。

9.《关于顾毓珍、简实、傅云齐、李尔康、沈增禄、杨庆洪、唐燿在经济部中央工业试验所服务的证明书》（1945-11-08），重庆市档案馆藏，档案号：01104001000253000073000。

10.《关于缓征农林部中央林业实验所全体技术员工之公函代电（附中央林业实验所申请全体技术员工调查表）》，重庆市档案馆藏，档案号：00610015044230100054000。

11.《云南大学创办云南农林植物研究所计划书》（1944-01-01），云南省档案馆藏，档案号：1016-001-00311-002。

12.《云南农林植物研究所工作计划纲领》（1946-04-01），云南省档案馆藏，档案号：1059-003-00177-002。

13.《云南农林植物研究所工作报告》（1941-01-01），云南省档案馆藏，档案号：1012-005-00001-010。

14.《国立中山大学农林植物研究所职员工作报告表》，广东省档案馆藏中山大学档案，档案号：020-003-85-191~196。

15.《国立中山大学农林植物研究所求购图书清册》，广东省档案馆藏中山大学档案，档案号：020-001-179-140~155。

16.《国立中山大学农林植物研究所求购图书仪器清册》，广东省档案馆藏中山大学档案，档案号：020-001-179-125~139。

17.《国立中山大学农林植物研究所一年来（廿年七月至廿一年四月）》，广东省档案馆藏中山大学档案，档案号：020-002-455-001~006。

18.《国立中山大学农林植物研究所植物标本园兼办校景布置材料预算书》，广东省档案馆藏中山大学档案，档案号：020-009-167-172~174。

19.《四川林学会呈报筹组成立情形附具简章、印摹、职员名册履历，推进林业建议书并请设森林管理机构及省府建设厅批复》，四川省档案馆藏，档号：民 115-03-4639。

20.《中央工业试验所木材室、中山大学理学院、西北农学院技艺专科学校为征求人才人员聘请招收研究生的函及部分应征人员自述》，四川省档案馆藏，档号：民 160-01-0058。

21.《中央工业试验所人事管理规则》，四川省档案馆藏，档案号：民 160-01-0005。

（二）校史资料、同学录

1.《广西大学一览》，1932 年。

2.《国立四川大学一览》，1936 年。

3.《国立中央大学一览》，1930 年。

4.《国立中央大学农学院》，1930 年。

5.《国立中央大学要览》，1941 年。

6.《国立北平大学校况简表》，1930 年。

7.《国立北平大学一览》，1932 年。

8.《国立北平大学一览》，1934 年。

9.《国立中山大学农学院概览》，1936 年。

10.《国立中山大学农林植物研究所概况》，1934 年。

11.《国立浙江大学农学院报告》，1936 年。

12.《河南大学一览》，1930 年。

13.《河南省立河南大学一览》，1932 年。

14.《金陵大学农林科课程概要》，1929 年。

15.《金陵大学出版物目录》，1933 年。

16.《金陵大学农学院农林研究会简章》，1935 年。

17.《金陵大学农学院研究设计一览》，1940 年。

18.《金陵大学六十周年纪念册》，1947 年。

19.《私立金陵大学农学院概况》，1931 年。

20.《私立金陵大学一览》，1933 年。

21.《私立金陵大学农学院毕业同学录》，1933 年。

22.《私立金陵大学农学院课程概要》，1935 年。

23.《私立金陵大学农学院行政组织及事业概况》，1939 年。

24.《私立金陵大学要览》，1947 年。

（三）近代期刊

1.《安徽教育月刊》

2.《独立评论》

3.《东方杂志》

4.《奉天公报》

5.《格致汇编》

6.《国立北京农业专门学校校友会杂志》

7.《国立四川大学周刊》

8.《国立西北农学院院刊》

9.《国立中央大学日刊》

10.《国立中央大学农学院旬刊》

11.《国立中山大学校报》

12.《国立中央大学农学院森林系系讯》

13.《国立中山大学年报》

14.《国民政府公报》

15.《国立中央研究院院务月报》

16.《工业中心》

17.《湖北省农会农报》

18.《环球》

19.《教育部公报》

20.《江西学务官报》

21.《金陵大学农林科农林丛刊》

22.《金陵大学校刊》

23.《静生生物调查所四次年报》

24.《经济部中央工业试验所木材试验室专刊》

25.《经济部中央工业试验所木材试验馆专报》

26.《科学》

27.《科学时代》

28.《科学的中国》

29.《科学大众》

30.《林产通讯》

31.《林学》

32.《林讯》

33.《林业通讯》

34.《留美学生季报》

35.《农报》

36.《农林新报》

37.《农林公报》

38.《农声》

39.《农学报》

40.《农业周报》

41.《农业推广通讯》

42.《申报》

43.《森林》

44.《四川林学会会刊》

45.《时事月报》

46.《西南实业通讯》

47.《新经济半月刊》

48.《新北辰》

49.《新世界》

50.《行政院公报》

51.《自然界》

52.《真光》

53.《中国植物学杂志》

54.《中华农林会报》

55.《中华农学会通讯》

56.《中华农学会丛刊》

57.《中山文化教育馆季刊》

58.《中华农学会报》

（四）近代林学专著

1. 安事农．林业政策［M］．上海：华通书局，1933.

2. 安事农．中国森林法［M］．上海：华通书局，1933.

3. 陈焕镛．Chinese Economic Trees［M］．上海：商务印书馆，1922.

4. 陈嵘．中国主要树木造林法［M］．南京：金陵大学森林系，1920.

5. 陈嵘．造林学各论［M］．南京：中华农学会，1933.

6. 陈嵘．造林学概要［M］．南京：中华农学会，1933.

7. 陈嵘．历代森林史略及民国林政史料［M］．南京：中华农学会，1934.

8. 陈嵘．中国树木分类学［M］．南京：中华农学会，1937.

9. 陈植．造林要义［M］．上海：商务印书馆，1929.

10. 陈植．观赏树木［M］．上海：商务印书馆，1930.

11. 陈植．造林学原论［M］．南京：国立编译馆，1949.

12. 陈植．欧美林业教育概观［M］．上海：商务印书馆，1935.

13. 郝景盛．造林学［M］．上海：商务印书馆，1944.

14. 郝景盛．普通植物学［M］．上海：中华书局，1945.

15. 郝景盛．中国木本植物属志［M］．上海：中华书局，1945.

16. 郝景盛．林学概论［M］．上海：商务印书馆，1946.

17. 贾成章．林木耐阴性之研究［M］．北平：文化学社，1933.

18. 李寅恭．黄山森林视察记［M］．南京：国立中央大学农学院，1935.

19. 李寅恭．中国树木分类学［M］．南京：中华农学会，1937.

20. 李寅恭．树木学撷要［M］．南京：正中书局，1947.

21. 李寅恭．行道树［M］．南京：正中书局，1948.

22. 李顺卿．Forestry Botany of China［M］．上海：商务印书馆，1935.

23. 凌道扬．森林要览［M］．上海：商务印书馆，1918.

24. 凌道扬．建设中之林业问题［M］．北平：北平大学农学院，1928.

25. 凌道扬．建设全国林业意见书［M］．北平：北平大学农学院，1929.

26. 凌道扬．森林学大意［M］．上海：商务印书馆，1935.

27. 唐燿．中国木材学［M］．上海：商务印书馆，1936.

28. 殷良弼．中等林学大意［M］．上海：中华书局，1934.

29. 张海秋．森林数学［M］．南京：中华农学会，1920.

（五）资料汇编

1. 北京图书馆．民国时期总书目（1941-1949）［G］．北京：书目文献出版社，1995.

2. 陈学恂、田正平．中国近代教育史资料汇编·留学教育［G］．上海：上海教育出版社，1991.

3. 陈学恂．中国近代教育史教学参考资料［G］．北京：人民教育出版社，1987.

4. 国务院农村发展研究中心发展研究所．中国农业经济文献目录 1900 年—1981 年［G］．北京：农业出版社，1988.

5. 马祖圣．历年出国/回国科技人员总览（1840-1949）［G］．北京：社科文献出版社，2007.

6. 璩鑫圭．中国近代教育史料汇编·学制演变［G］．上海：上海教育出版社，1991.

7. 蒋致远．中华民国教育年鉴［G］．台北：宗青图书公司印行，1991.

8. 全国图书联合目录编辑组 . 1833－1949 全国中文期刊联合目录[G] . 北京：书目文献出版社，1981．

9. 上海图书馆 . 中国近代期刊篇目汇录[G] . 上海：上海人民出版社，1965．

10. 舒新城 . 中国近代教育史资料[G] . 北京：人民教育出版社，1981．

11. 王焕琛 . 留学教育——中国留学教育史料[G] . 台北：台湾国立编译馆，1980．

12. 王扬宗 . 近代科学在中国的传播——文献与资料选编[G] . 济南：山东教育出版社，2009．

13. 中国第二历史档案馆 . 中华民国史档案资料汇编[G] . 南京：江苏古籍出版社，1991．

14. 朱有瓛 . 中国近代学制史料[G] . 上海：华东师范大学出版社，1983．

（六）林业史及林学专著

1. 北京林学院林业史研究室 . 林业史园林史论文集：第 1 集[C] . 北京：北京林学院林业史研究室编印 .

2. 陈嵘 . 中国森林史料[M] . 北京：中国林业出版社，1983．

3. 陈祥伟，胡海波 . 林学概论[M] . 北京：中国林业出版社，2005．

4. 樊宝敏 . 中国林业思想与政策史 1644-2008 年[M] . 北京：科学出版社，2009．

5. 关百钧，魏宝麟 . 世界林业发展概论[M] . 北京：北京林业出版社，1994．

6. 胡文亮 . 梁希与中国近现代林业发展研究[M] . 南京：江苏人民出版社，2016．

7. 林志晟 . 农林部中央林业试验所的设置与发展（1940-1949）[M] . 台北：台湾政治大学历史系出版社，2011．

8. 沈国舫 . 林学概论[M] . 北京：中国林业出版社，1989．

9. 熊大桐等 . 中国近代林业史[M] . 北京：中国林业出版社，1989．

10. 熊大桐，黄枢，等 . 中国林业科学技术史[M] . 北京：中国林业出版社，1994．

11. 杨绍章，辛江业 . 中国林业教育史[M] . 北京：中国林业出版社，1988．

12. 张钧成 . 中国古代林业史·先秦编[M] . 台北：台湾五南图书出版公司，1995．

13. 中国林学会 . 中国林学会成立 70 周年纪念专集（1917－1987）[C] . 北京：中国林业出版社，1987．

14. 中国林学会林业史学会 . 林史文集：第 1 辑[C] . 北京：中国林业出版社，1990．

15. 中国林学会 . 中国林学会史[M] . 上海：上海交通大学出版社，2008．

16. 中国林业科学研究院院史编委会 . 中国林业科学研究院院史 1958-2008 年[M] . 北京：中国林业出版社，2010．

（七）留学史专著

1. 安宇，周棉 . 留学生与中外文化交流[M] . 南京：南京大学出版社，2000．

2. 李喜所 . 近代中国的留学生[M] . 北京：人民出版社，1987．

3. 李喜所，刘集林，等 . 近代中国的留美教育[M] . 天津：天津古籍出版社，2000．

4. 李喜所 . 中国留学生史论稿[M] . 北京：中华书局，2007．

5. 李喜所 . 中国学科现代转型丛书[M] . 天津：南开大学出版社，2009．

6. 李喜所 . 中国留学通史[M] . 广州：广东教育出版社，2010．

7. 〔美〕史黛西·比勒 . 中国留美学生史[M] . 张艳，译 . 北京：生活·读书·新知三联书店，2010．

8. （日）实藤惠秀 . 中国人留学日本史[M] . 谭汝谦、林启彦，译 . 北京：生活·读书·新知三联书店，1983．

9. 舒新城 . 近代中国留学史[M] . 上海：上海文化出版社，1989．

10. 田正平 . 留学生与中国教育近代化[M] . 广州：广东教育出版社，1996．

11. 谢长法 . 借鉴与融合：留美生抗战前教育活动研究[M] . 石家庄：河北教育出版社，2001．

12. 谢长法．中国留学教育史[M]．太原：山西教育出版社，2006.

13. 王奇生．中国留学生的历史轨迹(1872-1949)[M]．武汉：湖北教育出版社，1992.

14. 王奇生．留学与救国：抗战时期海外学人群像[M]．南宁：广西师范大学出版社，1995.

15. 王伟．中国近代留洋法学博士考(1905-1950)[M]．上海：上海人民出版社，2011.

16. 汪一驹．中国知识分子与西方——留学生与近代中国 1872-1949[M]．梅寅生，译．台北：枫城出版社，1978.

17. 吴汉全，王中平．留学生与近代中国社会的变迁[M]．长春：吉林人民出版社，2011.

18. 周棉，等．留学生群体与民国的社会发展[M]．北京：中国社会科学出版社，2017.

（八）传记、文集

1. 董智勇，倪万华．中国林业专家大辞典[M]．哈尔滨：黑龙江科学技术出版社，1992.

2. 樊洪业，张久迎．科学救国之梦——任鸿隽文存[M]．上海：上海科技教育出版社，2002.

3. 关君蔚．傅焕光文集[M]．北京：中国林业出版社，2008.

4. 胡宗刚．胡先骕先生年谱长编[M]．南昌：江西教育出版社，2008.

5. 梁希．梁希文集[M]．北京：中国林业出版社，1983.

6.《梁希纪念集》编辑组．梁希纪念集[C]．北京：中国林业出版社，1983.

7. 刘中国．中国近代林业科学先驱——凌道扬全集[M]．刘鸿雁，编译．深圳：深圳天之彩印刷有限公司，2009.

8. 任鸿隽．科学救国之梦——任鸿隽文存[M]．上海：上海科技教育出版社，2002.

9. 沈宗瀚．沈宗瀚自述[M]．合肥：黄山书社，2011.

10. 唐耀．我从事木材科研工作的回忆[M]．昆明：中国科学院昆明植物研究所印行，1983.

11. 王富仁．王富仁自选集[M]．南宁：广西师范大学出版社，1999.

12. 王正廷．顾往观来：王正廷自传[M]．宁波：宁波国际友好联络会编，2012.

13. (英)李约瑟，李大斐．李约瑟游记[M]．贵阳：贵州人民出版社，1999.

14. 张大为，等．胡先骕文存(上、下)[M]．南昌：江西高校出版社，1995、1996.

15. 中国林学会．陈嵘纪念集[C]．北京：中国林业出版社，1988.

16. 中国科学技术协会．中国科学技术专家传略·农学编·林业卷 1[M]．北京：中国科学技术出版社，1991.

17. 中国科学院学部联合办公室．中国科学院院士自述[M]．上海：上海教育出版社，1996.

18. 中华人民共和国林业部．中国林业的开拓者——梁希[M]．北京：中国林业出版社，1997.

（九）其他相关书目

1. (保)尼科·雅赫尔．科学社会学理论和方法论总是[M]．北京：中国社会科学出版社，1981.

2. 陈以爱．中国现代学术研究机构的兴起[M]．南昌：江西教育出版社，2002.

3. 段治文．中国近代科技文化史论[M]．杭州：浙江大学出版社，1996.

4. 段治文．中国现代科学文化的兴起 1919-1936[M]．上海：上海人民出版社，2001.

5. 董光璧．中国近现代科学技术史[M]．长沙：湖南教育出版社，1997.

6. 范铁权．体制与观念的现代转型——中国科学社与中国的科学文化[M]．北京：人民出版社，2005.

7. 范铁权．近代中国科学社团研究[M]．北京：人民出版社，2011.

8. 樊洪业，王杨宗．西学东渐：科学在中国的传播[M]．长沙：湖南科学技术出版社，2000.

9. 冯志杰．中国近代科技出版史研究[M]．北京：中国三峡出版社，2008.

10. 何志平．中国科学技术团体[M]．上海：上海科普出版社，1990.

11. 胡宗刚．静生生物调查所史稿[M]．济南：山东教育出版社，2005.

12. 胡宗刚. 庐山植物园最初三十年 1934-1964[M]. 上海：上海交通大学出版社，2009.

13. 胡宗刚. 北平研究院植物学研究所史略[M]. 上海：上海交通大学出版社，2010.

14. 胡宗刚. 华南植物研究所早期史[M]. 上海：上海交通大学出版社，2014.

15. 教育部. 大学科目表[M]. 南京：正中书局，1940.

16. 姜芃，等. 世纪之交的西方史学[M]. 北京：社会科学文献出版社，2012.

17. 李汉林. 科学社会学[M]. 北京：中国社会科学出版社，1987.

18. 刘珺珺. 科学社会学[M]. 上海：上海科技教育出版社，2009.

19. 卢本立. 学会学概论[M]. 长沙：湖南人民出版社，2000.

20. 罗桂环. 近代西方识华生物史[M]. 济南：山东教育出版社，2006.

21. 罗桂环. 中国近代生物学的发展[M]. 北京：中国科学技术出版社，2014.

22. 〔美〕托马斯·库恩. 科学革命的结构[M]. 金吾伦，胡新和，译. 北京：北京大学出版社，2012.

23. 〔美〕J. 唐纳德·休斯. 什么是环境史[M]. 梅雪芹，译. 北京：北京大学出版社，2008.

24. (清)戴鸿慈. 出使九国日记[M]. 长沙：岳麓书社，1986.

25. (清)郭嵩焘. 伦敦与巴黎日记[M]. 长沙：岳麓书社，1984.

26. 桑兵，赵立彬. 转型中的近代中国[M]. 北京：中国社会科学出版社，2010.

27. 沈渭滨. 近代中国科学家[M]. 上海：上海人民出版社，1988.

28. 汪向荣. 日本教习[M]. 北京：商务印书馆，2014.

29. 王利华. 中国历史上的环境与社会[M]. 北京：生活·读书·新知三联书店，2007.

30. 王利华. 徘徊在人与自然之间——中国生态环境史探索[M]. 天津：天津古籍出版社，2012.

31. 王渝生. 第七届国际中国科学史会议论文集[C]. 郑州：大象出版社，1999.

32. 吴熙敬. 中国近现代技术史[M]. 北京：科学出版社，2000.

33. 徐小钦. 科学技术哲学概论[M]. 北京：科学出版社，2006.

34. 谢清果. 中国近代科技传播史[M]. 北京：科学出版社，2011.

35. 熊月之. 西学东渐与晚清社会[M]. 北京：中国人民大学出版社，2011.

36. 姚远，王睿，姚树峰，等. 中国近代科技期刊源流 1792-1949[M]. 济南：山东教育出版社，2008.

37. 阎明. 一门学科与一个时代——社会学在中国[M]. 北京：清华大学出版社，2004.

38. 〔以色列〕本-戴维. 科学家在社会中的角色[M]. 赵佳苓，译. 成都：四川人民出版社，1988.

39. 左玉河. 从四部之学到七科之学：学术分科与近代中国知识系统之创建[M]. 上海：上海书店出版社，2004.

40. 左玉河. 中国近代学术体制之创建[M]. 成都：四川人民出版社，2008.

41. 张家麟. 组织社会学[M]. 合肥：安徽人民出版社，1988.

42. 张碧晖，王平. 科学社会学[M]. 北京：人民出版社，1990.

43. 张剑. 中国近代科学与科学体制化[M]. 成都：四川人民出版社，2008.

44. 张剑. 科学社团在近代中国的命运——以科学社为中心[M]. 济南：山东教育出版社，2005.

45. 张九辰. 地质学与民国社会：1916-1950[M]. 济南：山东教育出版社，2005.

46. 张培富. 海归学子演绎化学之路——中国近代化学体制化史考[M]. 北京：科学出版社，2009.

47. 中国农业博物馆. 中国近代农业科技史稿[M]. 北京：中国农业科技出版社，1996.

48. 钟叔河. 走向世界——近代知识分子考察西方的历史[M]. 北京：中华书局，2000.

（十）学位论文

1. 陈元. 民国时期我国大学研究院所研究[D]. 武汉：华中师范大学，2012.

2. 胡文亮. 梁希与中国近现代林业发展研究[D]. 南京：南京农业大学，2012.

3. 姜玉平. 民国生物学高等教育与研究的体制化[D]. 合肥：中国科学技术大学，2003.

4. 魏露苓. 晚清西方农业科技的认识传播与推广（1840-1911）[D]. 广州：暨南大学，2006.

5. 赵中亚.《格致汇编》与中国近代科学的启蒙[D]. 上海：复旦大学，2009.

6. 张培富. 中国近代化学体制化的社会史考察——近代留学生对化学体制化的贡献[D]. 太原：山西大学，2006.

（十一）期刊论文

1. 曹幸穗. 抗日时期的中华农学会——（附录）抗日时期各届学术年会论文目录[J]. 中国农史，1986（4）：79-88.

2. 曹育. 中华教育文化基金会与中国现代科学的早期发展[J]. 自然辩证法通讯，1991（3）：33-41.

3. 董光璧. 移植、融合、还是革命？——论中国传统科学的近代化[J]. 自然辩证法通讯，1990（1）：43-49.

4. 范铁权. 中国科学的体制化进程缕析——兼与西方国家的比较[J]. 自然辩证法研究，2007（3）：71-79.

5. 范铁权. 20 世纪 30 年代科学化运动中的社团参与[J]. 科学学研究，2010（8）：1302-1315.

6. 樊洪业. 中国近代科学社会史研究的几个问题[J]. 自然辩证法通讯，1987（3）：34-39.

7. 樊洪业. 从"格致"到"科学"[J]. 自然辩证法通讯，1988（3）：39-50.

8. 樊洪业. 从科举到科学：中国本世纪初的教育革命[J]. 自然辩证法通讯，1998（1）：40-48.

9. 和文龙. 南京民国政府农林部机构设置与变迁（1940—1949 年）[J]. 中国农史，1994（4）：75-80.

10. 胡文亮，王思明. 梁希"大林业思想"探析[J]. 中国农史，2012（1）：114-121.

11. 胡文亮，王思明. 近代林业科技要籍述略[J]. 图书馆理论与实践，2013（2）：23-26.

12. 胡宗刚. 云南农林植物研究所创办缘起[J]. 中国科技史料，2001（3）：238-248.

13. 胡宗刚. 唐燿与中国木材学研究[J]. 中国农史，2003（3）：26-32.

14. 黄小茹. 中国近现代科学史研究中的体制化问题刍议[J]. 中国科技史杂志，2008（1）：30-41.

15. 黄正林. 森林、民生与环境：以民国时期甘肃为例[J]. 中国历史地理论丛，2014（3）：5-25.

16. 雷志松. 民国时期的林事改进：科学研究与学术建制[J]. 宁夏大学学报（人文社会科学版），2007（4）：98-101.

17. 雷志松. 论中华林学会与民国时期中国高等林学学科的发展[J]. 中国林业教育，2012（6）：36-39.

18. 李喜所. 留学生与中国现代学科群的构建[J]. 河北学刊，2003（6）：160-167.

19. 林文照. 20 世纪前半期中国科学研究体制化的社会因素[J]. 自然科学史研究，1994（2）：97-105.

20. 刘东兰，郑小贤. 日本的高等林业教育改革与森林科学[J]. 中国林业教育，2010（6）：77-78.

21. 马佰莲. 近代科学体制化的内在机制初探[J]. 文史哲，1997（1）：60-65.

22. 梅雪芹. 中国近现代环境史研究当议[J]. 郑州大学学报（哲学社会科学版），2010（3）：140-143.

23. ［美］Haas W J. 陈焕镛和阿诺德树木园[J]. 许兆然，译. 植物学报，1993（4）：32-42.

24. 穆祥桐，等. 中国近代农业史系年要录[J]. 中国科技史料，1988（3）：87-96.

25. 桑兵. 留日浙籍学生与近代中国[J]. 西北大学学报（哲学社会科学版），2018（3）：118-126.

26. 沈志忠. 农科留学生与中国近代农业科技体制化建设[J]. 安徽史学，2009（5）：5-11.

27. 沈春敏，李书源. 近代科技在中国的引进与传播[J]. 社会科学战线，2000（6）：151-156.

28. 唐燿. 木材科研工作五十年[J]. 中国科技史料，1981（4）：47-54.

29. 王贺春. 中国林学会史略[J]. 中国科技史料，1984（3）：79-81.

30. 王正，钱一群. 凌道扬的教育兴林思想及其贡献[J]. 中国林业教育，2000（2）：51-52.

31. 王思明. 中华农学会与中国近代农业[J]. 中国农史，2007（4）：3-7.

32. 王善佺.回忆中华农学会[J].中国农学通报,1987(3):21.

33. 王希群.中国森林培育学的110年——纪念中国林科创基110周年[J].中国林业教育,2012(1):1-7.

34. 王宗扬.《格致汇编》与西方近代科技知识在清末的传播[J].中国科技史料,1996(1):36-47.

35. 卫莉,张培富.归国留学生与中国近代建筑学的体制化[J].晋阳学刊,2006(1):91-93.

36. 吴觉农.中华农学会——我国第一个农业学术团体[J].中国科技史料,1980(2):78-82.

37. 杨瑞.中华农学会的早期组织演化与宗旨歧变[J].史学月刊,2009(3):46-52.

38. 杨瑞.中华农学会与现代农学研究机构的创设[J].学术研究,2011(5):117-124.

39. 赵佳苓.科学的角色与体制化[J].自然辩证法通讯,1987(6):35-41.

40. 张培富,王婷.留学生与中国近代地质科学体制化初探[J].山西大学学报(哲学社会科学版),2003(5):100-104.

41. 张剑.金陵大学农学院与中国农业近代化[J].史林,1998(3):79-90.

42. 张剑.清末民初留美学生社团组织分析[J].学术月刊,2003(5):58-65.

43. 张剑.中国近代农学的发展——科学家集体传记角度的分析[J].中国科技史杂志,2006(1):1-18.

44. 张剑.略论中国近代科研机构体制及其特征[J].史林,2008(6):20-35.

45. 张钧成.梁希先生对我国林业建设的贡献——纪念梁希先生一百周年诞辰[J].北京林学院学报,1983(4):68-71.

46. 张钧成.中国林业科学技术发展简论[J].世界林业研究,1991(3):83-90.

47. 章楷.略述中华农学会[J].中国农史,1985(4):101-104.

48. 章清.近代中国留学生发言位置转换的学术意义[J].历史研究,1996(4):59-72.

49. 赵慧芝.中基会和中国近现代科学[J].中国科技史料,1993(3):68-82.

50. 周谷平,赵师红.农学留学生与近代中国高等农学学科的发展[J].浙江大学学报(人文社会科学版),2009(6):5-14.

51. 周慧明.梁希教授解放前在教学科研方面的业绩[J].林业科学,1983(4):434-436.

52. 左玉河.二三十年代"中基会"对中国学术研究之资助[J].扬州大学学报,2012(3):81-87.

53. 左玉河.学科、学会与学术:中国现代学术共同体之建构[J].安徽史学,2014(5):37-48.

(十二)外文资料

1. Woon Young Chun. Chinese Economic Trees[M]. Shanghai:Commercial Press,1921.

2. Chung HsinHsuan. A catalogue of Trees and Shrubs of China[M]. Shanghai:The Science Society of Shanghai,1924.

3. William J. Haas. Transplanting Botany to China:The Cross-Cultural Experience of Chen Huanyong[J]. Arnoldia,1988,48(2):9-25.

4. M. Agnoletti and S. Anderson edited. Forest History:International Studies on Socioeconomic and Forest Ecosystem Change[M]. Wallingford:CABI Publishing,2000.

附 录

附录一

全国高等农业教育的概貌（截至 1948 年）[1]

（一）大学农学院三十七处：

学校类别	学校名称	地址	负责人	系别
国立	中央大学农学院	南京	罗清生	农艺、森林、畜牧、兽医、园艺、农业化学、农业经济
	北京大学农学院	北平	俞大绂	农艺、森林、畜牧、兽医、园艺、农业经济
	清华大学农学院	北平	汤佩松	农艺
	中山大学农学院	广州	邓植仪	森林、农业化学、农业经济、农学、蚕桑、畜牧兽医
	武汉大学农学院	武昌	叶雅各	农艺、森林
	东北大学农学院	沈阳	郝景盛	农艺、森林、畜牧
	浙江大学农学院	杭州	蔡邦华	农艺、森林、园艺、农业化学、农业经济、蚕桑、病虫害
	四川大学农学院	成都	彭家元	农艺、森林、园艺、农业化学、农业经济、蚕桑、病虫害
	云南大学农学院	呈贡	张海秋	农艺、森林
	广西大学农学院	桂林	孙仲逸	森林、农学、畜牧兽医
	中正大学农学院	南昌	周拾禄	农艺、森林、畜牧、生物
	长春大学农学院	长春	朱会芳	农艺、森林、畜牧、兽医、农业经济
	河南大学农学院	开封	王鸣歧	森林、园艺农学
	台湾大学农学院	台北	王益滔	农艺、森林、园艺、农业化学、农业经济、畜牧兽医、生物、农业工程
	复旦大学农学院	上海	严家显	农艺、园艺
	贵州大学农学院	花溪	罗登义	农艺、农业化学、农业经济
	海南大学农学院	海口	包望敏	农艺、园艺、农业经济
	山东大学农学院	青岛	校长赵太侔兼	农艺、园艺、水产
	英士大学农学院	金华	徐陟	农艺、森林、农业经济、畜牧兽医
	安徽大学农学院	安庆	齐敬鑫	农艺、森林、农业经济
	西北农学院	武功	唐得源	农艺、森林、园艺、农业化学、农业制造、农业经济、畜牧兽医
	兽医学院	兰州	盛彤笙	病虫害、农田水利、农产工程

---

① 《全国高等农业教育的鸟瞰》，《农业生产》1948 年第 3 卷第 8 期，第 7 页。

（续）

学校类别	学校名称	地址	负责人	系别
省立	湖北省立农学院	武昌	管泽良	农艺、园艺、农业经济、病虫害
	福建省立农学院	闽侯	周	农艺、森林
	江苏省立教育院	无锡	童润之	农业教育、园艺、农业、农业经济、病虫害、农业工程
	河北省立农学院	保定	薛培元	农艺、森林
	克强学院农科	衡阳		农艺、森林、农业经济
	台湾省立农学院	台中	周进三	森林、农业化学、农学、农业经济、病虫害
私立	金陵大学农学院	南京	章之汶	农艺、森林、园艺、农业经济、蚕桑、病虫害、农业教育
	岭南大学农学院	广州	李沛文	农艺、园艺、畜牧兽医
	协和大学农学院	福州	陈兴和	农艺、园艺、农业经济、农业教育
	江南大学农学院	无锡		农艺、畜牧
	华西大学农学院	成都	何文俊	农艺、农学、农田水利
	乡村建设学院	重庆	晏阳初	农学
	南通学院农科	南通	张渊扬	农艺、农业制造、农学
	铭贤学院农科	成都	贾麟炳	农艺、畜牧、农业经济
	圣约翰大学农院	上海	徐天锡	农艺、园艺、农业经济

（二）农业专科学校共计八处：

学校类别	学校名称	地址	负责人	科别
国立	西北农业专科学校	兰州	杨著诚	农经、森林、畜牧、牧草、农艺
	西康农业专科学校	西昌	罗广瀛	森林、畜牧、农垦、蚕桑
省立	湖南农业专科	衡阳	许调履	养蚕、制丝
	江苏蚕丝专科学校	浒墅关	郑辟疆	
	江西农业专科学校	南昌	詹纯鑑	农艺
	江西兽医专科学校	南昌	王承钧	
私立	储才专科学校	重庆	王印佛	
	信江农业专科学校	铅山	程兆熊	

附录二

《农商部天坛林场林业试验报告·目录》①

章	节	目
第一章、育苗试验	甲、总说	子、试验之范围；丑、种子及苗木；寅、施业法；卯、保育法；辰、气象；巳、诸害；午、成绩之调查
	乙、试验成绩	子、播种试验 第一、土性试验 第二、期节试验 第三、播量试验 第四、覆土试验 第五、选种试验 丑、移植试验 第一、移植距离试验 寅、插条试验 第一、部分试验 第二、修条试验 第三、倾向试验
第二章、干燥苗之移植试验	甲、总说	子、试验之主旨 丑、树苗 寅、试验之手续 第一、分股处置 第二、室内干燥法 卯、附言
	乙、试验表	子、检查苗木干燥之程度；丑、检查干燥苗移植后枯槁之数；寅、苗木干燥后浸水与不浸水成绩之比较；卯、干燥与未干燥苗木生长状况之比较
第三章、解析树干	甲、马尾松树干解析	
	乙、杆松树干解析	

附录三

《水土保持工程队工作计划》②

（起 1947 年 1 月至 1948 年 5 月）

1. 目的：

本工作队之目的在协助本部圆满达成其农林复原工作，俾战后之吾国土地在水土保持

---

① 《农商部天坛林场林业试验报告·目录》，《林业试验报告》，农商部天坛林场 1924 年刊行。
② 《农林部中央林业实验所经费案》，中国第二历史档案馆藏，全宗号：二三，案卷号：717。

原则下合作之利用，增加生产，藉保永恒之农业。

2. 组织：

水土保持田间工程队拟暂成立三队，每队由职员三至四人，则夫三人组成在一指定之区内进行工作。

3. 工作区域：

本年度暂以下列之区域为工作区域。

(1)华南区(西江流域)。吾国华南丘陵地带之红壤被蚀最厉害，故拟先就广西柳州沙塘附近与农林部西江水土保持实验区合做着手进行冲蚀之防治，用植物固定及梯田沟洫二法以防止土壤之冲蚀，并根据土地利用原则，增加林木农业之生产。

(2)华北区(黄河流域)。吾国西北之黄土已被侵蚀至最严重阶段。故拟在西安高矿镇附近荆峪沟一带进行保土工作而与水利委员会沟冲防制队之工作取得联系。

(3)华中区(南京附近)。本区因人口稠密，燃料供应困难，致林木滥伐，地面杂草尽被铲除，因此各处之冲蚀颇盛，南京为首都所在地，中外观瞻所系，尤应提倡水土保持示范工作。如：①丘陵地之合理利用。②低湿地之排水。③轮作及耕作制度之改善等。

4. 工作项目：

(1)土地利用分类及土地利用设计。

(2)梯田、沟洫施工。

(3)保土植物之繁殖、种植及推广。

(4)灌溉及排水。

(5)训练当地水土保持人员。

(6)辅导及推广各种水土保持方法。

5. 人员设备：

a. 职员

(1)土壤专家：每队一人或三人或六人。

(2)水土工程师：每队一人或二人，共三人或六人。

(3)保土植物专家：每队一人至二人，共三人或六人。

b. 工人

(1)测夫：每队二人，共六人。

(2)杂役：每队一人，共三人。

以上职员由本部各附属机关调派，并请水利机关参加合作，必要时临时聘请人员分任适当工作。

c. 设备

(1)水平仪六架，统一供给。

(2)平板三副，购置。

(3)经纬仪三架，由中央林业实验所供给。

(4)手持测角仪三具，已有一具，添购二具。

(5)土壤勘检验用具，由中央林业实验所供给一部分。

(6)放映机三具，购置。

（7）农具，就地购置。

开沟架三具；刮板三具；泥簸箕三具；其他度量衡器三套。

（8）照相机及附件三套。

（9）土性测定野外及室内应用仪器及药品。

（10）保土植物、牧草及豆科植物种子，请委员会由善后救济总署就输入者提供。

6. 工作期间：一年。

7. 经费预算：每队平均约需经费 60000000 元，三队共需 180000000 元，又准备费以百分之五估列，计 9000000 元。两项共计 189000000 元。

每队所需经费分布见下表所示：

项别	细目	金额	说明
工资及生活补助费	测夫工资及生活费	5400000 元	测夫三人按照技工支付工资，杂役按照普通待遇支付，平均每人每月支 15 万元，年支如上数
旅费	职员	9000000 元	三人每日支膳宿付费 15000 元，出差六个月需舟车费平均每人往返 30 万元，合支为上数款
	工役	12240000 元	三人每月平均支出出差费 6000 元，出差六个月。工役当地雇用。舟车费合支为上数
设备费	仪器	16000000 元	包括平板仪、幻灯机，共支上数
	土壤测定仪器及药品	7500000 元	包含魏氏电桥干燥箱、土块回走仪器各一具，及必需之化学药品三十种，合支为上数
	农具	1500000 元	包含开沟泥簸箕、刮板各一具，及其他农具，合支为上数
	其他	2000000 元	包含照相机、放映机各一具，合支为上数
事业费	保土植物采集及繁殖	5000000 元	包含种子等材料及管理等费用，合计如上数
	梯田沟洫施工工资	10000000 元	拟施工 1000 亩之面积，与地主合作每亩给予津贴 10000 元，合计如上数
杂役	邮电及零用物购置等办公费用	360000 元	包含不属前列之开支
合计		60000000 元	为前五列合计

附录四

部分图片①

附图 1 《格致汇编》之封面

附图 2 《农学报》第 1 册之封面

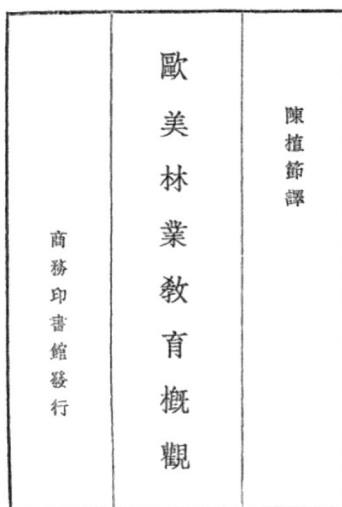

附图 3 《欧美林业教育概观》之封面

---

① 主要来源于网络大成老旧数据库、全国报刊索引数据库、中国国家数字图书馆民国专栏(民国图书、民国期刊)。

附图4　《林学》杂志之封面

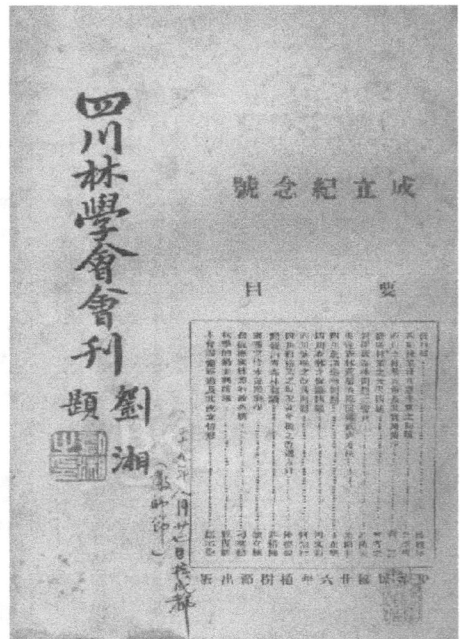

附图5　四川林学会《成立纪念专号》之封面

附图6　四川林学会《抗战建国周年纪念刊》之封面

附图7　《中华农学会丛刊》之封面

附图 8 《中华农林会报》之封面

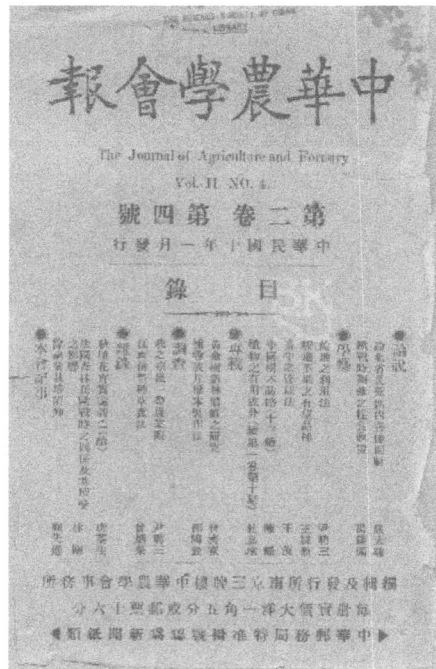

附图 9 《中华农学会报》之封面

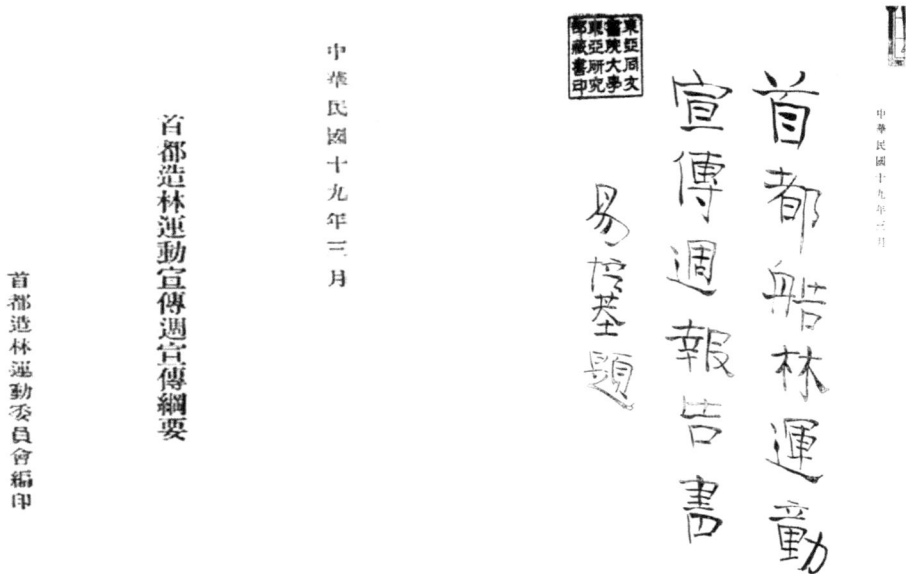

附图 10 《首都造林运动宣传周宣传纲要》之封面

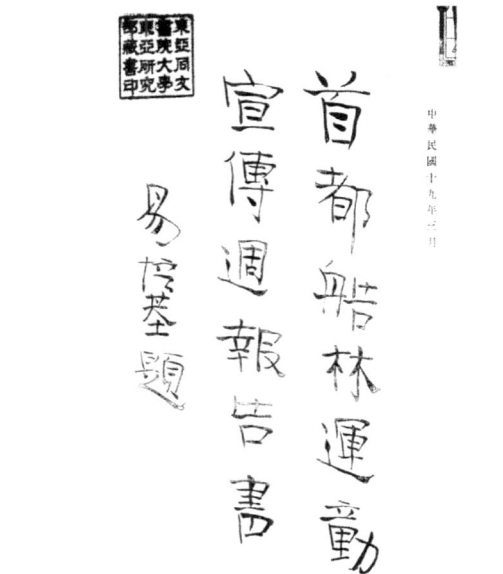

附图 11 《首都造林运动宣传周报告书》之封面

附图 12 《国立中山大学农林植物研究所
概况——第一次五年报告》之封面

附图 13 《中国木材学》之封面

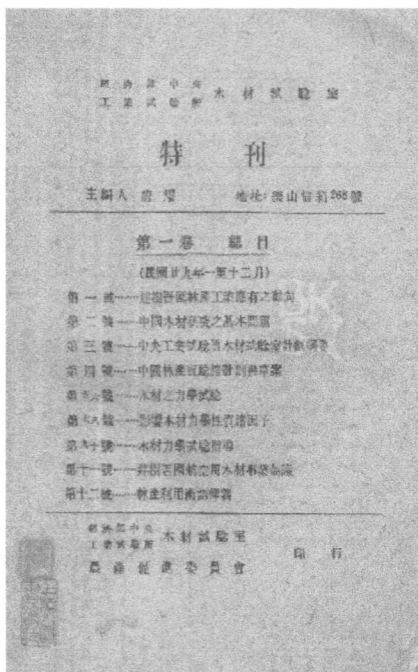

附图 14 《特刊》第 1 卷之封面

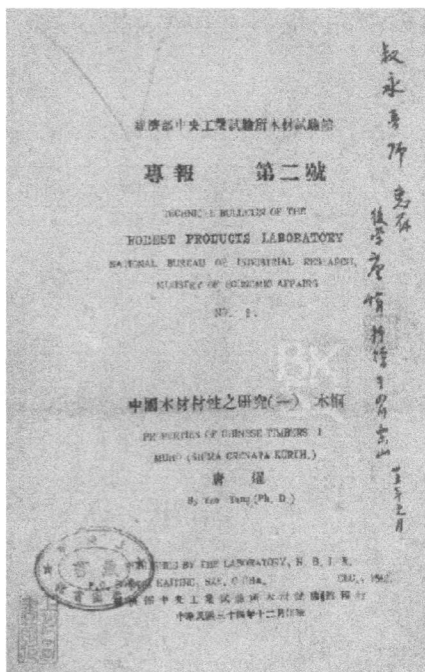

附图 15 《专报》第 2 号之封面

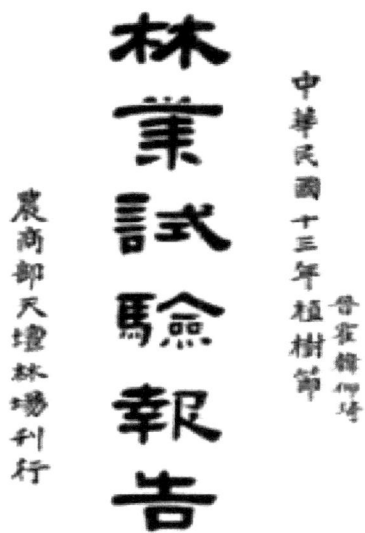

附图 16　《林业试验报告》之封面

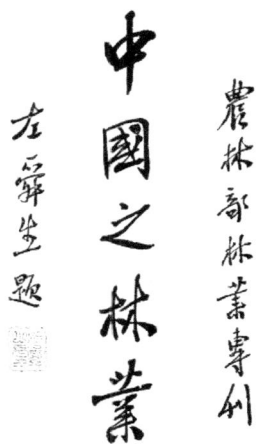

附图 17　《中国之林业》之封面

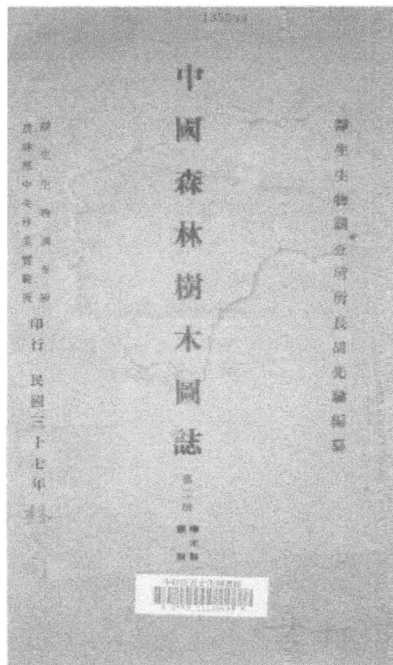

附图 18　《中国森林树木图志》之封面

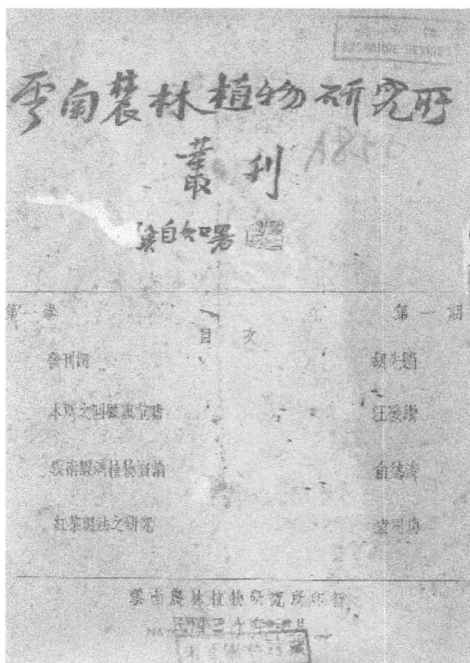

附图 19　《云南农林植物研究所》第 1 卷第 1 期之封面

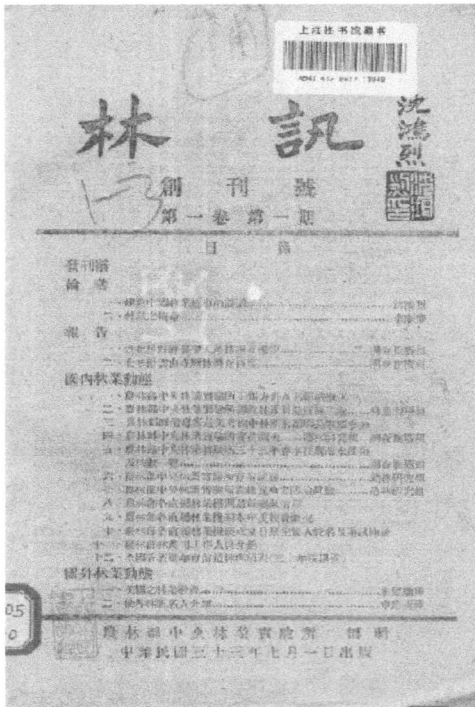

附图20　《林讯》之封面

附图21　《林业通讯》之封面